脱原発の運動史

安藤丈将
Takemasa Ando

脱原発の運動史

チェルノブイリ、福島、そしてこれから

岩波書店

はじめに――脱原発運動の宝箱

新潟県の津南町は、隣町の十日町市と合わせて、「越後妻有」と呼ばれる。この一帯は山深い場所にあり、冬には三メートルを超す雪が積もることもある、日本有数の豪雪地帯だ。「妻有」という言葉は、越後平野と信濃川の「どんづまり」に由来するとされるほど、津南町とその周辺は厳しい自然環境の中にある。冬の景色が一面の白銀の世界であるのに対して、夏の景色は山の緑に溢れる。この地域は、水がきれいで、量も豊富であるため、良質な米の生産地として知られている。

私は、二〇一〇年八月八日、津南町を最初に訪れた。訪問の目的は、本書に繰り返し登場する小木曽茂子に話を聞きに行くことであった。電車とバスを乗り継いで彼女の自宅を訪れ、一通り話した後、家族と一緒に夕食をいただき、彼女の子どもたちと近くにある地元の温泉に入った。小木曽は、一九八六年四月のチェルノブイリ原発事故に衝撃を受けて、当時住んでいた愛知県の豊橋市を中心に脱原発の活動に取り組むようになった。今日ではあまり知られていないが、当時、女性を中心に多くの人びとが脱原発を訴え、路上や地域で活動した。彼女たちは、メディア上で「反原発ニューウェーブ」という呼称を与えられていた。

小木曽の活動には、デモのような「運動」という言葉からイメージしやすいものだけでなく、脱原発選挙や原発現地でのキャンプのような一風変わった活動も含まれており、その活動の幅に驚かされ

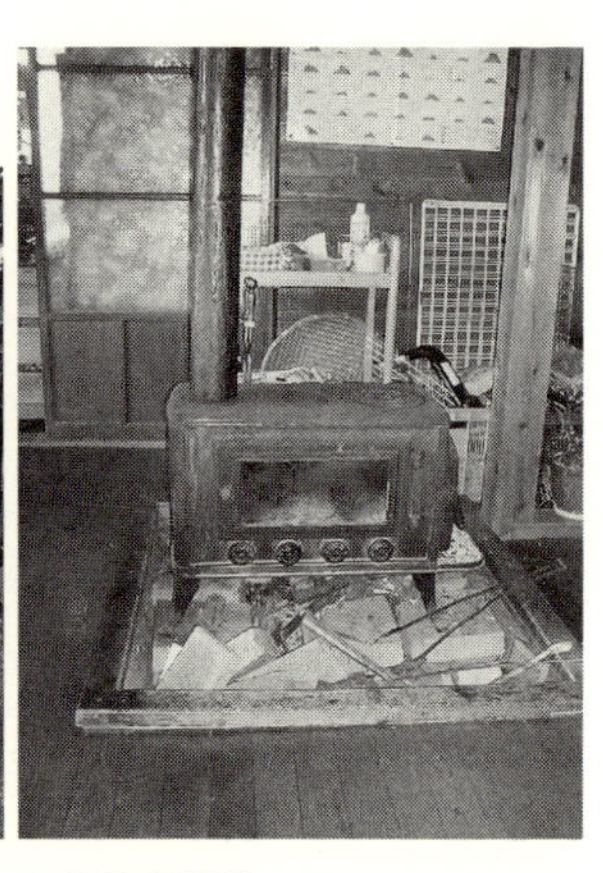

写真　小木曽茂子の家と薪ストーブ(筆者撮影)

たことを覚えている。実はもっとも印象に残っているのは、彼女のライフスタイルである。その日は、暮らしを見せてもらったという感じがする。夕食に出た米と野菜は家の近くの田畑での自家製、家の屋根は茅葺きで、中には薪ストーブが備えられ、当時はまだ囲炉裏も使っていた。「味のある暮らし」と言えばそうだが、コンビニに囲まれた都会暮らしに慣れた者からすれば、「不便」という言葉が浮かんでしまう。しかし、私には、彼女があえて手間のかかる暮らし方を選んでいるように見えた(**写真**)。

小木曽の家族の形も、私には印象に残っている。私を迎えてくれた男の子たちは、小木曽の実子ではなかった。養子縁組をしたわけでもない。戸籍は別のまま、成人まで実親に代わって子育てをする「養育里親」という制度を使って、子どもたちを育てていた。そのうちの一人、当時、小学校に入学する前の男の子は、小さい頃、親からの育児放棄を経験したことが原因で、精神的に不安定だったそうだ。これは後に聞いた話だが、小木曽のもとにやって来た直後は、近所の子どもたちとうまくやれず、怒って田んぼに自転車を投げつけたこともあったという。彼は、私に見せてくれた屈託のない笑顔からは想像できないような経験をし、小木曽たちに寄り添われる中で、成長の階段を昇り始めた頃であった。

津南訪問の話から始めたのは、この日に経験したことが、本書の基本的な方向性を決めたからである。訪問を通して、私は一つの疑問を抱いた。衣食住や家族の形まで含めた小木曽の暮らし方は、脱原発とどう結びついているのだろうか。両者は切り離されておらず、深い関係にあることは、直感的にわかった。その後、チェルノブイリ原発事故後に脱原発運動に関わってきた人びとの自宅を訪問、取材したが、同じように手間のかかる暮らし方を見せてくれたのは、一人や二人ではなかった。脱原発運動のアクティヴィストと言えば、原子力発電に対する力強い抵抗者の姿を思い浮かべるだろう。もちろん彼女たちは、脱原発のイベントや集会があれば全国どこにでも、時には外国にもはせ参じ、自分たちでも企画するのだから、「抵抗者」であることに間違いはない。しかし、その抵抗は、暮らしにまで広がっている。彼女たちの原発への抵抗は、その暮らし方とどう関係しているのか。

もう一つ、調査の過程での思い出を挙げてみたい。福島第一原発事故が起きた後の二〇一一年一〇月二八日のことである。その前日から、「原発いらない福島の女たち」というネットワークが、政府に原発の撤廃を求めて、東京霞が関の経済産業省前で座り込みを行い、小木曽も、福島の女性たちの動きに呼応して、津南から東京にやって来た。私は、小木曽に誘ってもらい、この行動に参加し、その後、神楽坂にある宿泊施設に移り、彼女が脱原発運動を通して知り合い、付き合ってきた同世代の女性たちとの集まりに交ぜてもらった。お茶を飲みながら、差し入れのケーキを食べ、七、八人の女性で埋まった畳の部屋は、わいわいがやがやと、さながら同窓会の会場のようであった。思い出話や近況報告だけでなく、進行中の原発事故のことも話題になり、ふと、その場にいる人たちの視線が一人の女性に集まった。自分たちは、これまで原発を止めることができず、負けてきた。でも、今度は止めなくてはならない。男は外に出て、戦争をする。女は今、平和のために外に出る。確かこのような言葉だったはずである。一人の女性がそんな決意を語り、他の人たちもそれにうなずいた。

私は、そこに彼女たちの「強さ」と「やわらかさ」の二つの側面を見たという感じがしている。「原発を止める」という言葉には、彼女たちの強い意志が見て取れた。しかし、その言葉はどこまでもやわらかく、自分の体に吸い込まれていくようであった。こう書くのは、社会運動において、「強さ」と「やわらかさ」を両立させるのは、決して容易なことではないからだ。

そもそも、運動には「強さ」が求められる。アラン・トゥレーヌが『声とまなざし』で指摘したように(Touraine 1978=1983)、貧困や環境破壊のような社会問題の原因になっている「敵」を設定することは、運動に不可欠の要素である。「敵」は政府や企業など様々な形をとるが、「敵」との対決には「強さ」が必要とされる。それは、社会運動の中で「たたかい」という言葉が頻繁に使われることに示されている。しかし、「強さ」は、「敵」にだけ向けられるのではなく、それをはみ出して、他者への攻撃性に変わってしまうことがある。「敵」と対峙することで、自分の体が硬直する。信念を強くすればするほど、それとは相容れない人びとに対して負の感情が向けられる。このようなことが起きるのは、運動において決して珍しくはない。そこには「強さ」はあるが、「やわらかさ」はない。だからこそ、私は、両方を備えたアクティヴィストたちに、興味をひかれたのだろう。

日本の反・脱原発運動は、今、学問の世界の枠にとどまらず、内外の広範な人びとの関心の対象になっている。それは、二〇一一年三月一一日、東日本大震災に続いて起きた福島第一原発事故のためである。「三・一一」後の脱原発運動についてはメディア上でも数多くの言及がなされてきたが、「三・一一」以前について言えば、原発現地の運動を除けばほとんど語られていない。とりわけ一九八六年のチェルノブイリ原発事故の後には、小木曽たちのような都市在住の女性が運動に関わったにもかかわらず、そのことは忘れられているかのようである。「三・一一」以前の脱原発運動とはいかなるものであり、それはどんな変化を引き起こし、何を残したのか。本書は、これらの問いを考察しながら、社会運動と市民社会の歴史の空白を埋めることを目指している。

アクティヴィストに対する私の取材の多くは、「三・一一」の後に行われた。今、自分の取材ノートを読み返してみると、何人もが事故を止められなかったことに対する悔恨の言葉を述べていた。その中の一人は、明朗な性格で仲間たちのムードメーカーの役割を果たしている女性であった。二〇一四年の一時期、しばらく彼女と連絡が取れずにいると、ある日、一通の手紙が私のもとに届いた。そこには、福島第一の原発事故が起きたにもかかわらず、原発政策が変わらないことに対する絶望感で、「ウツ状態」になっていたことが記されていた。デモには行きたくないし、集会に参加するのも虚しい気持ちになったそうである。行動的で前向きな彼女からの思いもよらない文面に驚かされると同時に、原発事故がアクティヴィストの心にも深い傷を刻み込んだことを痛感させられた。原発に対して責任のある地位にいた者が知らぬ顔をしている一方で、もっとも熱心に原発の危険性に警鐘を鳴らし続けた人びとに悔恨の感情を抱かせることには、理不尽さを覚えざるを得ない。

本書には、チェルノブイリ原発事故後の脱原発運動に関わった人びとが登場する（その多くが女性である）。彼女たちの多くがチェルノブイリ原発事故の前から華々しい活動歴があったわけではなく、たまたまの出会いだったり、やむにやまれぬ理由があったりして運動に関わっていった。そんな彼女たちの行動力や創造力は、一歩踏み出す勇気や世界をよくすることへの希望を与えてくれる。しかし、「三・一一」の後に脱原発運動を論じるうえで、ただ彼女たちを紹介して、勇気と希望をもらっているだけではすまない。どうして、「強さ」と「やわらかさ」を兼ね備え、人を引きつける魅力に溢れた運動でも、原発を規制するのに十分ではなかったのだろうか。運動の遺産について考えるうえで、この疑問に向き合うことは避けて通れない。

原発は、科学技術や経済の問題として枠づけられ、主に官僚、政治家、企業家、科学者、地元の受益層の間でその方針が決定されてきた。彼ら推進派以外に自分の問題として関心を持っていたのは、原発への抗議者であったが、それは決して多数とは言えなかった。日本に在住する多数者にとって、原発は、他人事に過ぎなかったのである。この状況は、計り知れない被害を生んだ福島第一原発事故の後も、大きく変わらないように思われる。『朝日新聞』二〇一五年二月一七日の調査によれば、回答者の七三％が「国民の間で福島第一原発事故の被災者への関心が薄れ、風化しつつあると思う」と答えている。今も、原発事故を粘り強く追い続け、それを問題化しようとしている人びとがいるのに対して、この問題にふたをして、原発を推進しようとする人びとがいる。そして「推進派」と「反対派」の対立の外側には、膨大な無関心層が存在する。

他人事と見る層を大量につくり出してしまうのは、原子力の性格に起因するように思われる。原子力は、貧困や戦争といった問題と比べて、日常的に被害が見えにくく、その責任も特定しづらい。よほど深刻な事故が起きれば話は別だが、その事故さえも忘れ(させ)られていく。福島第一原発事故が多くの人びとにとって原発問題を他人事ではないと知らしめたにもかかわらず、である。

原発問題を他人事と見る人びとにとっても、それが自分たちに関わる問題であると議題設定するには、どうすればよいのだろうか。原子力が様々なイシューに関わるというのは、長くこの問題に関わってきた人びとの実感でもある。日本の脱原発運動を牽引してきた政策提言グループである原子力資料情報室の代表を務めていた高木仁三郎は、「原子力賛成・反対を唯一の基準に、人の価値を評価したり、運動を評価したりする」ことを好まないとしたうえで、それでも、「原発問題の中にすべてがある」と言った(高木一九九九:二一六)。原発は様々な問題に関わるが、その中でも高木は、原子力が中央集権型のエネルギーであり、国家や大企業の影響力が強いという点を指摘する(高木一九九九:二一七)。高木の言葉を敷衍すれば、原子力は、エネルギーや科学技術の政策だけでなく、誰が政治や社会を統治するのかということに関わるのだ。

本書は、民主主義という補助線を引いて、脱原発運動の思想と行動を読み解いている。「善き政治社会」の理想を論じていく際に、政治思想家たちが参照してきたのが、「民主主義」という言葉である(Dahl 1971=2014: 355)。もしあなたが家族や友人と穏やかに暮らしていきたければ、「善き政治社会」をつくり出していく必要があり、それには原発をどうするかという問題を避けて通れない。アクティヴィストは、民主主義と原発が、トレードオフの関係にあると考えてきた。それは、原発を選ぶことが、常に民主主義を損なうことを意味する。このように理解することで、原発は単なるエネルギー政策ではなく、「善き政治社会」、すなわち、民主主義に関わるイシューとして立ち現れてくる。

　脱原発運動を民主主義との関係から論じるのは、民主主義をめぐる最近の政治状況にも影響されている。二〇一五年、安倍晋三内閣が推進する安全保障法制に対する青年たちの抗議行動において、「民主主義ってなんだ」「これだ！」という叫び声が国会前に響き渡った。そう、民主主義とは、いったい何なのだろうか。政治参加の機会が数年に一回の選挙だけに限定されるのが、民主主義なのだろうか。ジャン＝ジャック・ルソーがかつて言ったように、自分たちは選挙の時だけ自由で、それ以外の時期は「ドレイ」であっても、民主主義と言えるのか。私は、こうした疑念を抱く人びとにとっても、ポストチェルノブイリの脱原発運動は宝箱であると言いたい。そこには、より豊かに民主主義を理解し、実践するヒントが散りばめられているからである。

　この宝箱は、民主主義を求めてすでに立ち上がった人びとにだけでなく、その一歩手前で立ち往生している人びとにも開いてもらいたい。むしろ、ここにチェルノブイリ原発事故の脱原発運動の本領が表れていると言えるかもしれない。家族や友人関係の悩み、自信のなさ、家計や仕事や将来の不安といった問題。私が日常的に接しているのは、こうした問題を抱えながら、過剰なほど繊細に周りを見て、大きく道を外さないように、堅実かつ慎重に生きている青年たちである。彼らは、日々の事柄で手一杯になっており、自分と政治との関係をつなぐ余裕がなく、結果として路上での抗議行動のような公的な場に出て行けずにいる。

　現在の政治状況に批判的な論者の中には、アメリカや安倍政権に騙されたり、馬鹿にされたりしている状況を暴露したうえで、もっと「怒る」ことや「暴れる」ことを提唱する人もいる。私は、基本的な状況認識を共有しながらも、その言葉が問題に向き合う手前の人びとにどこまで伝わっているのかについて疑問を持っている。本書は、世の中のあり方にどこか違和感を覚えていながら、それをはっきりと表現できない人が、いかにして政治的に行動する力をつけていったのかという点に注目している。彼女たちは、いかにして私的に見える問題を他者と共有し、しかもそれを自分たちだけの問題にとどまらせるのではなく、広く政治や社会のあり方を考えることにつないでいったのか。

脱原発運動の宝箱は、民主主義の一歩手前にいる人びとを公的な場に接続させるための知恵に溢れている。さあ、宝箱を開いて、彼女たちの試行錯誤から生まれた民主主義の技法(わざ)を見ていこう。

目　次

＊本書における組織の名称、人物の肩書はすべて当時のものである。

第1章

チェルノブイリと福島の間で

第一節　「ニューウェーブ」の「新しさ」を超えて

脱原発運動の描かれ方

本書は、チェルノブイリ原発事故後の脱原発運動がいかなる運動であったのかという問いを考察していく。「ニューウェーブ」という運動の呼称が生まれたのは、一九八六年四月、旧ソビエト連邦で起きたチェルノブイリ原発事故から二年後の一九八八年一―二月、二度に渡る四国電力の伊方発電所（伊方原発）の出力調整実験中止を求める行動（通称、高松行動、または「いかたのたたかい」。第3章で詳述）の後である。高松行動の中心的な担い手の多くは、チェルノブイリ原発事故後に原発問題に関心を持つようになった。彼女たちは、それ以前から活動していた人びとから自らを区別し、メディアにおいて「反原発ニューウェーブ」と呼ばれていく。その後、運動は、これまでにない規模の広がりを見せる。『日本労働年鑑』の一九八九年版によれば、一九八八年に開かれた反原発の集会は前年の約三・三倍の一三一八回で、警察庁のデータでは、参加者が約三・七倍の一六万五千人に膨れ上がった。

高松行動は、運動の表象のされ方に大きな影響を与えた出来事であった。一九八八年二月一八日の『朝日新聞』は、その様子を描いている。「「まだまだセックスしたいのに！」「原発は一万世代のローン地獄」など、思うままの訴えを書いたゼッケンや旗が並び、一連のアピールが終わった後は、パロディー劇や合唱が暗くなるまで続いた。試験当日、四国電力本社前では早朝から深夜まで太鼓や笛、なべなどが鳴り響く中で、「原発なくてもええじゃないか」という踊りの輪が続けられた」。さらに、記者は、高松市立中央公園に集まった約三〇〇〇人が、「〔労働組合のような〕既成の組織でない新しい層の、しかも個人的なつながりによる参加」(『朝日新聞』一九八八年二月一八日四面)であったと分析している。以上のように、ポストチェルノブイリの脱原発運動は、圧力団体のように組織的な基盤を持つわけではなく、政党のように明確な政治的イデオロギーを掲げるわけではないがゆえに、「新しい」と描かれてきた。

日本の原発反対運動に関する先行研究は、地域社会学や環境社会学の手法を用いながら、優れた実証調査を積み重ねてきた(1)。それらの研究は、六ヶ所村のような原発現地(あるいは建設予定地)の丹念な取材をもとに、その社会関係を浮き彫りにし、その関係の中に運動を位置づけてきた(船橋・長谷川・飯島編一九九八、船橋・長谷川・飯島二〇一二、中澤(秀)二〇〇五、伊藤ほか二〇〇五)。他方、「ニューウェーブ」のような都市住民のネットワークから構成される運動には、これまで十分に光があてられておらず、研究上の空白になっている。ただし、その例外と言えるのが、社会学者の高田昭彦と長谷川公一の研究である。彼らは、「新しい社会運動(New Social Movements, NSMs)」論の枠組みを使ってポストチェルノブイリの脱原発運動を論じてきた(高田一九九〇、長谷川一九九一、一九九九)。

NSMs論は、運動を取り巻く歴史的状況の変化から運動の登場を次のように説明している。クラウス・オッフェによれば、(脱原発運動を含む)NSMsの登場は、戦後における先進工業国の政治経済体制の行き詰まりに起因する(Offe 1985)。これらの国では、経済成長の達成とその成果の再配分が体制の正統性の源泉であった。だが、その体制は、一九七〇年代以降、行き詰まる。経済成長に伴う自然や生活環境の破壊のような副作用があらわになり、経済成長という社会的に合意された目標が問い直されたからである。政治家、官僚、企業家、労働組合といった戦後の政治経済体制で中心的な役割を担っていた政治的行為者は、この変化に迅速に対応できなかったのに対して、エコロジーや反原発を掲げるＮＳＭｓが新たな行為者として現れた（安藤二〇一〇：一三〇―一三一）。

ＮＳＭｓ論によれば、社会構造の変化は、社会運動の担い手と組織のあり方に変化をもたらした。アラン・トゥレーヌは、社会主義運動では工場労働者が変革の担い手として想定されていたが、社会主義運動の黄昏の中で、異なる運動主体が現れたという（Touraine 1980a=1982）。ＮＳＭｓ論に基づきながら、高田昭彦は、日本における脱原発運動の新たな担い手として「チェルノブイリを知る前まではごく普通の生活を送ってきた主婦」の出現を指摘する（高田一九九〇：一六二）。また、彼は、組織形態の変化についても言及している。労働組合のような確固とした組織ではなく、個人中心の行動原理のもと、一人ひとりがネットワーク的につながる組織形態が拡大する（高田一九九〇：一五九）。

このように、ＮＳＭｓ論は、社会の構造変化から運動の変化を論じるのが特徴である。高田や長谷川の研究も、社会変動と脱原発運動との関係の理解に有用な枠組みを提示しており、その枠組みの射程は広く、そこに魅力を有している。だが、ＮＳＭｓ論に基づく分析には、問題もある。代表的な理論家の一人であるアルベルト・メルッチは、「奇妙な新しさ」という論文において、「新しさ」というカテゴリーが「物象化」されていることを問題視した。「新しさ」というのは、あくまで相対的な概念に他ならないにもかかわらず、「新しさ」のみから運動が語られることに対して、「新しい」運動の理論家とされたメルッチ自身が困惑しているのだ（Melucci 1994: 105）。

「古さ」と「新しさ」の二分法は、常に繰り返す。二一世紀に入ってからの日本の社会運動においても、イラク反戦運動のWORLD PEACE NOW、「ゼロ年代」の素人の乱、安保法制反対運動のSEALDsなどを語る言説として、「奇妙な新しさ」の亡霊が現れてきた。本書においても、社会理論としてのNSMs論を参照しているが、ある運動がいかなる変化を引き起こしたのかに関しては、「新しさ」のラベルを慎重に取り扱いながら再検討する必要がある。

運動の来歴とゆくえ

ポストチェルノブイリの脱原発運動に関して言えば、問題は、「新しい」か「古い」かという議論の仕方が、研究上の盲点を生み出していることにある。その盲点とは、「一九八八年」の来歴、その引き起こした変化、そしてゆくえについてである。この年は、一、二月に高松行動があり、四月に日比谷公園に二万人を集めた反原発集会、夏には北海道の泊原発に対する抗議行動などが続き、運動の参加者が急増したため、運動のシンボル的な年として語られる。だが、「一九八八年」の象徴化は、その前後との関係を見えづらくしている。一九八九年の参議院選挙で「原発いらない人びと」という政党（第4章参照）の候補者として立候補した木村京子は、次のような言葉で警告を発していた。「「伊方」が垣間見せた画期的な社会変革への可能性とは、その後の運動の中でこそ実現されていくわけですから、「伊方」を絶対的唯一の闘いとして語ることは、かえって「伊方」を、そして、「運動のダイナミズム」を語るのに一番ふさわしくない見方、方法であることは誰にもわかることのはずです」（木村（京）一九八九：八三）。

脱原発運動が一九八八年に突然生まれ、突然消えたとは考えづらい。そこで、次のような疑問が浮かんでくる。脱原発運動は、いかなる市民社会の基盤から生まれたのか。それ以前の運動とはどのような関係にあるのか。そして、脱原発運動は、どこに行ったのか。これらの疑問に答えることは、それがいかなる運動であったのかという本書の問いを考察するうえで避けて通れない。高田の研究においても、一九八八年以前の食や環境分野の運動と「ニューウェーブ」との間に連続性が存在することについては触れられている。だが、両者がいかにして接続されていたのかに関しては、単に社会構造の変化というマクロな要因を指摘するだけでなく、歴史的経過に即して説明していく必要があるだろう。

さらに、運動のゆくえに関しては、これまでの研究において、ほとんど言及されていない（高田と長谷川の研究は、運動の行く先がまだ定まらない一九九〇年代前半に書かれたものである）。二〇一一年夏以降、川内(せんだい)原発の再稼働問題を受けて、多くの都市住民が首相官邸前に集まって抗議の輪に加わったが、ここでも運動の「新しさ」が強調され、それ以前には都市の抗議者が存在しなかったかのように語られた。最近の研究においても、こうした見方は定着しつつある。山本昭宏は、チェルノブイリ原発事故後の運動の盛り上がりの渦中に書かれた批評家の大塚英志の言葉を使いながら、「ニューウェーブ」が放射能汚染の恐怖を「無害化された記号」として「消費」したがゆえに、「流行」にとどまったと主張している（山本（昭）二〇一五：二〇四―二〇五）。原発現地の抵抗者を除けば、福島第一原発事故前にいかなる運動があったのかが語られることは少なく、ましてや、一九八八年の運動のゆくえに関心が寄せられることは、まれであった。小木曽のエピソードが示すように、アクティヴィストの脱原発の営みは、手法を変化させながら継続しているように見えるにもかかわらず、である。

社会運動の歴史における「ニューウェーブ」の不在の問題は、一九八〇年代における日本の市民社会をどう見るかという問題にも関わっている[2]。先行研究は、一九八〇年代をバブルに象徴される「消費文化」の時代として描いてきた（斎藤・成田編著二〇一六）。それゆえに、この時代における社会運動は、豊かな時代の例外として見落とされたり、あるいは低く評価されたりする傾向にあった。本書は、ポストチェルノブイリの脱原発運動を描き出すことで、一九八〇年代の時代像を再検討し、戦後日本、あるいは「三・一一」以前の日本の市民社会の歴史における空白を埋める試みでもある。

本節で論じてきたように、本書の一つ目の課題は、脱原発運動の来歴、引き起こした変化、ゆくえを考察しながら、それがいかなる運動であったのかという問いを考察することである。これは、運動の遺産という派生する問いを導く。遺産とは、運動がその後に何を残したのかということを意味する。ただし、遺産には、甘いものだけでなく、苦いものも含まれることを忘れてはならない。福島第一原発事故の後である今日の地点から見ると、ポストチェルノブイリの脱原発運動が原発を規制するのに十分な力を持たなかったことも確かである。なぜ、それができなかったのだろうか。達成と課題の両面に目を配りながら、本書は、「一九八八年」と「三・一一」の間の歴史を描き出すことを目指す。

第二節　脱原発運動の民主主義像

自治としての民主主義

ポストチェルノブイリの脱原発運動を考察するに際して、本書は、民主主義論の成果を用いながら読み解くという方法をとっている。これに関しては少し説明を要するだろう。運動の目的は、もちろん、脱原発、すなわち、原発を廃炉にすることである。だが、アクティヴィストたちの言葉を読んでいくと、彼女たちは、脱原発が**どう**実現されるかにも注意を払っていたことに気づかされる。冒頭で紹介したように、高木仁三郎は、原発問題が、エネルギー政策の選択だけでなく、政治社会の構想に関わると考えていた。脱原発は、あるべき政治社会をいかにして実現していくのかについて、関係するすべての人びとが討議して決定する営み、すなわち、民主主義を意味していたのである。民主主義は、脱原発という目的を達成するための手段であるが、脱原発運動において、この手段は決して軽視されていなかった。

しかし、民主主義とは多義的な概念である。古典思想家から今日に至るまで、その意味をめぐって論争が繰り返されてきた。一般的に民主主義と聞いて思い浮かぶのは、投票による代表の選出であろう。自由で、公正で、定期的に行われる選挙で、エリートが政治権力を求めて競い合い、人びとの支持をより多く獲得したエリートが、代表として政治権力を獲得する（Dahl 1971=2014）。それを政治制度における民主主義の側面と呼ぶことにしよう。

ところが、脱原発運動は、必ずしも政治制度における権力の掌握や行使を目指していたわけではない。議会や官僚制のような公式の政治制度は、金銭、組織、名声、地位のような政治的資源を豊富に有する人びとに支配されがちである。これに対して、脱原発運動の担い手は、その資源に乏しい女性が中心であった。それゆえに、政治制度における討議や決定の場にアクセスできなかったり、できたとしても不利な位置に立たされたりするのが通常であった。

それならば、ポストチェルノブイリの脱原発運動は、いかなる民主主義を目指していたのだろうか。アクティヴィストたちは、民主主義という言葉をスローガンとして直に唱えていたわけではない。したがって、その思想と行動の中から民主主義的な意味を読み解いていく他ない。先行研究からヒントを引き出してみよう。長谷川公一は、高松行動の呼びかけの中心になった小原良子（おばらりょうこ）の言葉から、運動のキーワードが「自分」であるという。原発について何も知らされていなかった「自分」が、原発に依存する「自分」のライフスタイルを反省し、原発という国策に反対するという「自分」の意思を示す。長谷川によれば、「ニューウェーブ」の核心には、「自己決定性の防衛」の思想が流れているのだ（長谷川一九九九：三二九）。

長谷川の指摘するところの「自己決定性」は、民主主義論において「自治（self-government）」と言い表されてきたものである。自治とは、人びとが、社会的な問題を発見し、問題について討論して理解を深め、問題を解決する方法を自分たちで探るプロセスと言ってよい。

古くから民主主義の思想家たちは、民会を中心にした古代ギリシアのポリス、アテナイの政治を自治のモデルとしてきた。そこでは、市民が公的な問題を平等な参加のもとで討論し決定するための制度がつくられ、そのもとで自治が行われた（橋場二〇一六）。近代の民主主義思想において、自治は、個人の自由を実現するのに不可欠だと見なされた（Rousseau 1915=1954, Mill 1865=1997）。自治を実現するための方法として注目されたのが、代表制という政治制度である。こうして民主主義と代表制が結びつけられ、（人びとにとっての）自治の実現の方法は、優れた代表を選出して議会に送り出すことに限定されていった（Schumpeter 1950=1995）。

だが、近年では、議会などの政治制度における自治に対する不信感が高まり、代表と有権者とが隔絶した状態にあることが指摘されてきた。選挙の投票率の低下に示されるように、自治を政治制度に限定してきた民主主義に対する不満や不信が広がっている。政治体制の正統性を揺るがすこの事態は、「民主主義の赤字」と呼ばれている(Norris 2011)。「民主主義の赤字」に対して、政治理論家の中には、民主主義を政治制度の自治に縮減するのではなく、市民社会における人びとの参加を組み入れることを提案する者も出ている(Barber 1984=2009)。すでに二〇世紀において市民社会の自治は職場で先行していたが(Pateman 1970=1977)、今日では、その領域はコミュニティのような生活に身近な場にまで広がっている(della Porta 2013, Fang and Wright 2003, Smith 2009)。「赤字」の問題に直面した現代の民主主義において自治は、政治制度から日常までの様々な領域へと拡大しつつあるのだ。

私は、自治という言葉が脱原発運動の民主主義を言い表すのにより適切な概念であると考えている。アクティヴィストたちは、自治というプロセスを経て脱原発というゴールにたどり着くという考えを共有しており、そこでは、脱原発と自治が切り離すことのできない関係にあった。

公的問題の再定義

とりわけ脱原発運動の中で追求されたのは、市民社会における自治である。それは、政治制度における自治よりも非エリートの参加の機会に開かれている。だが、市民社会における自治も、あらゆる人びとに平等であったわけではない。歴史を振り返ってみると、それに関しても、政治的資源を備えるエリートに支配された歴史がある。たとえば、日本の村落社会では、共同体を二分する恐れのある多数決による決定は嫌われ、代わりに構成員の参加による「全会一致」の決定が選択されてきた。だが、この自治の伝統もまた、参加資格は男性家長に限定されているのが一般的であった。

社会階層やジェンダーによる不平等を考慮すると、脱原発運動のアクティヴィストのような資源の乏しい人びとにとって、市民社会における自治も無条件で受け入れられるものではない。その活動の中で彼女たちは、構成員の平等な参加による自己決定という自治の理念の実現を妨げる障害に直面した。ここではそれらの障害を、公的問題の範囲の限定、「自律的個人」の市民像、市民づくりの技法の欠如という三つに分類してみよう。

障害の一つ目は、公的問題の範囲が狭く限定されていることである。政治的資源を有するエリート（政治家、官僚、専門家）は、公式の政治制度（国会や地方議会、省庁、内閣、政党、圧力団体、自治体、司法）にすでに現れている事柄に公的な問題の範囲を限定しようとする。公的な問題の範囲を広げることは、彼らの統治の安定性を揺るがしかねないからだ。しかし、資源を有しない人びとから見ると、実際には私的とされる領域においても、自分ひとりでは抱えきれない、共同の討議と決定の対象に含まれるべき問題が存在する。

公的な問題の範囲にもっとも関心を寄せてきた学問分野の一つが、フェミニズムである。「個人的なものは、政治的である」という言葉に示されるように、フェミニズムは、家庭内の不平等のような「私的」な問題を政治的な討論に開いてきた（Phillips 1991: 93）。非エリートは、自分だけでは対処しきれない問題を公的な討論の議題にあげてきたのである。公的問題の絶えざる再定義、すなわち、誰が何を必要とするかをめぐる争い（Fraser 2013: 59）は、エリートが問題の範囲を限定することに歯止めをかけている。

小木曽の暮らしの実践を見てわかるように、アクティヴィストたちは、日常生活のような私的とされる領域にも自治の対象を見つけ出している。そもそもチェルノブイリ事故後の脱原発運動は、食べ物の選択のような私的とされる問題を集合的に意思決定することから始まった。運動の中で彼女たちは、公的問題を再定義していったのである。本書で私は、暮らしの領域における自治を「生活の民主主義(democracy in lives)」と呼んでいる。何が公的に扱われる問題であるかを討議し、決定していくことで、政治的な資源に乏しいアクティヴィストたちは、政治エリートの視野の外に置かれている問題に光をあてていった。

市民像の書き換え

障害の二つ目は、「自律的個人」という市民像である。問題の所在を発見し、それを他の人びとと共有し、効果的な形で政治的影響力を及ぼす市民の存在がなければ、民主主義は形骸化してしまう。市民の存在は、民主主義を機能させるのに不可欠である(藤井(達)二〇一四)。ただ、「市民とはいかなる存在である(べき)か」というのは、論争的なテーマであり続けてきた。アイリス・マリオン・ヤングがいうように、市民の境界線の設定には、常に排除が伴ってきたからである(Young 2000)。

伝統的に民主主義の思想家たちは、「自律的個人[3]」という市民像を想定してきた。それは、精神的にも、身体的にも、経済的にも、他者に依存しておらず、自己利益を追求する個人である。だが、この条件は、ハードルが高く設定されている。ジョアン・トロントがいうように、人は、幼い時、年をとった時、病気の時など、人生の諸局面で、脆弱さを抱えている(Tronto 2013: 30-31)。したがって、自律的個人のモデルに適応するのは、いつでも、誰にも可能なことではないからだ。

フェミニズムの政治理論によれば、自律的個人という市民像は、女性の排除を正当化するのに使われてきた。近代以降、公式には女性の権利が社会的に承認されていったにもかかわらず、女性は公的領域から排除されてきた。それは、女性が感情のような個別的かつ私的な徳を備えるがゆえに、公共圏で活躍する市民にはふさわしくないとされてきたからである(Young 1995=1996: 一〇二)。キャロル・ペイトマンがいうように、市民であるには、「政治的なライオンの皮」が必要だが、それは、長いたてがみを持つ、「雄のコスチューム」をしているのだ(Pateman 1989=2014: 八)。

市民像が「雄のコスチューム」として描かれてきたことを踏まえると、脱原発運動の中心的な担い手が女性であったことは、注目に値する。そのことは、運動においていかなる市民像が描かれていたかという疑問を喚起せずにはいられない。女性が公共圏で活躍するための方法の一つは、自律的個人のモデルに適応することである。「男女共同参画」や「女性活躍」のかけ声のもと、エリート女性たちが長時間労働をこなして、企業社会における競争に順応しているのは、その一例である。

だが、脱原発運動のアクティヴィストは、そのような選択をしなかった。彼女たちは、自律的個人とは異なる主体のあり方を描き出したが、本書ではその市民像について考察する。冒頭で言及した「強さ」と「やわらかさ」を兼ね備えたアクティヴィストの姿は、運動の主体像の一面である。本書で具体的に述べていくように、彼女たちは、女性に対するステレオタイプを拒否しながらも、女性的とされる徳を使って市民像を修正し、公的領域で活躍する主体のモデルをつくり出すところにたどり着いた。

市民づくりの技法の創出

障害の三つ目は、市民づくりの技法の欠如である。ロバート・ダールがいうように、民主主義の担い手(「人民」や「市民」)の存在は、民主主義の提唱者の間では所与の前提になっていた(Dahl 1989: 3)。それは、市民として暗に想定されていたのが、すでに政治的資源を有している人びと(主に男性)だったことに原因があると考えられる。彼らは、特別なサポートがなくても、自己利益の追求のために公的領域で政治参加できるような条件が揃っているのだ。

脱原発運動のように、資源に欠ける女性たちが中心となって組織された運動の場合、そうはいかない。家事、育児、介護のような私的とされる仕事の負担の重さが、女性の参加の妨げになっているし、参加の機会を奪われてきたため、公的な活動に対する自信と経験も不足しがちだからである。女性のような不利を背負わされている人びとが「市民」として公共圏に現れようとする時、その助けになってきたのが、社会運動の存在である。

社会運動は、いかにして市民づくりを促すのだろうか。第一に、個人的な問題の社会的な側面を提示することによってである。貧困、病気、ストレス、不安といった「問題」の多くは、個人の不作為に還元され、その社会的原因が明らかにされることはまれである。社会運動は、こうした問題を私事化するのではなく、社会化することに努めている。社会運動の異議申し立て行為は、人びとが日常的に抱えている、言語化される以前の違和感を表現している。社会運動の場で、人びとは個人的なもののように思われる違和感の社会的な側面を発見する。それによって、問題は私事化されず、公的な議題として提示、共有され、彼らを行動へと促すのである(安藤二〇一〇：二二五―二二六)。

　第二に、公共圏における政治的な表現の能力を高めることによってである。誰もが最初から自分の違和感を公共圏に的確に提示できるわけではない。身近な誰かにあたったり、「何かおかしい」という思いを押し殺したりして、日々を過ごしている。社会運動は、違和感を持った人が他の人びとと議論をしたり、学習したりする場である。それによって、自分の思いをより具体的かつ明確に伝えることを可能にするのだ(安藤二〇一〇：二二六―二二七)。

　第三に、問題解決のモデルを示すことによってである。トゥレーヌは、反原発運動の研究において、これを「運動の予言的役割」と呼んだ(Touraine 1980b=1984: 三〇四)。社会運動は、原発推進派の科学信仰のような常識になっている世界観を疑う。だが、それは、環境破壊や放射能汚染から住民の生活を守るといった防衛的な性格だけでなく、新しい文化的な価値をつくり出し、「希望と魅力にあふれたユートピア」を描き出すという創造的な性格も有している(Touraine 1980b=1984: 三〇四―三〇六)。今の世の中をどこかおかしいと感じた人びとが集い、どんな社会をつくっていくべきなのか、そこではどんな価値が大切にされるべきかを討論し、実現していく。これによって、人びとは、未来への希望を取り戻し、それが政治参加につながるのだ。

　このように見ていくと、社会運動は、自治としての民主主義の担い手となる市民をつくり出す装置であるという見方ができる。以下で見ていくように、チェルノブイリ原発事故後の脱原発運動も、原発と自分との関係に光をあて、人びとを行動へと促した。一人ひとりの努力で放射能汚染から逃れるのではなく、同じ問題を抱える人びとと共に学習し、議論する場を設けた。政党からライフスタイルまで、原発に依存しない未来社会のモデルを創造した。彼女たちは、自らが政治的資源に乏しかったからこそ、同じような境遇にある人びとを公共圏に導くことに考えをめぐらせた。私は、本書の各章で、そのための知恵と工夫が何であったのか、それがいかにして創出されたのかを示していく。

第一、二節では、先行研究を導きの糸にしながら、本書の問いについて論じてきた。それは、チェルノブイリ原発事故後の脱原発運動がいかなるものであったのかというものである。この問いに答えるには、運動の来歴とゆくえを追うという作業を必要とする。脱原発運動は、どこから来て、どこに行ったのか。それは、運動と市民社会にいかなる変化を引き起こし、その後に何を残したのか。これらの問いを考察するに際して、私は、民主主義を補助線にしながら、アクティヴィストの言葉と行動を読み解くという方法をとっている。民主主義という観点からは、脱原発運動はどう見えるのか。運動は、いかなる民主主義を目指していたのか。彼女たちのような資源に乏しい人びとを公的な決定の場に含めるために、既存の民主主義のあり方にどう修正を加えようとしたのか。本書の議論は、これらの派生的な問いにまで及んでいく。

第三節　原子力政治に民主主義を求めて

原子力政治には、民主主義がない

ここまでの議論で指摘したように、ポストチェルノブイリの脱原発運動は、民主主義というプロセスを経て脱原発というゴールを目指した。ところが、彼女たちは、日本の原子力政治、すなわち、原子力政策の意思決定における民主主義の不在という現実に直面させられた。原発は、国策として進められていたが、その意思決定に彼女たちが関与する余地はほとんどなかったのである。

吉岡斉が指摘するように、原子炉及び核燃料の開発利用に関する意思決定は、「電力・通産連合」と「科学技術庁グループ」という二つのグループの政治エリートにより担われてきた（吉岡一九九九a：二〇）。前者の主な構成組織は、通商産業省（その外局である資源エネルギー庁）、通産省系の国策会社（電源開発株式会社）に始まり、電力会社やその傘下の会社（日本原子力発電や日本原燃）、さらには原子力産業メーカーまで含まれる[4]。後者の主な構成組織は、科学技術庁本体と、その所轄の二つの特殊法人（日本原子力研究所、動力炉・核燃料開発事業団）などである（吉岡一九九九a：二一―二二）。「電力・通産連合」は商業段階の事業を担当し、他方、「科学技術庁グループ」は商業化途上段階の事業を担当し、互いに棲み分けを図りつつ、各々の事業を進めてきた（吉岡一九九九a：二〇）。事業を先行したのは、科技庁グループであった。科技庁は、一九五六年五月一九日に設立後、総理府より原子力局を移管し、日本の原子力行政の中枢を担う事務局になった（吉岡一九九九a：七八）。その後、一九五七年末の時点で、電力業界が商業用原子力発電事業の確立に向けて乗り出し、電力・通産連合が形成された（吉岡一九九九a：八三）。

当初の力関係は、科技庁グループが圧倒的な優位であった。だが、一九七〇―八〇年代にかけて、電力・通産連合が攻勢をかける。一九七三年一〇月、石油危機後、石油依存度の低減と非石油エネルギーの供給拡大が求められる中、原子力エネルギーが再評価された（吉岡一九九九ａ：一七四）。「総合エネルギー調査会」の事務局を担ったのは、一九七三年七月に発足した資源エネルギー庁である。資源エネルギー庁は、通産省の原子力行政の業務の大部分を担った（吉岡一九九九ａ：一七五）。このように「電力・通産連合」と「科学技術庁グループ」の間に主導権をめぐる争いがあったことは確かである。しかし、原発の推進という大枠に関しては利害を共にしており、そのために脱原発は、政治エリートにとっては論外の選択肢であった(5)。

代表制民主主義において、官僚や企業家とは違い、有権者は投票という方法で政治家に対して影響を及ぼすことができる。しかし、議会も脱原発運動の主張には冷淡であった。長く与党の座を占めてきた自民党では、原発の導入期に正力松太郎や中曽根康弘が主導権を握り、原子力の開発利用が制度化された後は、立地促進を通じて原発現地や原子力業界への利益誘導を支えた(6)（本田二〇〇五：五七）。ただし、原発は迷惑施設的な性格が強く、原発建設は道路建設のような他の公共事業よりも予算規模が小さかった（長谷川一九九九：三〇三）。利益のうまみも小さかったがゆえに、原子力行政における自民党の政治家は、自分たちが前面に立つというよりも、行政と電力会社を間接的にサポートするという役割を担っていたのである。

原子力政治の制度において、原発推進を具体化する政策は、いかにして制定されてきたのだろうか。「二元体制」のそれぞれの連合体には、官僚、政治家、財界人、科学者など、異なる利害関係者が入り交じっていた。彼ら原子力の政治エリートの間で利害を調整し、原子力利用開発に関する方針を権威づけする役割を果たしてきたのが、「原子力委員会」（一九五六年一月一日に発足）である。これは、日本の原子力政策の最高意思決定機関であり、内閣総理大臣はその決定を十分に尊重しなければならないと規定されていた（吉岡一九九九ａ：二六）。原子力委員会は、科技庁長官を委員長とし、科技庁を事務局とする機関であり、「電力・通産連合」とも利害調整しながら、合意を形成する場であった（吉岡一九九九ａ：二七）。原子力委員会が数年ごとに改定する「原子力の研究、開発及び利用に関する長期計画（以下、「長計」と略記）」は、原子力開発利用に関する国家計画の中心をなしていた。[7]

原子力政策を権威づけるもう一つの場は、先に触れた資源エネルギー庁が事務局を担う総合エネルギー調査会だ。ここは、数年ごとに改定される「長期エネルギー需給見通し（通称「見通し」）」を出していたが、「見通し」は、通産省側からの政策的方向づけである（吉岡一九九九ａ：二六）。毎回、一五－二〇年後を目標年度とする長期エネルギー需給見通しを発表し、それに基づいて電源立地が進められた[8]（長谷川二〇一一：二六）。

ここまでの議論をまとめてみよう。制度的な側面を見た場合、原子力政治における民主主義の欠如は明らかである。行政は内部の縄張り争いこそあるが、原子力発電を推進するという大前提を共有している。議会は行政ほど原子力政治に対する影響力が強くないうえ、長く与党の座にあった自民党の政治家の中には、原発をめぐる利権集団の一員が多数いた。また、司法のアリーナでの政治的機会も、運動にとっては期待できないものであった。原発の設置許可をめぐる訴訟で、裁判所は、原発の安全性に関して判断を保留するか、行政の判断に追随してきた。その結果として、司法は原発建設の違法性を問う訴訟の数々に、原告側の敗訴という判決を出してきた。[9]原子力政治において、原発推進に対する根本的な疑問の声が聞かれることはなかった。

以上のように、「政治的機会構造」[10]に関して言えば、日本の原子力政治の場合、社会運動にとっての機会よりも制限の側面が濃厚である。例外は、原発現地の反対者であり、特に地権や漁業権を有する人びとは、原発建設を拒否する権利を持っていた[11]。しかし、脱原発運動のように都市住民から構成される運動にとって、直接影響力を行使できるような政治的機会は、極めて限られていた。こうした状況において、チェルノブイリ原発事故後にアクティヴィストたちは、民主主義を欠如させた原子力政治に都市住民の意思を反映させることを目指したのである。

チェルノブイリ原発事故後の統治

チェルノブイリ原発事故以前、原発に対する抗議者の統治[12]は、相対的に政治的機会が開かれている現地の反対者を封じ込めることにエネルギーとコストを集中した。しかし事故後、原子力政治の正統性[13]が揺らぐことになる。まず、国際的な潮流として、欧米諸国で発電用原子炉の新規建設がほとんどなくなる一方、寿命が尽きた原子炉や安全性に問題のある原子炉が廃炉にされるようになっていった。原子力エネルギーの斜陽化が始まったのである（吉岡一九九九a：一一五）。日本政府は、チェルノブイリ原発事故後に、事故がソ連という共産主義国の出来事であることを強調し、その影響が自国の原子力政策に及ばないようにしたが、一九九〇年代に入っても、より小さなものから、もんじゅ事故や東海村事故のような重大なものまで、国内の原発事故が続いた。続発する事故は、原子力政治の正統性に対する疑念を引き起こした。

原子力政治の正統性が低下した背景には、脱原発運動の参加者の急増も見逃せない。脱原発運動は、世論を変え、現地の抗議行動を大きくし、政治エリートの脅威になった。この時、確かに運動は、原子力政治において都市住民の意思を反映させたのである。しかし、吉岡がいうように、「日本の原子力共同体は、チェルノブイリ事故を契機に高まった脱原発世論の高揚を、ひとまず凌ぎ切ることに成功した」(吉岡一九九九a：二二〇)。原子力政治の正統性の回復は、いかにして可能であったのだろうか。

チェルノブイリ原発事故以前における原発の正統性に関して言えば、「原子力の平和利用」という言葉が重要である(有馬二〇〇八、山本(昭)二〇一二b、加藤二〇一三)。それは、核=原子力技術の非軍事的な利用を意味する。だが事故後、脱原発運動は、「平和利用」の内実を批判した。原発がつくり出す「便利で豊かな暮らし」に対する懐疑を示すようになったのである。この問題を考えるうえでヒントになるのは、アントニオ・グラムシのヘゲモニー論である。彼がいうように、現代社会では、支配と従属の関係が複雑化している。かつてのように絶対的な支配者が力で人びとを支配するだけでなく、合意の獲得をめぐって様々な集団がたえず抗争し、交渉する。政治エリートによる統治は、この争いの中で形成される。この見方に基づけば、チェルノブイリ原発事故後における統治の論理の刷新は、政治エリートと脱原発運動がせめぎ合う中で生じたのだと考えられる。正統化の方法はいかに再編され、原発に関する新たな合意の形成につなげられたのだろうか。本書では、脱原発運動の遺産についても考察していくが、この問題を考えるうえでも、政治エリートの対応の検討は不可欠な作業である。

本書のデータとしては、まず、雑誌、新聞、書籍など、現在でも図書館などでアクセス可能であった出版物を利用した。ビラ、ニュース、パンフレットなど、図書館に所蔵されていない刊行物も、アクティヴィストから個人的に寄贈されたり、貸与を受けたりして、資料として活用した。ポストチェルノブイリの脱原発運動は、地域の小グループから構成されていたため、マスメディアで取り上げられている情報だけでは、その活動を追うことは難しかったからである。

さらに、アクティヴィストに対するインタビューも、本書の貴重なデータである。直接話を聞くことの効果は、紙媒体に残らない運動や個人に関わる情報を入手することに限られない。「原発いらない人びと」や「六ヶ所村女たちのキャンプ」のように、情報が少なく、手さぐりで研究を進めていかざるを得なかった対象の場合も、取材の中の話がヒントになって、さらに研究が広がっていくということがあった。

チェルノブイリ原発事故は、彼女たちの原発に対する見方を揺るがしただけでなく、その生き方やライフスタイルに関わる問題として受け止められた。一人ひとりの人生の中で、事故をどう受け止め、いかに脱原発運動に関わり、どのような出会いを経て、フレーム[14]とレパートリー[15]を変化させていったのかという問題が、運動を理解するうえで欠かせない。それゆえに、私は彼女たちにインタビューする際に、ライフヒストリーについての質問事項を加えてきた。

一人ひとりが原発問題に出会ってしまったことの衝撃が、彼女たちを変える。そして、彼女たちが参加する運動にも変化を生み出し、その変化が政治エリートの対応を呼び起こし、その対応が反射して、彼女たちの運動と彼女たち自身に影響を及ぼす。脱原発運動、さらにはそれに関わる一人ひとりと、政治エリートとの間の相互作用をいかにして描くことができるか。本書は、アクティヴィストの個人史、脱原発運動の社会史、さらにはポスト高度経済成長期の日本の政治史との重なりに焦点をあてている。それを通して、チェルノブイリ原発事故というグローバルな影響を及ぼした出来事が、日本の都市部というローカルな場所でいかなる反響を引き起こしたのかを明らかにしていく。

インタビューの方式だが、私が質問の枠組みを用意して、実際の会話の中で出てきた事柄をさらに詳しく聞き、時には自由に逸脱してもらうやり方をとっている。「三・一一」の後は、話題は自然と福島第一原発事故のことに及び、彼女たちが現在進行形で関わっている活動に触れながら、過去の活動を振り返るという取材の形になることが多かった。共に行動したキーパーソンとなる知人の連絡先を取材の最後に尋ね、その方に私が取材を依頼することを繰り返した。こうした伝手をたどっていく方法以外にも、私が文書資料などで名前を見つけて連絡先を探し、手紙などで直接コンタクトをとり、別のネットワークに飛び込んで取材することも行った。

二〇一〇年から二〇一八年にかけて、正式なインタビューをした人数は、約四〇人である（ほとんどが一対一の取材で、平均二時間ほど。遠隔地を訪問したり、宿泊して取材したりしたこともあり、その場合は五—六時間に及ぶこともあった。また、同一人物に対して複数回のインタビューを実施した場合もある。本文中に使用した場合のみ、巻末に記している）。その多くが女性で、生年は一九五〇—五五年の間に入る人が多数、遅くとも一九六〇年代前半までには生まれている。彼女たちは、チェルノブイリ原発事故のあった一九八六年には二〇代後半から三〇代後半になる。

本書の構成を見ていこう。第2章では、チェルノブイリ原発事故後における食品の放射能汚染の測定を求める運動について論じる。この運動は、一九八六年終わりから一九八七年にかけて、生協のような地域組織を基盤にして各地に広がり、その後、脱原発運動の生まれるきっかけになった。それに関わった女性たちに焦点をあて、放射能測定運動の展開を跡づけ、その意味を読み解く。

第3章では、脱原発運動の形成を跡づける。最初に、運動の基盤になった「オルタナティブ」の思想と行動を論じた後、一九八八年一―二月の「いかたのたたかい」に言及しながら、放射能測定運動から脱原発運動の形成までの展開を見ていく。その市民づくりの手法について触れた後、「ニューウェーブ」が原発反対運動に引き起こした変化について論じる。

第4章では、脱原発運動による国政選挙への挑戦を論じる。具体的に取り上げるのは、一九八九年七月に行われた参院選における「原発いらない人びと」という政党である。脱原発政党が多数の票を獲得するのを妨げた外在的(政党配置)、内在的(運動文化)な要因を検討する。

第5章では、一九九一年九―一〇月の「六ヶ所村女たちのキャンプ」について論じる。これは、核燃サイクル計画に反対する女性たちの非暴力直接行動である。友情、傾聴、ケアといった概念を使いながら、その行動の民主主義的な意味を読み解き、運動の中に現れた市民像を考察する。

第6章では、原子力のエリートによる脱原発運動の統治について論じる。運動の参加者の拡大によって、原発の正統性が一度大きく揺らいだにもかかわらず、その正統化の論理がいかにして刷新されたのかを見ていく。政治エリートたちは、メディア戦略を大きく変化させたが、その際に女性のエンパワーメントのような運動から出てきた市民づくりの手法が統治の手法として流用されたことを示す。

第７章は、一九九〇年代の脱原発運動のゆくえに焦点をあてる。原発に依存しない暮らしをつくり出した三人のアクティヴィストのライフコースをたどりながら、彼女たちがいかにして初発の問題意識を持続、深化させ、「脱原発の暮らし」を実践していったのかを明らかにする。

第８章は、前章までの議論をもとに本書の問いに答え、結論づける。全体としては、ポストチェルノブイリの脱原発運動の変遷をたどりながらその来歴とゆくえを追い、その運動が市民社会にどんな変化を引き起こし、何を残したのかに焦点をあてている。加えて、民主主義をキーワードに、放射能測定運動から「脱原発の暮らし」までの行動の意味を読み解くことを試みた。

第2章

放射能測定運動

一九八八年の脱原発運動は、チェルノブイリ原発事故によって引き起こされた放射能汚染に対する恐怖を源泉にしていた。だが、放射能は、目に見えないし、匂いもしない。したがって、人びとが放射能に恐怖を感じるようになるには、それが可視化されていなくてはならない。放射能汚染の可視化に貢献したのが、地域における食品の放射能測定運動である。本章では、この運動の展開を明らかにする。測定運動は、生協のような地域グループの基盤の上に成り立っており、その後の脱原発運動に接続されていった。

放射能測定のねらいは、汚染された食品の安全性を確認することに限られない。運動は、自分たちがいかなる物を食べているのかを知ったうえで、何を食べるかを自分たちで決めるという精神に支えられていた。これは、本書の言葉を用いれば、自治の精神と言い換えられる。私は、放射能測定に込められた民主主義的な意味を明らかにしていく。

第一節では、脱原発運動の前史として、一九八六年までの反原発運動について整理する。アクターやフレームを中心にその特徴を明らかにしておくことで、第3章以降で論じる脱原発運動の引き起こした変化が見えやすくなるだろう。第二節以降では、生協や「出前のお店」の地域グループ、さらにはそのグループに関わる人びとに注目しながら、放射能測定運動の展開を跡づける。

第一節　「反核」と「反原発」

原水禁から反原発へ

日本人と原子力との関係は、被爆体験を抜きには語れない。一九四五年八月、広島と長崎に原爆が投下され、甚大な放射能被害を受けた。原爆投下は、占領軍の情報統制のため、実は戦後しばらくの間、広く知られていなかった。放射能の被害が広く問題にされるのは、一九五四年三月一日、アメリカが太平洋のビキニ環礁で水爆実験を行った後である。放射性物質は風に乗って日本にまで届き、水爆で汚染されたマグロは漁港で大量処分された。

ビキニ事件をきっかけに、原水爆実験反対の署名運動が生まれた。東京都杉並区の公民館長であった安井郁（かおる）は、地元の知識人、婦人団体、労働組合、革新政党などとともに、広範な署名運動の母体を築いた。また、杉並婦人団体協議会、杉の子会、ＰＴＡの女性たちは、地域住民を戸別訪問して署名を集めるなど、運動を中心となって支えた。署名運動は全国に広がり、約三二〇〇万筆に達している（丸浜二〇一一）。署名という抗議レパートリーは、その後、一九五四年の成功体験をもとに、原水禁運動、一九八〇年代の反核運動、さらには、反原発運動や脱原発運動にも、身近な手段として頻繁に用いられるようになった。

一九五四年八月には、署名運動を一本化するための組織として、「原水爆禁止署名運動全国協議会」が発足した。一九五五年八月には、広島、長崎で原水禁世界大会が開かれ、その後も毎年開催されるようになった。世界大会では、反核運動を恒常的に推進していくことが決議され、そのために「原水爆禁止日本協議会（原水協）」が結成されている（本田二〇〇五：七二）。ビキニ事件は、原水禁運動を生んだのである。

しかし、一九五〇年代後半から、原水協内部で日本社会党系と日本共産党系との対立が激しくなっていく。決定的となったのは、ソ連の核実験に対する評価である。一九五八年一〇月末に米英ソ間で核実験の停止に関する会議を開始したにもかかわらず、ヨーロッパでの緊張の高まりの中、一九六一年一〇月、ソ連は核実験の再開に踏み切り、一九六二年八月にも核実験を行った。社会党と総評（日本労働組合総評議会）がソ連に対する抗議と核実験中止を求める緊急動議を出したのに対して、共産党は反対した。社会党は、労働組合、平和組織、女性組織などとともに、「原水爆禁止日本国民会議（原水禁）」を結成し、運動は分裂した（本田二〇〇五：七五―七六）。

一九五〇年代後半から、日本は急速な高度経済成長を経験した。高度経済成長の始まりの時期には、テレビ、冷蔵庫、洗濯機のような家電製品を揃えることが人びとの生活の目標とされたのが、次第に家電のある風景が当たり前になっていった。ライフスタイルの都市化が進むとともに、特に一九七三年の石油危機後、電力の消費量も増大していく。一九六〇年代以降には、石油化学コンビナートのような大規模産業施設が建設され、経済成長の牽引役と見なされた。これらの産業施設の運営にも電力が必要であり、それを確保すべく原子力発電は推進されていった。

原発は、一九五〇年代に読売新聞社の正力松太郎たちによって日本に導入されている。先行研究が指摘するように、広島と長崎の被爆経験があり、核に対する反発の強い日本で、反対を抑え込むのに使われたロジックが、「原子力の平和利用」であった（有馬二〇〇八、山本（昭）二〇一二b）。高度経済成長期にエネルギー需要の増加が予想される中、原発はすばやく実用に移された。

しかし原発の推進は、そんなにスムーズにはいかなかった。全国的な公害反対の住民運動に直面したからである。一九六〇―七〇年代にかけて、原発だけでなく、空港、線路、道路など巨大施設の建設が相次いだが、それは、生活環境を脅かされる現地の住民からの反発を招き、各地で反対運動が展開された。たとえば、静岡県御前崎市の浜岡原発の場合、計画を進めていくうえで壁になったのは、地元の漁民の存在である。一九六七年七月、中部電力の計画が新聞で明らかになった後に、彼らは、温排水の流入や海の放射能汚染でシラス、アワビ、サザエ、イセエビなどの水揚げされる漁場が失われることを懸念して、建設計画に反対した（森一九八二：三〇）。現地の反対運動では原発を「公害」と見る認識枠組みが広がり、原子力問題も「原子力公害」や「放射能公害」と名指されていった。本田宏が指摘するように、「公害」というフレームの形成は、漁民や農民など現地住民の運動への参加を促した（本田二〇〇五：八〇）。農漁民のグループは、しばしばその土地の有力者、政治的には保守層も含んでいた。その土地に暮らし続けたいという願いこそ、彼らが運動に参加する原動力であった（高田一九九〇：一四三）。

反原発運動の構成員は、現地の農漁民に限定されない。一九七一年、社会党の成田知巳委員長、石橋政嗣書記長の執行部は、各地の住民運動を支援する方針を定めたが、支援の対象には反原発運動も含まれていた（本田二〇〇五：八五）。この方針決定は、社会党や総評の中央の指導部が主導したわけではない。主導したのは、地区労と呼ばれる総評傘下の労働組合の地域ネットワークである。地方都市の労働者たちが、原発を地域の問題の一部として捉え、現地の反対者を熱心に支援したのだ。

都市の労働者を反原発運動へと導いたのは、原発という「公害」が現地の住民の暮らしを脅かしているというフレームであった。公害反対運動に影響力のあった宮本憲一は、原発のような大規模開発プロジェクトにおいて、地方が「台所や便所」のように扱われているという。地方で生産される物は東京や大阪のような大都市圏に送られ、地方には廃棄物処理のような生産の後始末が任される(宮本(憲)一九七三:一九七)。巨大施設の「受益圏」である都市の住民にとって、原発問題は自分自身の生活を直接左右するわけではない。それにもかかわらず、「受苦圏」の現地住民が「公害」という不正義にさらされていることに対する怒りが、彼らを行動に促した。

こうして労働組合のメンバーが、原発現地を訪問して、住民たちと一緒に抗議するスタイルが定着する。このスタイルを象徴的に示すのは、「公開ヒアリング闘争」である。一九八一年三月一九日、浜岡原発三号炉の公開ヒアリングに対して抗議行動が繰り広げられた。公開ヒアリングは、行政が原子炉の新規建設に際して地元合意を得るプロセスとして位置づけたものであり、一九八〇年以降、慣例になったが、行政の一方的な説明に終始する場合が多く、極めて形式的なものであった(本田二〇〇五:二一六)。

浜岡では、公開ヒアリングが反原発運動の争いの場に設定された。参加した七〇〇人の中には、地元の反対者以外に労働者の存在が目立った。全電通(全国電気通信労働組合)、三重、愛知、長野、岐阜の労働者、動労(国鉄動力車労働組合)、国労(国鉄労働組合)の労働者が座り込みに加わり、黄色いハチマキをした労働者の列は一キロメートルにも及んだ(『反原発新聞』一九八一年四月二〇日一面)。この事例に示されるように、一九七〇年代には、現地の農漁民とそれを支援する都市の労働者という反原発運動の基本的な構成が定まった。

「モグラたたきの構造」

一九七〇年代には、都市部に原発問題のアドボカシー（政策提言）の組織が生まれている。その代表的な存在が、原子力資料情報室（以下、「資料情報室」と略記）である。その設立の経緯をたどると、まず、一九七二年、福井県の敦賀で開かれた原水禁の全国活動家会議で、「資料情報センター」の設立の方針が打ち出され、一九七五年九月、資料情報室が設立された。運動の中央指令部になることに対する警戒心から「センター」設立には異論が出て、専門家の「討論の交差点」と「共同作業の場」という位置づけを与えられた。代表は、著名な物理学者で、原子力問題にも積極的に発言していた武谷三男、世話人は、原子力の専門家で、東京都立大学を辞職したばかりの高木仁三郎が務めることになった（原子力資料情報室一九九五：二）。

アドボカシー組織は、各地の学習会に講師を派遣する、裁判の原告側証人を務める、現地の運動の実情や争点を都市住民に伝える、現地への支援を呼びかける、政府や電力会社の動きを伝えるなど、その活動の内容は多岐に渡っていた（長谷川一九九九：二二五）。これらの組織は、現地の運動が自ら担うことのできない活動を引き受け、その運動を支える役割を果たしてきた。

しかし、原発問題のアドボカシー組織の規模は、国際的な団体と比較するとはるかに小さかった。日本には、欧米の「ＦｏＥ（Friends of the Earth）」、「グリーンピース」、「ＷＷＦ（World Wide Fund for

Nature)」のような、大規模な環境ＮＧＯが不在である。アドボカシー組織は、会員からの会費と寄付を主たる収入基盤とし、数人のスタッフの献身的な働きで組織を維持している（長谷川一九九九：三二六）。ロバート・ペッカネンによれば、日本の市民社会は、多数の草の根小グループが存在する一方、潤沢な資源をもとに国レベルのアドボカシーを行うグループが少ない（Pekkanen 2006: 159-187）。こうした日本の市民社会の特徴は、原発問題の領域に典型的に見て取れる。

アドボカシー組織の弱さと相まって指摘されるべきは、反原発運動の全国化が見られなかったことである。諸外国の事例を見ると、それは、決して自明でないことがわかる。運動の全国化の一例として、西ドイツ南西部のバーデン＝ヴュルテンベルク州のヴィールが挙げられる。一九七五年二月、地元の抗議者たちは、原発建設の予定地とされたことに抗議し、都市部からやって来た学生の支援もあって建設予定地を占拠し、工事を中断に追い込んだ。警察が放水車を使って強制排除に乗り出した光景がテレビに映し出され、メディア上で論争を呼び起こし、最終的には、フライブルク行政裁判所が工事中断を命じる決定を下し、計画は挫折した（西田二〇〇九：七一―七六、青木二〇一三：三―四章）。西ドイツでは、政治構造が分権的であり、州政府が許認可権限の大部分を握っていたこともあり、現地での抗議行動が政策転換に結びついた。政策転換の過程で重要だったのは、ローカルな抵抗がメディアを介して全国化したことである。運動の全国化は、後に政策転換を後押しする有形無形の力になった。このような西ドイツの状況と比較してみると、日本の特徴は、反原発運動の全国化が見られなかったことにある。

ジャーナリストの土井淑平（よしひら）は、このような日本の反原発運動の状況を「いつ果てるとも知れないモグラたたきの構造」と呼んだ（土井一九八八：一五八）。この場合の「モグラ」は、原発の建設計画を指す。こちらの穴でモグラの頭（建設計画）を叩くと、あちらの穴から頭を出す。結局、原発は、地域住民の抵抗の弱い場所に建てられるというわけである。この「モグラたたきの構造」を脱するには、国政レベルでの原子力政策の根本的な転換が必要である。強力なローカルの抵抗は、転換に向けての大きな一歩だが、その足し算だけでは、転換には至らない。運動の全国化は、中央の政策を転換させるうえで不可欠であり、その不在は、ローカルの抵抗の孤立につながってしまう。

ヴィールの運動から得られるもう一つの知見は、対決的な直接行動の評価についてである。ヴィールでは、原発現地での直接行動がメディアの注目を集め、運動の全国化を促した。日本でも、原発現地で建設の承認を得るために公開ヒアリングが開催された際に、地域の労働組合のアクティヴィストが会場周辺で阻止行動を試み、警察と衝突するというような例外はあった。それでも、反原発運動は、直接行動をためらう傾向が一般的であった。本田宏は、ハンスペーター・クリージーらの西欧五カ国の比較研究を使いながら、一九七五―八九年の期間では、日本の反原発運動が西欧のそれと比べて、「対決＋暴力」的な抗議レパートリーを使う割合が少ないことを示している（本田二〇〇五：一六六）。この場合の「対決＋暴力」に含まれている主たるレパートリーは、ボイコット、ストライキ、座り込み、ジグザグデモ、無届け集会、封鎖、議事妨害といったものである。私がニューレフト運動の遺産として論じたように、一九七〇年代以降の日本では、対決的な行動に対する警察からの厳しい取り締まりとメディアからのスティグマが存在しており（安藤二〇一三：三章）、直接行動の選択に大きなリスクを伴うことが、このような結果を招いたと考えられる。

反核と反原発の切り離し

日本における反原発運動でもう一点言及しておかなくてはならないのは、それが反核運動から切り離されたことである。この点に関しても、歴史を概観しながら指摘しておこう。戦後日本の反核運動を担ってきた原水禁と原水協は、一九六〇年代に分裂を経験するが、一九七〇年代後半、再統一を視野に入れながら、交渉を重ねた。こうした状況の中、ソ連が一九七九年にアフガニスタンに侵攻した後に、米ソの緊張が高まり、自由主義陣営の多くの国がソ連に対決的な姿勢を打ち出した。一九八〇年代には、アメリカとソ連が数多くの核爆弾を配備し、核戦争が間近であるかのような雰囲気が広がった。国際的な反核運動の高まりに合わせて、原水禁と原水協は、急速に接近するようになる。

一九八二年になると、六月に予定されていた第二回国連軍縮特別総会に向けて、ヨーロッパを皮切りにして、日本でも「反核・軍縮」のキャンペーンが展開された。日本では、「第二回国連軍縮特別総会に核兵器完全禁止と軍縮を要請する国民運動推進連絡会議(以下、「連絡会議」と略記)」が発足する。一九八二年三月二一日には、広島の反核集会に二〇万人が参加し、五月の東京での集会には四〇万人が集まった。集会の主催者たちは、核兵器の禁止と軍縮を支持する八千万の署名を国連に送ったと発表した。連絡会議の署名運動には、軍事化を懸念する多数の人びとの参加を得たのである。

原水禁と原水協は、連絡会議の中心を担った。しかしこの両者には、統一を妨げる火種が存在した。それは、原発に対する見解をめぐる相違である。一九七〇年代後半の再統一の協議の中で、両者には明確な違いのあることが明らかになっていた。原水禁側は、原水協のいうところの「原子力の平和利用」を疑問視していたが、分裂を避けるために原発の問題は意見交換にとどめ、結論を出さないように申し合わせがあった(岩垂一九八二：九八)。

この慎重な姿勢は、連絡会議でも維持され、広島集会でも東京集会でも、もっぱら核兵器に焦点があてられ、原子力発電(核発電)に触れられることはなかった。広島集会の主催者は、「反核」という言葉が反原子力発電の意味も含んでしまうのを懸念して、集会の名称を「平和のためのヒロシマ行動」に変更したほどである。反原子力発電のグループは、これに不満を持ち、平和記念公園の一角で「反戦・反核・反原発広島集会」という独自の集会を主催した(吉川ほか一九八二：一七―一八)。この独自集会に参加したのは、反核集会と比べればはるかに少人数の約六〇〇人であった(吉田一九八二：二九)。

こうして一九八二年頃、核兵器廃絶を求める世論が、原水禁運動の枠を超え、内外に広まる中、「反核運動」という言葉が定着した。反核運動は、反原発運動とは明確に区別されるものであった。それは、原水禁と原水協との分裂を乗り越えて統一戦線をつくりたいという思惑が、反原発という論争的な問題を回避させたためである。日本では広島と長崎の被爆体験があり、核兵器反対の世論は強かったが、反原発運動は、この世論から切り離されてしまったため、孤立する傾向があった。

反核、反原発、さらに、「ニューウェーブ」の登場後は、脱原発という言葉も生まれた。英語ではこれらはすべて「anti-nuclear」、または「no-nukes」であるし、台湾の原発反対を意味するのは、「反核」という言葉である。これに対して日本では、反原子力を指し示す言葉が複数存在していた。それは、同じ「核」を問題にする運動の中に分断線が引かれていることを示し、また、その言葉の存在が分断線をつくり出している。これは、言葉の使用上の問題にとどまらない。その開発の歴史に明らかなように、原発とは、大量破壊兵器である核兵器の製造のために研究された技術を民生転用し、電力を生産するシステムである（佐藤・田口二〇一六：四九―六九）。核と原発という言葉の分離は、原発と戦争との関係を見えにくくすると同時に、反原発運動と反戦運動とのつながりを切り離す効果を有していた。

以上のように、本節では、脱原発運動の前史を概観し、先行者である反原発運動の特徴を明らかにした。それは、以下の四点に整理できる（**表2-1**）。第一に、運動のアクターについて。反原発運動は、原発現地の住民（主に農漁民）と都市部の労働者との連合から構成されていた。それは「戦後革新勢力」（清水（慎）一九六六）の一部を構成しており、労働者が農漁民を訪問して、後者の抗議行動を支援するという形で行われた。第二に、運動のフレームについて。そこでは、「放射能公害」に暮らしを脅かされる現地住民という理解が強調された。当時、社会問題になっていた公害のフレームを用いることは、難解に思われがちな原発問題の理解をより容易にした。

表 2-1　反原発運動の特徴

アクター	原発現地の農漁民と都市部の労働者の連合
フレーム	放射能汚染＝公害
運動の広がり	全国化せず，ローカルな抵抗
反核運動との関係	反核運動と反原発運動の切り離し

出所：筆者作成.

第三に、反原発運動のローカル化について。原子力をめぐる争いは全国化せず、ローカルに限定された問題として扱われた。それは、一九七〇年代以降の西ドイツと比較すると顕著だが、原発の是非が中央の議題になっていかないため、政府は現地からの反発を受けても建設をやめず、別の地域を探し続ける。こうして、もっとも抵抗の弱い地域に原発が建設される構造が築き上げられた。第四に、反核と反原発の切り離しである。切り離しの力学は、核兵器反対の世論が反原発に接続するのを妨げた。これらが反原発運動の特徴である。以上の議論を踏まえながら、次節以降では、チェルノブイリ原発事故後の脱原発運動の考察に移ろう。

第二節　チェルノブイリ原発事故と生活クラブ

チェルノブイリ原発事故と食品汚染

一九八六年四月二六日、当時のソビエト連邦(現在のウクライナ)にあるチェルノブイリで原子炉に事故が発生した。この事故によって多量の放射性物質が拡散し、周辺の住民は避難を強いられ、放射能汚染はヨーロッパ中に広がった。しかし、汚染に境界はない。四月末から遅くとも五月二日には、放射性物質が日本に到着したと言われている。放射能の雲は中国大陸から海を渡って日本列島本州中央部の日本海側に到達し、斜め北の方向に進んで北海道から太平洋に抜けていった。途中雨が降ったところでは、放射性物質が雨と一緒に地表に落ちて、降下量が大きくなった(寺島・市川編著一九八九：三二)。四月二九日、科学技術庁長官を本部長にして放射能対策本部が設置されている。この対策本部は、国内の放射性物質の拡散状況を調査し、六月六日には放射能レベルが十分に低くなったとして「安全宣言」を出した(笹本一九九九：二八〇)。

放射能汚染は、空気、水、土に広がったが、それだけでなく、影響は農作物にまで及んだ。日本政府は食品の放射能汚染にいかなる対応をとったのだろうか。厚生省は一九八六年一一月、専門家を集めて組織した「食品中の放射能に関する検討会」の報告をもとに、一キログラムあたり三七〇ベクレルという暫定基準[16]を決め、この数値を超えた食品の輸入を認めない方針を打ち出した(高木・渡辺二〇一一)。この基準で輸入食品の検査が実施されると、いくつかの食品で基準値を上回る数値を記録した。トルコ産のヘーゼルナッツ、月桂樹葉、セージ葉、フィンランド産の牛胃、スウェーデン産のトナカイ肉。一九八七年の一月から二月にかけての検査でも、これらの輸入食品から基準値を超えるセシウムが検出され、基準値超えの食品は積み戻された(高木・渡辺二〇一一:七九―八〇)。

検査は、輸入届け出件数一〇件につき一件が抜き取られる方式で行われた。この一件に選ばれた場合、ロットごとに五検体を採取し、合わせて一キログラムにして調べられる。膨大な量の輸入食品のごく一部を調べるだけというのが、検査体制の実態だった(高木・渡辺二〇一一:八三)。また、国の暫定基準値は三七〇ベクレルに設定されていたが、同じく事故が起きた場所から距離のある東南アジア諸国、たとえばタイやフィリピン、シンガポールなどと比べても、日本の基準値は高いものであった(高木・渡辺二〇一一:九一)。

原発問題との出会い方

食品の放射能汚染を早い時期に問題にしたのは、生活クラブ生協の組合員である。生活クラブは一九六五年に東京の世田谷区で牛乳を共同購入することに始まり、チェルノブイリ原発事故後の一九八八年当時は、九つの地域ごとの組合(単位生協)から構成されていた。もともと食の安全性に疑問を持ち、牛乳、卵、肉などの共同購入を行っていた消費者たちが、放射能汚染の影響の問題に取り組んだ。

生活クラブの中でも、もっとも早く、そして精力的に動いたのが、神奈川の組合であった。生活クラブ神奈川は、一九七一年、横浜市緑区に住む東急電鉄の職員たちが、すでに活動を始めていた東京の生活クラブから品物を共同で購入したことをきっかけに始まる（「生活クラブ二〇年史」編集委員会編一九九一：二四）。最初の名前は「みどり生活協同組合」であったが、一九七七年に生活クラブ神奈川に名称を変更した。一九八八年の時点での組合員数は五万五四五世帯、出資金は二五億三一三八万円、供給高は一四七億四一〇〇万円であった（「生活クラブ二〇年史」編集委員会編一九九一：二六）。これは当時の生活クラブ全体の中では、東京に次いで二番目の規模である。生活クラブ神奈川は県内に九つのブロックがあり、横浜は東西南北の四ブロック、川崎は二ブロック、他には、三浦、県央、湘南にブロックが組織されていた。ブロックの下の単位である支部は神奈川全体で五〇、デポーと呼ばれる生活クラブの商品（消費材と呼ぶ）を販売する店舗は一六というのが当時の組織状況であった（「生活クラブ二〇年史」編集委員会編一九九一：一二二―一二三）。

一九八八年に書かれた佐藤慶幸を中心とする共同研究の成果『女性たちの生活ネットワーク』が明らかにしたように、生活クラブの活動は、三〇―四〇代の女性、それも主婦が中心的な担い手であった（佐藤編著一九八八：二七）。神奈川で放射能汚染を問題にしていったのも、女性である。大河原さきは、当時、横浜の瀬谷に住む主婦であり、事故直前に生まれた子どもを育てていた。実家は福島県の船引町で、高校卒業後、東京に出て、共同保育に関わった後、二五歳の時に結婚する。すぐに子どもができてかかりきりになり、子どもと二人だけの生活の時間が長く、閉塞感を覚えるようになる。そんな時に彼女は、生活クラブと出会った。大河原には、瀬谷で新規組合員の拡大活動を行っていた女性の姿が「輝いて」見えた。さっそく入会し、当時、生活クラブ神奈川が積極的に取り組んでいた合成洗剤追放のために自治体に直接請求するための署名を集める活動に関わった。生活クラブの活動は、大河原にとってはまさに自分のやりたかったことであり、子育てだけの日常からの解放感を味わえるものであった（大河原さきさんインタビュー）。

一九八六年にチェルノブイリ原発事故が起きた時には、事故を遠いところの話のように感じていたが、養護学校で働いていた友人に放射能汚染の深刻さを聞き、驚かされた。そこで、東京の新橋まで足を運び、資料情報室の高木仁三郎の講演会に参加した。会場は満員で、子どもを背中におんぶしながら後ろで立って話を聞き、会場でイベントのチラシや、原発や放射能に関するパンフレットを入手して情報を集めた。その後、学んだことを地域の仲間に伝えた（大河原さきさんインタビュー）。

原発事故の被害を知らされ、衝撃を受けたのは、生活クラブの組合員だけではない。東京都小金井市で放射能測定運動に関わっていく伏屋弓子の場合、チェルノブイリ原発事故直前に二人目の子どもを出産し、事故後はニュースを追う余裕もなく、子育てに忙殺されていた。事故後のある日、自宅で子どもに授乳をしている時、大阪の女性の母乳から放射能が検出されたというニュースがテレビから耳に入ってきた。[17] このニュースを聞いてショックを受け、数日間は泣きながら授乳した。自分が事故を起こしたわけでもないのに罪悪感を覚え、子どもが飲んでいる母乳の汚染も気になった。その後、新聞などで情報を集め、放射能汚染と原発問題への関心を高めていった（伏屋弓子さんインタビュー）。

放射能は目に見えないし、匂いもないので、それに対する恐れは、漠然としたものになりやすい。

しかし女性たちは、授乳のような生活行為の中で恐れを感じ取っていた。

以上のように、彼女たちは、最初に放射能汚染の被害を知らされ、その後、ちょっとしたきっかけで原発についてのイベント(講演会など)に足を運んでいる。そのきっかけとは、原発問題に関心のある友人や知人が周囲にいて、彼らから誘われてというようなものである。彼女たちは、その講演会で放射能汚染の深刻さを知り、絶望感に打ちのめされ、その絶望感を乗り越えた後に、運動に深くコミットするようになっている。

生活クラブの地域組織

こうして原発問題に出会ってしまった人びとが放射能汚染に関する知識を広める際に、生協の地域組織が重要な役割を果たした。生活クラブの場合、コミュニティを基盤にして展開してきた生協なので、地域には確固とした組織基盤とそれを支える担い手が存在した。この地域組織の基礎単位になっていたのが、「班」である。生活クラブ神奈川では、当時、平均で五・三世帯から一つの班が構成されていた(「生活クラブ二〇年史」編集委員会編一九九一:一四〇)。

班単位の購入の手続きを見てみよう。班長は、毎月の締め切り日までに班員全員の予約を取りまとめて、生協に発注する。注文された品物は、翌月に各配送センターからトラックで所定の班員の家に届くが、その後、班員間で配達の仕分けをし、各自の注文品を持ち帰る。班長は、班員各自の注文品の集計を行い、集金した後に班全体としてまとめて代金を支払う(佐藤編著一九八八:四〇—四一)。このように、生活クラブでは購入に関わるあらゆる活動が班単位で行われた。

生活クラブの組織構成上、班の上の単位が支部である。当時、支部は、一千世帯を基準としてつくられていた(『生活クラブ二〇年史』編集委員会編一九九一：一三九)。チェルノブイリ原発事故の頃、各支部で選ばれる委員の数は、約一五人である(『生活クラブ二〇年史』編集委員会編一九九一：一三八)。支部の活動は、班のような日常的な活動とは異なっていた。その活動の中には、支部全体でどれだけの新規組合員を増やしていくかを考える拡大活動、生活クラブの地域イベントである「生き活きまつり」の準備、合成洗剤をやめてせっけんを使用するような環境保護運動、生活クラブの政治代表である代理人を出すための活動といったものが含まれる。支部委員の活動を通して、組合員は、それ以前の日常生活では遭遇することのなかった出来事に出会い、これまでとは異なった時間を過ごすようになる(佐藤編著一九八八：三七一―三七二)。このように、生活クラブの組合員は、地域の問題、さらにはより広い社会の問題へと導かれる仕組みが形成されていた。

以上で見てきた生協の地域活動を支えていたのは、当時の都市郊外における地域住民のつながりである。同じ団地やマンションで暮らす近隣住民は、家族構成や子どもの年齢も似ていたため、ちょっとした会話をしたり、互いの家を行き来したりするような関係が構築されていた。都市部ではあるが、それほど個人化されていない。コミュニティにおける日常的な交流の存在が、生協の、そして、放射能測定運動の地域組織の基盤であったのだ。

第三節　日常から地域活動へ

女性の日常

以上のように、放射能汚染を問題にしていくうえで重要な役割を果たした生活クラブの資源の一つ目は、地域組織であった。二つ目は、地域組織を支える担い手である。生活クラブの日常的な活動の中心は、組合員の仲間を増やすための「拡大」、消費材の「利用結集」、運営に必要な資金の拠出である「出資」であり、この三つは「三角錐体」と呼ばれた（『生活クラブ二〇年史』編集委員会編一九九一：一二七）。

女性たちは、なぜ、地域活動に関わっていったのか。そのことを理解するには、彼女たちの日常に触れる必要がある。その日常的な経験の中に、彼女たちが運動に参加した背景があると考えられるからだ。当時、女性の多くが共通に経験した日常とは、いかなるものであったのか。

第一に、「男は仕事、女は家庭」という性別役割分業の存在である。その日本的な表れ方は、雇用慣行に規定される。高度経済成長期に確立した日本的経営は、企業別組合、終身雇用、年功序列を軸にして構成され、正規雇用者の企業に対する帰属意識を高めることに成功した。企業では「職能給」制度が導入され、勤続年数、年齢、学歴を考慮しつつ、「生活態度としての能力」をもとに給与が決定されたのである。特に石油危機後には、新技術の導入、職務割当ての転変、ノルマの増大、頻繁な配転、単身赴任、出向に対応するような、正規の仕事時間以外も自らを仕事に捧げる態度が評価の対象とされた（熊沢一九九七：一章）。

こうして企業の正社員の男性は長時間労働にはまり込んでいくが、それは、女性が「主婦」として位置づけられ、家事、育児、介護といった家庭の仕事を一手に引き受け、自らの生活様式を男性に合

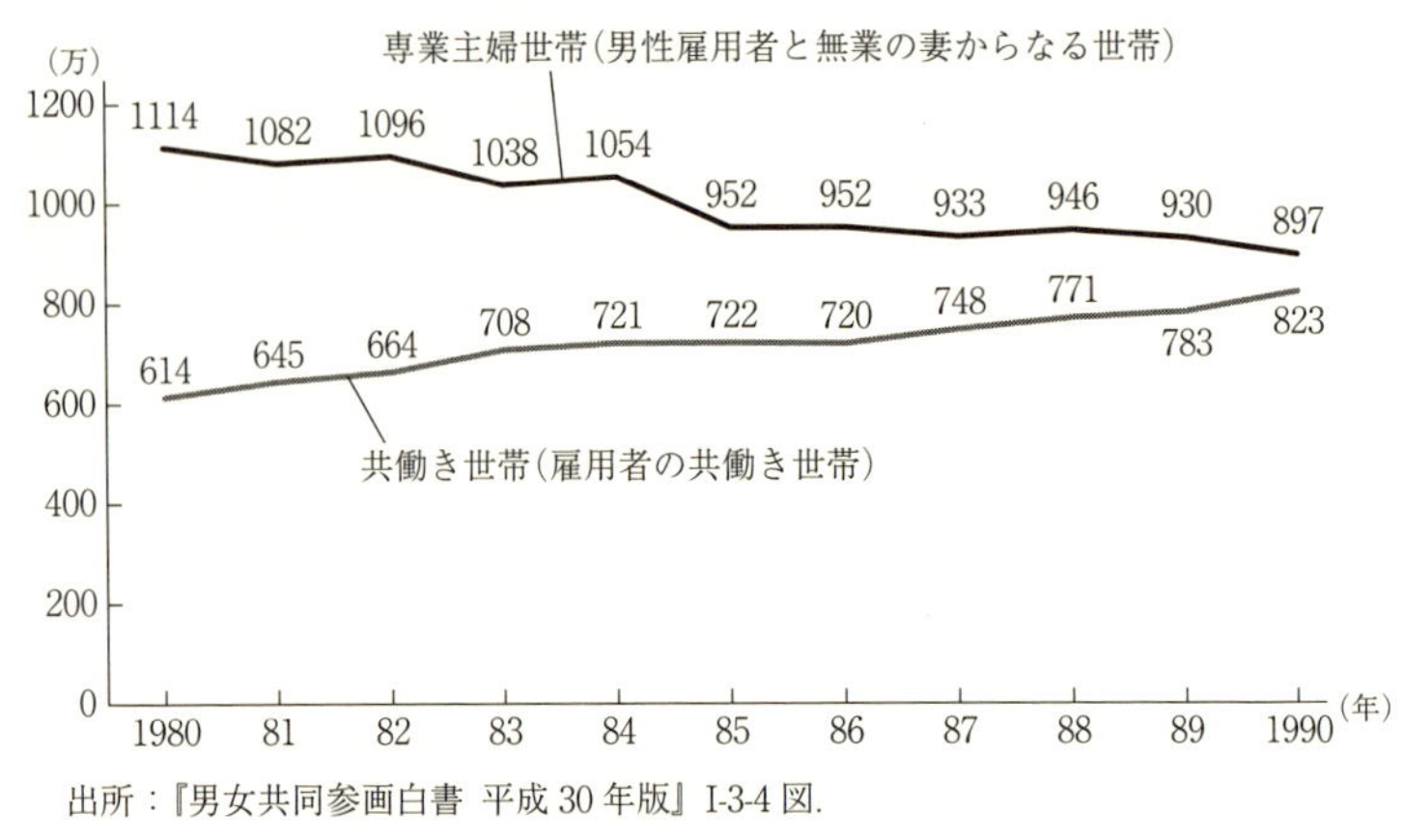

出所:『男女共同参画白書 平成30年版』I-3-4図.

図2-1 専業主婦世帯と共働き世帯数の推移

わせることで初めて可能であった。性別役割分業が雇用慣行に組み込まれた社会において、女性は、男性を補助する役割の担い手という位置づけを与えられた。一九八〇年代になると、賃労働に従事する女性は増加していくが、性別役割分業の意識は依然として強固なままであった(**図2-1**)。

第二に、「三位一体」の労働である。一九七〇年代の石油危機を機にして女性が大挙して労働市場に参入し、「働く女性」は急増していたが、増えたのは主にパートタイマーであった。一九八六年には男女雇用機会均等法が施行され、女性労働者を男性労働者と同様に扱うことが法的に規定されたが、法律の不徹底や職場の慣行も相まって、女性が正規労働者として働き、結婚や出産後も働き続けることは容易ではなかった。制度の未整備のため[18]に正規雇用者でも育児休業の権利が保障されず、ましてや女性の多くがそうである非正規労働者にとって、育児休業はまったく無縁なものであった。

こうして、たとえ正規労働者として働いていたとしても、子どもを産み育てる時に仕事を一度辞めて、その後、子育てが一段落した時にパートタイマーとして再就職するという女性のライフコースが一般化された。熊沢誠は、女性労働が「短い勤続」、「定型的な労働」、「低賃金」の「三位一体」によって特徴づけられるという(熊沢二〇〇〇：六八)。女性は、労働市場の中でも周縁的な存在として位置づけられ、家庭だけでなく職場においても男性の補助役としての仕事を引き受けるという構造が生まれた。

第三に、「主婦」であることの居心地の悪さである。高等教育の大衆化とともに、大学や短大を卒業する女性の数は増加したが[19]、女性は、家庭でも、職場でも、男性の補助の役割を求められ、自分の能力を生かし続ける機会を獲得するのは、依然として困難であった。彼女たちにとって、主婦というのは、必ずしも肯定的な自己認識ではなく、「主婦ではないと思いたいが主婦でしかない」という葛藤をはらむものであった(国広二〇〇一：一七)。

地域活動を支える人びと

一九八〇年代には、精神的な喪失感を抱える主婦を主役にしたルポがメディアを賑わせ、「主婦症候群」という言葉も生まれた。「主婦症候群」の広がりは、主婦の役割という社会的な問題に起因するものである。補助的であるがゆえに個人名を持たず、夫や子どもに関係したアイデンティティでしか自分のことを把握されない女性にとって、地域活動は、自らの力を生かすことのできる絶好の場であった。都市部の郊外では、男性が昼間、都心に働きに出るのに対し、女性は地域コミュニティに残り、そこで日常の時間の多くを過ごし、人間関係を築いている。そのため、女性にとって地域活動は身近なものであり、家族との関係を大きく損ねることなく社会参加できるというメリットもある。生活クラブのような地域組織の活動への関わりは、家庭の内外で補助的な役割を付与されていた女性たちが主体性を取り戻し、自分の能力を発揮できるがゆえに、彼女たちには魅力的だったのである[20]。

相模原市に在住していた外川洋子は、創成期の相模原支部に所属した組合員である。相模原に引っ越す前は、座間に住んでいた。結婚後、子どもができて、洗濯を頻繁にするようになると、自分の手が荒れてしまう。これをきっかけに自分が洗濯に使用していた合成洗剤について学び、合成洗剤ではなくせっけんを洗濯に使いたいと考えた。そんな時に近所に住んでいる女性から生活クラブのチラシをもらい、彼女と一緒に説明を聞きに行き、すぐに加入の手続きをした。生活クラブのせっけんに変えると、手荒れの状態が改善された(外川洋子さんインタビュー)。

その後、淵野辺に引っ越したが、外川が在住していた地域は、組合員の数が規定に達しておらず、魚の注文を受けられなかったので、組合員数を増やすのが課題であった。彼女は、岩手県の釜石市の浜辺に近いところで育ったので、魚の味にはこだわりがあった。「おいしい魚を食べたい」という思いから、近所での勧誘活動に取り組んだ。勧誘に成功して魚の注文を受けられるようになった後、支部委員を務め、せっけん洗剤の普及や組合員拡大の活動に取り組んだ(外川洋子さんインタビュー)。

このように、組合員たちは、生協に入らなければすることのなかった様々な活動を経験し、その中で自分の力に自信をつけていった。拡大活動を成功させるには、自分で生活クラブの組織、活動、消費材を説明できなくてはならない。それには学習が必要である。学習の積み重ねで成果が出れば、達成感を持つことができる。こうして、自信がつく。自信をつけた組合員は、地域活動にリクルートされ、集まりを主催する側に回る。消費材の利用計画を立てるとか、せっけん運動を広げるといったテーマを話し合う。集まりの中で、アイディアを出し合い、異なる意見をまとめ、仕事を割り振り、行動に移すといった地域活動の組織化に必要な技術を身につけていったのである。

第四節　脱原発知識人と「出前のお店」

脱原発知識人と原子力資料情報室の役割

以上のように、生活クラブの地域活動は、組織と人という二点で、放射能汚染に関する知識を広める資源を提供した。知識の広がりを考える際には、生活クラブが提供する資源だけでなく、「脱原発知識人」や資料情報室のようなアドボカシー組織の役割も見落とせない。脱原発知識人には、後述の広瀬隆、資料情報室の高木仁三郎、西尾漠、理化学研究所の槌田敦、慶応大学の藤田祐幸、京都大学原子炉実験所の「熊取六人組」(小出裕章や今中哲二ら)、埼玉大学の市川定夫、大阪大学の久米三四郎、和光大学の生越忠(おごせすなお)などの名前を挙げることができる。さらに、科学者ではないが、写真家の樋口健二や広河隆一も、原発問題の啓発に精力的であった。いずれも、反・脱原発の立場を明確に表明し、運動と伴走する専門家というのが共通点である[21]。

生活クラブは、チェルノブイリ原発事故以前、組織として熱心に原発や放射能汚染の問題に取り組んできたわけではなかったので、組合員の多くはその問題にそれほど詳しくはなかった。漠然と原発に不安を抱いている場合でも、その根拠を明確に述べるには至らないことが多かった。大河原の事例のように、精力的な組合員が地域外で行われる学習会や講演会に参加し、そこで脱原発知識人の話を聞く。それによって原発への違和感や放射能への恐怖が強くなり、得られた知識を自分の班や地域の友人のところに運んでいったのである。

さらに「反原発出前のお店」も、その知識を広げるのに貢献した。出前学習会では、最初は脱原発知識人の講演を聞くばかりだった人びとが、自ら学習して知識を自分のものにし、最終的には講師になって要請に応じて地域の学習会で話をする(高木監修、反原発出前のお店編二〇一二)。原発について話のできる講師は少数で多忙なので、地域の小さな学習会のすべてに来てもらうことはできない。そこで最初は生徒であった人が出前学習会の講師になることになった。このアイディアは、オランダのエコロジー運動で実践されていた「科学のお店」という方法を参考にして高木仁三郎が提案し、つくられた(三輪編著一九八九:二〇四)。出前学習会の講師養成講座は、第一期が一九八七年一月、第二期が同年六月、第三期が一九八八年六月、第四期が一九九一年五月に開かれている。一九八九年一一月の時点で一二〇人が講師として北海道から沖縄までの各地に出向いた(反原発出前のお店(関東)一九九〇:二〇四)。

この出前学習会の効果は、多方面に渡っていた。まず、講師の側は、教えるという立場にたたされるので、原発について自分なりに理解し、それをかみ砕いてわかりやすく説明しなくてはならない。これには、難解な科学的知識を専門家に独占させるのではなく、人びとに開くという意義があった。また、学習し、伝え、フィードバックをもらうという過程を通して、講師は自分の達成に誇りを持つようになる。出前のお店のメンバーの一人は、出前に行く一週間前から準備を始めて、前の晩には緊張して行きたくなくなることもあったという（反原発出前のお店（関東）一九九〇：二〇六）。このような緊張を乗り越えた後の達成感は、ひとしおであったに違いない。

自己学習に加えて、講師の側には、熱心に聞いてくれる人びとと出会い、彼女たちからエネルギーをもらえるという効果もあった。出前講座を受ける側からすれば、地域に居ながらにして原発や放射能についての学びの機会を得ることになり、家事や子育てに追われて地域を離れることのできない女性たちの参加のハードルが低くなった。また、講師料も交通費と資料代の実費とカンパとなっており、安くすむため、学習会や講演会を企画する側の負担も軽減される（有紀一九八八：二一六）。

広瀬隆のフレーム

それでは、脱原発知識人は、原発問題に関して、いかなるフレームを提示したのだろうか。作家の広瀬隆は、元メーカーの技術者としての経験を生かし、原発に関する執筆活動や講演活動を行ってきた。原発をめぐる隠された事実を暴くスタイルは人気を博し、チェルノブイリ原発事故後、全国各地から講演会の依頼が多数舞い込んだ。広瀬の著書を読んだり、話を聞いたりして脱原発運動に参加する人びとが続出し、『朝日新聞』の一九八八年二月二一日の朝刊で「ヒロセタカシ現象」と呼ばれるほどであった。以下では、チェルノブイリ原発事故後に運動の参加者の間でよく読まれた『東京に原発を！』（集英社文庫、一九八六年）と『危険な話——チェルノブイリと日本の運命』（八月書館、一九八七年）を取り上げて、議論の特徴を考察する。特に『危険な話』は、一九八八年七月の段階で、二四万部を売り上げるほどのベストセラーであった（『朝日ジャーナル』一九八八年七月二九日：三二）。

広瀬の提示したフレームの特徴を、支配的なフレームと比較しながら見ていこう。第一の特徴は、原発をめぐる利益集団を「原子力シンジケート」と呼び、それを特定していることにある。彼は、原発の推進が「投機業者によって仕組まれた世界的陰謀」と主張する（広瀬一九八六：二二）。原発の原料となるウランのメジャーは、ロックフェラー財閥とモルガン財閥の連合体に組み込まれている。日本でも、原子力委員会、経団連（経済団体連合会）、メーカーの要職を担う財界人、学者、技術者たちがこの「原子力シンジケート」の一端を担っている（広瀬一九八六：二五）。広瀬は「原子力発電の目的は、金であ」ると強調している（広瀬一九八六：二五）。

原子力政策をめぐる議論は、高度に科学的である。それゆえに、原発の運営に関わる経済性やリスクなどは、科学者や企業家など専門家の議論に委ねられてきた。さらに、もし専門家が誤った方向に走り出したとしても、政府が専門家を監視し、方向づけをすることが想定されていた。すなわち、政治エリートが公正かつ的確に原発を管理しているという前提があり、それが国民の間の原発に対する信頼を支えていたのである。広瀬の主張は、このエリートに対する暗黙の信頼に疑問を呈した。原発の世界では、専門家たちは内外の利益集団に関わっており、政府も中立公正な審判ではなく、この利益集団の一部を構成している。彼が提示したのは、このようなフレームであった。

第二の特徴は、「原子力シンジケート」によって隠された原発に関する真実を明らかにしていることである。広瀬によれば、チェルノブイリ原発事故は収束しておらず、内部はメルトダウンでるつぼの状態である。猛烈な勢いで放射能のガスが噴き出しており、その上部にふたをしているので、第二の大爆発が起きる恐れがある（広瀬一九八七：三〇）。事故による爆発で出た「死の灰」は、ガス、液体、チリ、金属などの形で全世界に広がっている。その中でも、ヨウ素、プルトニウム、ストロンチウム、セシウムが人体に吸収され、そこで放射線を出し続け、人体を破壊する(広瀬一九八七：五七—六二)。それにもかかわらず、実際に放出された放射能汚染の現実よりも、ひと桁かふた桁も小さい数字がメディア報道されている(広瀬一九八七：二一〇)。このように広瀬は、原発に関する安全キャンペーンが推進され、チェルノブイリの事故をできるだけ小さく見せて、日本の原発に影響が及ばないようにしているという。

民主的な公共圏の理想に基づけば、原発に関して、政府はその情報を公開しており、政府にとって都合の悪い情報があったとしても、メディアが人びとに伝えるとされる。しかし広瀬は、原発に関する情報の公開性に疑問を呈した。彼によれば、『朝日新聞』のような大手メディアでさえも、「原子力シンジケート」の見解をそのまま掲載するだけで、正しい情報を提供していない。メディアという政治的権威の一つに対する不信も、広瀬の提示したフレームの構成要素であった。

第三に、チェルノブイリで起こったのと同様の事故が日本でも起きる可能性を強調している点である。事故直後の一九八六年四月三〇日、原子力安全委員会の御園生圭輔委員長は、事故を起こした原子炉はソ連独自で開発した黒鉛減速軽水冷却炉なので、日本の原子炉とは構造が違うということを強調した。原子力安全委員会が設置した「ソ連原子力発電所事故調査特別委員会」は、一九八七年五月二八日、日本の原発の安全性は十分に確保されており、現行の規則や慣行、原子力防災体制を変更する必要はないという最終報告を出している(本田二〇〇五：二〇二)。このように、チェルノブイリの原発事故の原因は、ソ連の技術力や管理能力の低さにあり、その能力に優れる日本では同じような事故が起こらないというのが、支配的なフレームであった。

これに対して、広瀬は、日本も原発事故と無縁ではないという見方を提示した。彼によれば、日本では飛行機事故が頻発しているが、事故の原因は、航空機をアメリカの技術者に言われた通りに輸入し、使用しているところにある。輸入技術への依存は原発も同じであり、日本の原発管理者たちは、アメリカのエンジニアの仕様通りに図面を引いてきた。彼らは不具合が起きてもその原因を特定できないであろうから、不具合が大きな事故につながる可能性は高い（広瀬一九八七：二〇七）。

以上のように、広瀬は、原発をめぐる利益集団の特定、情報の公開性の欠如、日本での事故の可能性というフレームを提示した。このフレームが「ヒロセタカシ現象」を生み出した。先に言及したように、科学者による原発の議論は、高度に専門的なものになりがちである。しかし広瀬は、科学的な真偽ではなく、原発をめぐる政治的不正に主なイシューを移し、多くの人びとに理解されやすいシンプルな図式を示した。これは、放射能汚染の深刻さに恐怖を感じた人びとが、そこから政治、メディア、科学者と原発との関係に目を移し、より広い視点から放射能汚染の問題を見ることを可能にした。このように、広瀬は、原発をめぐる議論を人びとに開く役割を果たしたのだ。

第五節　放射能測定運動の展開

放射能汚染の自主基準値の設定

以上のような特徴を持つフレームを通して、原発や放射能に対する理解が生活クラブの地域の組合員にまで広がり、食品の汚染に対する不安の声が高まった。相武台デポー支部の三一歳の女性は、四人の子どもに牛乳と葉菜類を一切与えなかった。夫には「そんなに気にしてもしょうがない」と言われたが、「それは違う」として議論になったという（『生活と自治』一九八六年一〇月一日号：八）。汚染に不安を感じる組合員は、生活クラブとしての対応が遅いことにいらだちを示している。生活クラブの事業を担う職員側は、食品の放射能汚染が前例のない事態だったので、政府発表を判断する材料を持ち合わせていなかった。彼らは、どう対応すればよいのかわからず、困惑していた（『生活と自治』一九八六年一〇月一日号：七）。

こうした状況の中、不安の声を抱えた組合員の中から、自主的に測定に乗り出す者が出てきた。横浜北部ブロックの緑支部に所属していた福山みどりは、その一人である。彼女は、横浜にある共学舎(22)という市民学校で、原子力に詳しい物理学者の藤田祐幸の話を聞き、輸入食品の危険性を知った。藤田の紹介で京都大学工学部に生活クラブの消費材であるイタリア産スパゲティの検査依頼をしたところ、一キログラムあたり六〇ベクレルを検出した。そこで生活クラブに急いで対応するように求めている（『生活と自治』一九八七年八月一日号：一）。

測定で数値として汚染の証拠が突きつけられると、安全性に対する不安の声は確信に変わっていく。福山が依頼した測定でイタリア産スパゲティ一キログラムあたり六〇ベクレルという数値が出たことを受けて、横浜北部ブロックの経営会議で供給停止について話し合った。スパゲティの分の収入減は、他の麺類や米などの消費を増やせば、ブロックの経営に影響はない。このような判断のもと、まずはブロックだけでもスパゲティの供給を停止することを決めた（鈴木真知子さんインタビュー）。

横浜北部ブロックは、本部にスパゲティの供給停止を要請し、これが生活クラブ全体での停止につながっていく（『生活と自治』一九八七年八月一日号：一）。生活クラブの各単協を統括する連合事業委員会は、供給停止だけでなく、さらなる対応を検討し、一九八七年四月八日、「生活クラブのチェルノブイリ放射能汚染対策」を出した。それは、第一に、輸入食品の安全性追求、第二に、自主的な調査及び検査の実施、第三に、行政及び内外企業のデータ公開要求、第四に、当面の供給基準値は、国際機関及び国の基準値の一〇分の一以下、第五に、原発の凍結及び廃止を課題とする、という五項目から構成されていた（『生活と自治』一九八七年七月一日号：六）。

神奈川からの要請を受けた連合事業委員会は、具体的な汚染の数値が出ている以上、放置するわけにはいかず、対策を迫られた。そこでデータを集め、連合事業委員会内でも議論を重ねた。その結果、「一キロあたり三七〇ベクレルまで」という厚生省の数字は、メーカー、世界の基準、日本の状況を合わせて妥協的に出た数字という見方に達する。そのうえで、三七〇ベクレルの一〇分の一の三七ベクレルを生活クラブの自主基準値として定めた。その後、様々な形で放射能測定が行われる。生活クラブの発足当初から取引してきた千葉の新生酪農の牛乳が、一九八七年五月一〇日の測定で、一リットルあたりヨウ素131が原乳で四・八ベクレル、製品で五・六ベクレルを検出するというケースも見られた（高杉一九八八：二〇四）。

「自主運営・自主管理」の文化

なぜ自主基準値は、三七ベクレルに設定されたのだろうか。当時、生活クラブ連合事業委員長を務めていた折戸進彦は、「三七という数字には、根拠はない」という。彼は、ゼロにしないのは、物理的に不可能ということもあるが、ゼロに設定することで組合員が自分たちの口にする食べ物の安全について思考停止になってしまうことを懸念したと振り返る（折戸進彦さんインタビュー）。

折戸の発言の背景には、「自主運営・自主管理」という生活クラブの文化の存在がある。一九七四年度の生活クラブ東京の総代会で、本部策定の包括的な活動方針案を踏まえながら、各支部の運営委員会がその基本計画を決定するという、後に「自主運営・自主管理」と呼ばれるようになる方針が決定された（佐藤編著一九八八：一三四）。同じ時期に神奈川でも、消費委員会や部会の構想がつくり上げられ、行政区ごとに支部をつくって、支部ごとの自主運営、自主管理を目指す方針が決められている（『生活クラブ二〇年史』編集委員会編一九九一：三二）。このように、生活クラブには、職員ではなく組合員が主導して決定するという組織の方針が存在していたのだ。

「自主運営・自主管理」は抽象的な題目ではなく、共同購入という食べ物を扱う局面で具体的なものとして出てくる。たとえば、生活クラブ神奈川では、山形県庄内地方にある平田牧場の豚を産直で購入するというプロジェクトが行われていた。規模の小さい支部で共同購入するには、豚を一頭買いするのが条件である。まず、バラが余ったりロースが足りなかったりすることのないよう、一頭から何がどれだけとれるのかを勉強する（生活クラブ神奈川〝自分史〟編集委員会編一九八一：一七一）。誰がどの部位をどれだけ注文したかを集計する作業のやり方を学び、講習会を開き、ニュースを出し、地区ごとに配送の車に添乗する人を選んで配送員に道案内をするよう呼びかける（生活クラブ神奈川〝自分史〟編集委員会編一九八一：一七三）。豚肉の量を増やすには、班のメンバーが普段あまり使わない部位も料理できるようにならなくてはならない。豚を一頭買うので、自分たちの好きな部位ばかりを利用できるわけではない。脂の多いところもあれば、少ないところもある。豚肉という具体的な食材を前に、自分が学び、考え、伝える。その行為こそが「自主運営・自主管理」の意味するところであった。「自主管理」という言葉は、主に労働運動の中で、職場（工場やオフィス）での労働者の決定に用いられてきた。生活クラブは、その言葉を消費のような暮らしの領域での実践に用いたのである。

国の一〇分の一の一キログラムあたり三七ベクレルの自主基準値の設定は、不安を抱えていた多くの組合員に歓迎されたようである。輸入品を除けばこの基準に引っかかるものは少なかったので、国内の生産者からの反発も大きくはなかったが、例外もあった。三重県度会（わたらい）郡で生産される「わたらい茶」を契約生産している鳥羽平吾は、四代に渡る茶づくりの専業農家である。当初は慣行農法で生産していたが、一九七三年から堆肥を重視する栽培に転換した。農薬や化学肥料の売り上げ減を懸念した農協から批判を受けたり、害虫がはびこって減収したりしたが、やがて堆肥づくりが軌道に乗り始め、一九七六年から生活クラブがわたらい茶の共同購入を始めることになった（高杉一九八八：一九七―一九八）。

このわたらい茶が放射性物質にさらされた。一九八七年五月一四日、一九八六年産のものから最高で二二七ベクレルのセシウム137及びセシウム134が検出された。鳥羽は、七・六トンの新茶の出荷をあきらめ、その一部を農園の出荷場の裏庭で焼却処分にした（七沢一九八八：二四五）。生活クラブの連合事務局は、焼却されなかったお茶、約六トンを引き取り、それを各単協に送った（『生活と自治』一九八七年一二月一日：八）。連合の組織部からブロック議長あての通達には、一〇月の「生き活きまつり」でキャンペーン品として利用するということも記されていた（生活クラブ神奈川ねえきいてきいて編集委員会編一九八九：一二七）。

汚染の数値がわかっているものを売ることには問題があるとして、各ブロックでは議論が交わされた。依頼が急であったこと、汚染されたお茶を会場に持ち込んで、不特定多数に分けることに対する疑問の声が上がり、結局、多くのブロックがキャンペーン品として利用しないという選択をとった（『生活と自治』一九八七年一二月一日：八）。川崎ブロックでは、各支部の委員長が組織部の通達を疑問に思い、連絡を取り合って臨時経営会議を開催している（生活クラブ神奈川ねえきいてきいて編集委員会編一九八九：一二七）。連合の組織部長との話し合いを経て、高津センター内で山積みにされた汚染茶三二〇キログラムを「反原発・脱原発を語る一つの道具」として使っていくことにした（生活クラブ神奈川ねえきいてきいて編集委員会編一九八九：一二九）。最終的に、原子力安全委員、通産大臣、通産省原子力安全課、厚生省、原子力委員、核燃料サイクル施設の建設予定地であった六ヶ所村のある青森県知事にあてて、メッセージをつけて汚染茶を送りつけた（生活クラブ神奈川ねえきいてきいて編集委員会編一九八九：一三〇―一三一）。

放射能測定運動の地域展開

生活クラブ神奈川の組合員を中心とする放射能測定を求める運動は、地域に広がっていった。測定器は高価であり、個人で購入するのは容易ではなかった。それゆえに、実際に地域に測定の場を設けるには、組合の中にとどまっているのではなく、組合の資源を利用しながらその枠を超えていくことになる。また、生協で食品の検査がなされたとしても、それ以外の場所で食べる物、特に子どもの学校給食に関しては、放射能について学んだ活動的な組合員から見れば、満足な検査にはほど遠かった。学校給食を測定するのも、地域住民を巻き込みながら、より大きな測定運動のうねりをつくり出さなくてはならなかった。それでは、放射能測定運動は、生協の枠を超えて、どう展開されたのだろうか。

地域に広がる測定運動を支える役割を果たしたのが、「放射能汚染食品測定室（以下、「測定室」と略記）」である。測定室は当初、資料情報室の一角を借りて放射能測定器（ヨウ化ナトリウムシンチレーションカウンター）を設置し、藤田祐幸が初代代表に就任して、一九八七年一一月、東京神田のビルの一室に場所を移した（渡辺（美）二〇〇七：一七二）。測定室は、高価な測定器を自前では購入できない団体や個人に、測定の機会を提供した。それだけでなく、測定の技術的な助言や運営の支援をして、各地に点在していた測定運動のネットワークの拠点となっていった。

放射能測定は、誰が担ったのだろうか。測定の担い手は、三つの層に分けられる。第一に、生協である。これまで見てきた生活クラブだけでなく、東京周辺の地域生協の連合である首都圏コープ、九州を主な基盤にしているグリーンコープなどは、早い段階から放射能測定に積極的であった[23]。生活クラブの場合、当初は自前で測定器を持っておらず、測定室に依頼して測定した。一九八七年以降の三年間、年間六〇品の測定を行い、その結果を広報紙を通じて組合員に伝えてきた（椎名一九九〇：一七）。

第二に、市民グループである。この場合、市民がカンパを集め、自前で測定器を購入し、食品の放射能汚染を測定した。一九八八年一二月には、東京においてたんぽぽ社[24]（後にたんぽぽ舎）、一九八九年四月には、大阪でたべものの放射能をはかる会が測定を始めている（渡辺（美）二〇〇七：一七二）。

第三に、地域住民グループである。神奈川県藤沢市、東京都中野区、東京都小金井市、千葉県柏市、埼玉県大宮市、静岡県浜松市などで自治体単位で取り組まれた。運営方式は、自治体運営型と市民自主運営型の二つに区分できる。両者は、測定に際しての市民の関与の度合が異なる。前者の例は、中野区である。中野の場合、区民からの申し込みの受付は、消費者センターが対応し、実際の測定は、衛生試験所の検査技師が行っていた。住民は測定には関与せず、放射能測定室利用者連絡会というグループを立ち上げ、冊子を発行して測定結果を公表した（島一九九三：六）。後者の例は、藤沢市である。藤沢では、自治体が機器を購入し、保守管理費用は負担するが、測定自体は操作方法を習得した住民が行う。住民は、市内の団体を中心に藤沢市放射能測定器運営協議会を組織して、実際の運営を担った（菅原一九八九：六）。

以下では、小金井市の事例をもとに、地域における放射能測定運動の展開を見ていこう。データは、当時の刊行物、運動の担い手に対する私の取材（香田頼子さん、中嶋直子さん、伏屋弓子さん、漢人明子さんインタビュー）、彼女たちが保有していた資料から構成されている。東京の多摩地域に位置し、当時、人口が約一〇万四千の小金井市は、放射能測定運動が地域的に展開された自治体の一つである。行政に食品の放射能測定を求めたのは、生活クラブ神奈川の場合と同じように、未就学の子どもを抱える、二〇代後半から三〇代の女性たちが中心である。彼女たちは、すでに一九八七年頃までに地域ネットワークの中で放射能汚染に対する不安を共有し、小さなグループを組織したりしていた。それが食品の測定を求める署名集めにつながったのは、一九八八年四月のことである。

市議会への請願書には、次の三つの要請が含まれていた。第一に、食品の放射能測定室を設置すること。第二に、学校や保育園等の給食に出される食品の汚染を測定し、結果を公表すること。第三に、国や都に食品の放射能管理を求めること。この請願書を持って、彼女たちは、署名を集めた。署名集めに脱原発の小グループだけでなく、生活クラブのような生協の地域組織が貢献したのは、神奈川の場合と同じである。また、保育園や幼稚園における母親のネットワークも、大きな役割を果たした。生協は、主に主婦が活動の中心であったため、活動時間は平日の昼間になりがちで、会社勤めをしながら子どもを育てる女性たちにとっては縁遠いものであった。そこで会社勤めの女性たちは、子どもの通う保育園のつながりを通して、署名集めに参加した。

放射能汚染された食品を避けるには、生協や自然食品店で測定された食品を選択することもできた。しかし、彼女たちは、そうした個人化された解決策をとらず、地域住民と問題を共有し、署名を集めて政治を動かすという手間のかかる方法をとった。当時、署名集めを担った人びとに対して私がその理由を尋ねると、彼女たちから返ってくる答えは、「それが当然、自然なこと」というものが多かった。食品の放射能汚染の問題を私事化せず、地域の問題として提示していった要因としては、先に指摘した生協、保育園や幼稚園、団地やマンションのような居住地のネットワークの力が大きいと考えられる。これらのネットワークは、同じような生活環境にある女性たちが問題を共有するのを日常的なことにした。こうして、食品の放射能汚染は、個人や家庭の問題に閉じ込められることなく、あたかも「当然、自然」に、地域の問題になっていったのである。

署名は、一カ月ほどの間に二千筆を超え、請願が市議会に提出され、一九八八年六月、それは全会一致で採択された(伏屋一九九一：四)。議員たちの多くは、チェルノブイリ原発事故を遠くの国の出来事と考えていて、放射能汚染食品の問題も、外国の危険な食べ物を拒むくらいの認識であった。それが保守から革新までの政治的な立場の違いを超えて、請願署名の全会一致の採択を可能にしたのである。

しかし、請願が採択されたにもかかわらず、測定器購入の前で運動は足踏みした。それは、行政が機器の購入をためらったためである。署名を集めた女性たちは、市役所に交渉に行くが、窓口になった担当者たちは、測定器の購入に難色を示した。彼らは、測定に関する情報を集めるが、国や都とは別に市独自の動きをするのは難しいという曖昧な言葉を返すのみであった（『反原発よもぎ通信』一九八九年七月二〇日号：八―九）。

そんな時、ある市議会議員から、行政がためらっているのは、自分たちで運営を担いたくないからであるという情報を得る。そこで、署名集めを中心となって担った、小金井に放射能測定室をつくる会（以下、「つくる会」と略記）は、当初の請願では市に測定する技師を置くことを求めていたが、代わりに住民による自主運営を模索した。これには、署名集めの担い手の間でも、素人に正確に測定できるのか、行政のやるべき仕事ではないかといった異論が噴出した。

さらに、行政は、市内の消費者団体が運営者の名簿に名を連ねることも求めてきた。一九八八年後半から一九八九年にかけて、つくる会のメンバーは、藤沢市、中野区など、測定運動の先行地域の視察に出かけて、測定と運営の方法を学んだ。それと同時に、小金井市消費者団体連絡協議会（以下、「消団連」と略記）との交渉を行った。この交渉も難航したが、最終的には、消団連から、運営には関われないが、支援するという結論を引き出した。こうして、運営主体が定まり、一九九〇年七月七日には、ついに小金井市放射能測定器運営連絡協議会(以下、「協議会」と略記)が発足したのである(伏屋一九九一:六)。協議会は市と協定書を結び、市から依頼されて測定を担った。一九九〇年度の市の予算に、四七五万五千円が組み込まれ、九月には測定器(ヨウ化ナトリウムシンチレーションカウンター)を購入した。

希望者は、小金井市在住、在学、在勤ならば、誰でも無料で測定可能である。利用者は、市の経済課に依頼し、その後、協議会に連絡が来る。上之原会館に設置された測定室は、週一度オープンしており、利用者は、二〇〇ccの容量の検体を、細かく砕き、持参しなくてはならない。協議会のメンバーは、六時間かけて、セシウム134、137の合算値を測定し、それを依頼者に伝える。測定は、一〇ベクレルから可能である。協議会は、『はがきニュース』で測定の結果を市民に知らせると同時に、放射能や原発に関する学習会を企画することを主な活動内容にしていた。

第六節　測定と自治

「生活の民主主義」

以上のように、チェルノブイリ原発事故後の放射能測定運動は、地域の女性たちを中心に展開された。本章の最後に、第1章第二節で述べた理解をもとに、その活動の民主主義的な意味を読み解いていこう。

第一に、「市民の学習」である。市民は民主主義の担い手であり、それが機能するのに欠かせない存在である。測定は、それに関わった人びとに学習を促した。放射能とは何か、測定された数値は何を意味するのかといったことを知るのは、自分や家族の健康を守るためだけでなく、政府や科学者の主張の妥当性を判別するためにも必要であった。とりわけ自主運営の測定の場合、彼女たちは、他の住民からの放射能汚染や原子力に関する疑問に答えなくてはならない。その必要性もまた彼女たちの学習を促した。学習の内容は、当初は放射能や原発についてであったが、次第に環境汚染や公害の問題、さらにはその問題を生み出す政治や社会のあり方にまで広がっていった。こうした学びを経て、彼女たちは、政府や(御用)科学者の主張を自分なりに理解し、時にその正しさに疑問を呈することのできる「市民科学者」になっていたのだ。

藤田祐幸は、R-DAN(放射線災害警報ネットワーク)運動に取り組む中で、素人が自ら放射能汚染を調べることの意義を次のように話している。検知器という珍しい機械を手にした人びとが、最初は手探りでそれを使ってみる。やがて検知器について藤田に尋ね、学習するようになる。通常、科学者と市民との間には、「指導する者」と「従う者」という関係が存在し、両者の間には隔絶がある。市民は無知であることを恥じ、専門家=先生に自分たちの問題を任せてしまう。これに対して、R-DAN運動は、専門家対非専門家という固定した関係性を崩す効果を有している(藤田(祐)一九八七：二三二)。藤田のいうように、学習は科学者による知識の独占を掘り崩し、民主主義の担い手である市民の能力を高める効果があったのだ。

第二に、「自治」である。そもそも放射能汚染は、ウルリッヒ・ベックのいう「リスク」である。それは、目に見えないし、匂いもしない。したがって、測定しない限り、どれだけ汚染されているかはわからない。測定は、目に見えない物を可視化することで、汚染を排出する企業の作為やそれを規制する政府の不作為を明らかにする「可視化の政治」(Kuchinskaya 2014)である。「可視化の政治」の後には、どの食べ物を選択するかの「製品の政治(the politics of a product)」(Micheletti 2003: ix)が続く。フェアトレード商品を購入する消費者を研究したミシェル・ミシェレッティがいうように、「製品の政治」とは、食べ物という商品の選択を通じて政治的な議題を設定したり、製品を生産する企業に影響を及ぼしたりできる、市民による参加の一形式である(Micheletti 2003: 15)。

「製品の政治」は、民主主義に深く関わっている。近代以降の民主主義は、主に公式の政治制度における集団的議論と意思決定を対象にするものとして理解されてきた。これに対して放射能測定は、食べるという私的とされる行為についての議論と決定に関わっている。だが、測定運動の参加者にとって食べ物の選択は、単なるプライベートな問題ではなく、そこから共同の事柄の統治が展望されている。彼女たちは、食品の放射能汚染の問題を私事化しなかった。それは、自分の子どもを守るだけでなく、近隣の住民に働きかけ、問題の所在を共有し、時に署名を集めて自治体の議員や行政に対応を迫ったり、より汚染されていない製品を共同購入したりしたことに明らかである。このように、放射能汚染を公的な問題として提示し、その自治を目指しているがゆえに、放射能測定運動は、民主主義という言葉で論じるのがふさわしい。それは、食のような生活領域の自治、すなわち、「生活の民主主義」の営みであるのだ。

第三に、「熟議」である。放射能汚染がすでに起きてしまった状況において、何を食べて、何を食べないというのは、一義的に答えの出る問題ではない。科学技術が人間のコントロールできる範囲を超えて発達した時代に、食の選択には常に「リスク」を伴うからである。専門家は、食べ物がどれだけ放射能汚染されているかは教えてくれるが、何ベクレルといった科学的数値は、それが危険なのか、安全なのかを教えてはくれない(Beck 1986=1998: 36)。

リスクをめぐる安全と危険の線引きの困難さという問題を、食品にあてはめて考えてみれば、丸ごと食べる物、出汁を取る物、それぞれで放射能の人体への影響は違うだろうし、大人と子どもでも影響の度合が違う。これは、科学的に安全だと示すことができても、心理的な安心を得られるわけではないという、放射能をめぐってよく交わされる議論とは異なる。生協の組合員の不安は、これ以下ならば科学的に安全であるという、一般的な被ばくの閾値を設定すること自体の困難さに起因している。広瀬隆が指摘したように、その閾値を設定する専門家は、政治的な影響から自由ではなく、中立でも客観的でもないのだ(25)。

放射能汚染の危険と安全の境界を明確に定めることができないならば、どうすればよいのか。科学的な知識を踏まえ、それと同時に知識の政治性も考慮しながら、境界となる基準値がいかにして設定されているのかに注意を払い、そのうえで数値の意味を人びとが共に考え、話し合い、判断していかなくてはならない。

民主主義の理論家たちは、このプロセスを「熟議」と呼んできた。熟議とは、相互の考えや価値観を交換し合う、政治的なコミュニケーションである(Dryzek 2002: 1)。熟議民主主義論によれば、熟議が普通の話し合いと違うのは、それが、自分の選択、すなわち、「選好」への反省を促すからである。他者の意見や世界観を知り、それを判断材料に加えることで、以前ならば考えもしなかった選択に至ったり、そこまで行かなくても、自分の選択の根拠に変化が生じたりする(Dryzek 2002: 1, 田村(哲)二〇〇八:三四—三五)。熟議民主主義論では、討論を通しての合意形成に重きが置かれがちであるが、リスクと熟議という問題領域では、熟議を通して人びとの選択の理由に厚みが増すという点が重要である。

生活クラブの三七ベクレルという自主基準値にしても、小金井市の測定器の一〇ベクレルという検出限界にしても、放射能汚染の安全と危険の境界線を指示するものというよりは、食品の選択に関する人びとの理由の積み重ねを促し、学習を深めるための方法であったと言える。ただ、実際に当事者の間にどれだけ熟議の効果が生まれたのかに関して、過大評価すべきではない。放射能汚染の数値が高かったのは主に輸入食品であり、彼女たちがそれを避けるのはそんなに難しくはなかったからである。それでも、測定し続けることは、必然的に食の選択に自己反省を促すという点で、熟議的な性格を伴う。以上のように、市民の学習、自治、熟議という三つの点において、放射能測定運動は民主主義的な性格を有していたのだ。

第3章

反原発の「新しい波」

第2章で検討した放射能測定運動は、一九八八年をピークとする脱原発運動の高まりにつながっていく。生協のような食や農に関わる地域組織は、各地に点在し、相互に交流し、緩やかなネットワークを構築していた。本章の第一、二節では、この「オルタナティブ」と呼ばれるネットワークの生まれた社会的背景とその特徴を論じる。

第三節では、一九八八年一月から二月にかけての伊方原発出力調整実験に対する抗議行動とその後の展開を追い、脱原発の波が都市住民に広がる過程を見ていく。第四節では、運動の中で広く読まれた甘蔗珠恵子(かんしゃたえこ)のテキストを検討しながら、脱原発運動における「市民づくり」の論理を考察する。以上の議論をもとに、本章の最後では、「ニューウェーブ」が原発をめぐる市民社会の状況に引き起こした変化を見定める。

第一節　「オルタナティブ」を想像する

脱原発の地域への広がり

前章で見てきた放射能測定を求める動きの過程で、原発問題に取り組む地域グループが生まれている。測定で汚染の存在が可視化されたことで、人びとの間に放射能汚染に対する恐怖と原子力政策に対する疑問が喚起されたのだ。

大河原さきは、横浜市の瀬谷地区の人びとを中心に「グループ コア・ら」を組織している。この名前は、「コアラ」という響きと、何かをやっていく「核(コア)」になろうという意味の両方から付けられた(大河原さきさんインタビュー)。月一回の頻度で発行されていた通信からは、活動の内容がうかがえる。『ドキュメントチェルノブイリ』や『ウィンズケール・核の洗濯場』のような核や原発に関するビデオをグループで持っていて、郵送料を払えばそれを無料で貸し出していた(『コア・ら通信』一九八八年七月二五日号：七)。

当時は、今のようにインターネット動画があるわけではなかったが、広瀬隆の講演会やチェルノブイリ原発事故についてのビデオを借りて、自宅で知識を深めることが可能であった。これらの映像は、CBSソニーやバンダイのような大手から出ることもあれば、運動グループが独自に製作する場合もあった。また、ビデオ再生機がない家庭もあったので、その場合は、講演会の録音テープを貸し出して勉強するということもあった。コア・らでは、一九八八年六月に、資料情報室の西尾漠を招き、原子力発電に関する法律についての講演会を開いている(『コア・ら通信』一九八八年九月一〇日号：四)。

生活クラブの相模原支部で活動していた外川洋子は、仲間とともに一九八六年一二月、地元に「ラ・パコ(La Paco)」というグループをつくった。ラ・パコはスペイン語で「平和」という意味であり、活動の中心を担っていたのは、厚木市や大和市、相模原市を含む生活クラブ神奈川の県央ブロックの有志である。このブロックには、米軍基地やキャンプ座間があるので、身近な問題の中から平和を考えることを目指し、自分たちで学習会やツアーを企画した。

外川たちは、生活クラブで生協の日常活動を行う一方、原発問題に関連する活動をラ・パコで行うという形で線を引いていた。しかし署名をしたり、イベントをしたりする時には、相模原支部に協賛を依頼し、生活クラブのネットワークを使っていた（外川洋子さんインタビュー）。このように、運動は生協組織の枠を超えて地域に広がっていったが、その際にはコミュニティにおける生協の資源が効果的に利用されたのである。

それ以前の反原発運動では、都市の抗議者は少なく、点在するという状態であったが、チェルノブイリ原発事故後には、地域に抗議者が広がり、そこに面をつくるケースも出てきた。それを可能にしたのは、前章で見てきた生協のような女性を中心とする地域組織のネットワークである。生協以外にも、カフェや八百屋が住民たちに集う場を提供し、個人の家やマンションなども運動の交流の場になった。これらの地域グループは、ほとんどが小さな規模であり、財政的には大きな金額を要するような活動を行うことはほとんどない。基本的には年間数千円の会費、通信購読費、さらにはカンパから成立し、草の根の広範な支援で運営される運動である。財団や個人からの大規模な寄付で成り立っているわけではないので、活動の範囲には限界がある。他方、参加者の裾野は広く、運動の資源の不足は、彼女たちの献身によって補われていた。

地域活動においては、日常的な活動の入口として、本、新聞、雑誌を読む、ビデオを見る、講師を呼ぶ、ミニコミ誌を出す、講演会を開くといったことが行われていた。もう少し熱心になると、電気料金遅払い（銀行の口座引き落としではなく、電力会社の社員に直接来てもらって支払うようにし、この時に社員と話をして、反原発の意思表示をする）、署名を集める、抗議電話や投書をする、集会・デモに参加する、原発現地へ行く、食品の放射能汚染測定をすることにまで活動が広がる（有紀一九八八：四一―六八)。

とりわけ頻繁に行われたのが、署名集めである。署名は、原水禁運動の時代から頻繁に行使される慣習的なレパートリーだが、居住地域にいながら家庭の仕事に差し支えのない範囲でできる行動の方法であるため、脱原発運動の中でも用いられた。次章で述べる脱原発法制定運動がそうであったように、署名の政治的な効果に関して言えば、否定的な見方をせざるを得ない。それでも、署名を集めるという行為は、参加のハードルがそれほど高くなく、一人ひとりが自らの意思を表明することを可能にしたため、盛んに行われた。

資本主義と官僚主義の代案

ここまで、一九八七年から一九八八年にかけての放射能測定から脱原発への運動の地域展開を見てきた。第1章で言及したように、高田昭彦は、この運動の中心的な担い手が「ごく普通の生活を送ってきた主婦」であったという(高田一九九〇:一六二)。戦後革新運動やニューレフト運動においては、共産党なり新左翼党派なりの政治グループに所属して活動するというのが一般的であった。高田のいう「普通」というのは、彼女たちが党派に属していないという意味と推察される。確かに、脱原発運動の構成員の多くは、政治グループからは距離を置いていた。だが、高田自身も指摘しているように、食や環境のような社会問題に取り組む地域の小グループのネットワークの中には埋め込まれていた。それゆえに、まったくの政治的な真空状態から突然運動が生まれたわけではない。

地域組織のネットワークには、もちろん、生活クラブも含まれているが、それだけでなく、より広範なものであった。このネットワークは、当時、「オルタナティブ」と呼ばれた。これは、生協、フェアトレード、八百屋、リサイクルショップ、自然食レストランのような、社会運動とビジネスを合わせた「草の根ビジネス」と呼ばれる仕事の担い手から構成されている。

「オルタナティブ」は、通常の企業とは異なり、営利の追求を活動の主目的にしていない。事業を通して食、福祉、教育の領域における社会問題の解決に取り組む活動である。[26] 今日、「社会的企業」や「ソーシャル・ビジネス」という言葉で呼ばれるものの先駆として位置づけられよう。[27] そこに何らかの形で関わっていた人びとが、チェルノブイリ原発事故後に原発問題に関心を広げていったのだ。

「オルタナティブ」という言葉には、いかなる意味が含まれていたのだろうか。その誕生の社会的背景を見ていこう。「オルタナティブ」は、経済成長を至上とする社会の行き詰まりから生まれた。「新しい社会運動」論によれば、第二次世界大戦後に確立した、日本も含む先進工業国の政治経済体制において、政治的な正統性の源泉であったのは、経済成長の達成である。この体制のもとで政府の役割は、工業化を進めてGDPを上げ、その成果を国民に再配分することにあった。工業化という社会的合意を実行したのは、官僚組織である。官僚組織は経済成長という目標を、より効率的な方法で達成するためのマシーンと言える。社会全体に張りめぐらされた官僚組織において、構成員たちは、個別の領域に分けられ、指揮命令系統を明確化した組織で、分割された仕事を担当した(Offe 1985: 822-823)。

一九八〇年代は、このような資本主義と官僚制を基盤にした政治経済体制の行き詰まりが広く共有された時期である。フランクフルト学派が「道具的理性」という言葉を使って分析したように、この体制における合理性とは、一度設定された目標を達成するには効果的であるが、その目標そのものを問い直すには必ずしも有用ではない。巨大組織に埋没した人びとは、目標の設定をめぐる社会的合意の形成に実質的に関わることができないため、政治的決定に対して無力感を抱いたり、無関心になったりする。当時、アカデミズムの枠を超えて「管理社会」という言葉が広がった。それは、巨大化した組織における、自由と選択肢の喪失の状況を言い表すものであった。このような状況において、「オルタナティブ」という言葉には、「既存の秩序とその価値体系がもつ強制力を相対化し、未来の現実的可能性を切り開く認識と実践の契機をつくる」という人びとの願いが込められていたのである（横田一九八九：四八）。

暮らしと社会変革

戦後の政治経済体制において引き起こされた問題は、人びとの仕事の場である職場や工場において顕著であった。日本における人びとの働き方は、高度経済成長期に大きく変容し、「サラリーマン化」を経験している。すなわち、農村部で第一次産業従事者が減少する一方、都市部に大規模な人口が移動し、学校に通い、工場やオフィスで働くようになった。『労働力調査』によれば、一九五三年には全労働力人口に対する雇用者の割合が約四二％であったが、一九八八年には約七五％まで上昇した。チェルノブイリ原発事故の頃の日本、とりわけ都市部においては、新たに仕事を探す際には企業に雇われるという選択が一般化していたのである。国民的な「サラリーマン化」の進展は、カール・ポランニーの『大転換』（Polanyi 1944=2009）の言葉を借りれば、人びとが「擬制商品」として自己の労働を販売することで成立する。それは、現金収入をもとに自分と家族の生活を支える、資本主義に依存した暮らし方である。

資本主義の浸透は、労働者の自由の喪失を伴い、彼らはその状況を甘受せざるを得なくなっていった。一九六〇年に終結した三池闘争以後、当時最大規模の労働組合のナショナルセンターである総評に所属する組合は、それ以前のように労働者による経営権のコントロールを目指すことよりも、雇用の安定や賃上げを実現することに焦点をあてるようになった(兵藤一九八二:二二六—二五八)。労使の交渉を制度化したのが、一九六四年以降定着した春闘である。ここで労働組合は、労働者の雇用の安定と賃金の増額の代わりに、経営側からの生産性向上と労務管理の強化の要求を飲むという交渉を行った(熊沢一九九三:一八九—二〇四)。確かに臨時工のように春闘体制の恩恵を享受できない層も存在したが、当時の日本経済は、総じて、農村部からの移住者を労働市場に吸収し、賃金上昇を可能にするだけの余力を有していた。多数の労働者(特に男性)は、長い労働時間と拘束的な働き方で得られた賃金で、住宅や耐久消費財を購入するという暮らし方に順応していった。労働者は、経済的な豊かさと安定とを引き換えに職場における働き方の自由を差し出したのである。

政治エリートたちは、資本主義と官僚主義が全面化する状況に、それ以外の選択肢はないと強調した。同時代のイギリスでは、マーガレット・サッチャー首相が「代案はない(There is no alternative)」と訴え、市場主義的な改革を進めている。それ以前に資本主義の代案として有力であったのは社会主義であるが、冷戦体制が終焉を迎え、社会主義を掲げる政治体制に対する期待は失われていった。こうして、人びとは、今、目の前に見える以外の代案の想像力を奪われていったのである。

代案の創出が困難な状況の中で、「オルタナティブ」の意義は、具体的な暮らし方の選択肢を提示したことにある。そこでは、暮らし方を変えることが、社会を変えることの一部と見なされている。暮らし方とは、どこに住み、何を着て、何を食べ、どう働くかといった、日常的な事柄の選択に関わる。通常、社会運動で選ばれる社会変革の方法としては、政治家や官僚にロビー活動をしたり、路上で抗議行動をしたりという方法が想起される。暮らし方の変革は、これらの方法とは違うものである。

「オルタナティブ」の社会変革の手法には、いかなる特徴があるのだろうか。これに関しては、ばななぼうと実行委員会編『ばななぼうと――もうひとつの生活を創るネットワーカーズの舟出』（ほんの木、一九八六年）に掲載された実行委員たちの「共同討議」が参考になる。討議には、徳島暮らしをよくする会の西川栄郎（ひでお）、大地を守る会の徳江倫明（みちあき）、ポラン広場東京の小野敏明、財団法人たんぽぽの家の播磨靖夫、プレス・オールターナティブの片岡勝、歌手の山本コウタロー、日本リサイクル運動市民の会の高見裕一の七人が参加した。その内容は、市民運動の現状に始まり、ネットワークのあり方、生活から政治や経済の変革の展望にまで及んでいる。彼らの討論から、「オルタナティブ」の社会変革の方法を見てみよう。キーワードになるのは、「提案」と「モノ」である。

まず、「提案」から。彼らは、自らの実践に「生活提案型」という位置づけを与えていた。その実践は、過去の運動の姿を鏡にして形成されている。たとえば、高見裕一は、大学時代に不用品をリサイクルする運動を始め、一九八四年に同会を立ち上げ、その代表に就任した（ばななぼうと実行委員会編一九八六：一三八）。不用品情報を共有するデータバンクをつくったり、不用品のフリーマーケットのイベントを組織したりする活動を通して、彼は、大量消費の使い捨て社会に対する「オルタナティブ」を提起した。

高見は、自らの運動を「闘争型」や「告発型」の消費者運動や学生運動から区別する。彼によれば、消費者運動の場合、消費者という自己規定をする。だが、彼は、消費者という受け身で与えられる存在であるだけなく、「社会的な提案」をする必要を訴えた。こうして、高見は、自らの運動を「生活提案型」(ばななぼうと実行委員会編一九八六：一六)、「食べもの運動、草の根運動の灯台」(ばななぼうと実行委員会編一九八六：四六)と位置づけたのだ。

次に、「モノ」である。「オルタナティブ」の社会変革論におけるもう一つのキーワードは、「モノ」を媒介にすることである。大地を守る会(一九七五年に創設された有機農産物などの宅配会社)の徳江倫明も、高見と同じように、左翼運動の文化に批判的な視点を持っていた。「理念」や「方法論」が先行し、抽象的な議論が先立って、運動の中で分裂を引き起こしたりするなど、空回りしがちというのが、徳江の見方である。そこで彼は、食べ物のような具体的な「モノ」を介することを提案する。誰が、どのようにつくった食べ物であるかという具体的な事柄から始め、その食べ物を食べたいと思う人びとが集い、食べ物自体が人と人をつないでいく(ばななぼうと実行委員会編一九八六：四九)。

徳江は、理念というよりも「モノ」を介した人びとのつながりの必要性を訴えている。「モノ」だからこそ、人と人の関係性は、簡単に切れない。もしつながりが切れてしまえば、自分が気に入って日々食べている物が手に入らなくなるからである。以上のように、今の「モノ」に溢れた世界をいったん否定しながら、「オルタナティブ」な「モノ」に対する欲求を肯定した。

高見や徳江の言葉から、彼らが一九六〇―七〇年代のニューレフト運動を鏡にして自己形成していることがわかる。その他にも、座談会の出席者で言えば、西川栄郎も、学生運動の経験を（否定的に）語っているし、座談会には出席していないが、大地を守る会の創業者である藤田和芳も、学生運動経験者である（藤田（和）二〇〇五）。後のパルシステムにつながっていく首都圏生活協同組合事業連絡会議のリーダーたちも、地域に広がるニューレフトのネットワークを基盤にしながら生協運動を展開してきた（中澤（満）二〇一二）。彼らの言葉に明らかなように、「オルタナティブ」の開拓者たちは、ニューレフトの文化の中で活動経験を積む一方で、そこに社会変革の具体的な方法が欠落していることに問題を感じていた。彼らは、「提案」と「モノ」というキーワードで、自らを先行する運動文化から差異化し、新たな活動の手法を提案したのである。

第二節　食と農からの世直し

食と農における競争と管理

「オルタナティブ」の追求がもっとも精力的であったのは、食の領域である。先に言及した、ばななぼうと実行委員会編『ばななぼうと』の末尾には、「もうひとつの生活を創るネットワーカーズ」の全国リストが付いている。これは、全国の「オルタナティブ」に含まれる諸グループを包括的にリストアップしている。一三二〇団体の活動内容を検討していくと、食に関わるグループ（共同購入、八百屋、学校給食、食、農業、レストラン、反農薬、反ＬＬ（ロングライフミルク）、有機農業）は、約三分の一の四〇一に達しており、食は、「オルタナティブ」のネットワークの中心を占めるイシューであった。

国家や市場に対する依存を減じるために必要なのは食べ物である。それは、人間が生きていくためには日々手にしなくてはならない物だからだ。

しかし、その食べ物もまた、官僚主義から自由ではなかった。食の生産者である農民は、政府と農協という巨大組織の管理下に置かれていた。一九四二年の食糧管理法の制定以来、彼らは、国策に従って穀物(主に米)をつくり、政府は農協を介してそれを買い取った。そこに農民の自発的な選択と創意工夫の余地は少ない。農民は、何をどうつくるかの決定の自由を奪われていたのである。そして農民は、その時々の政府の都合に振り回されてきた。戦後の食糧難の時代には増産を求められ、一九七〇年以降は政府の財政負担が過大であるからとして減反することを迫られた。

農民は、資本主義化の波にもさらされた。一九六一年に制定された農業基本法は、農民を市場競争に引きずり込んだ。「選択的拡大」という名目で、経営規模の拡大と化学肥料、農薬、機械の使用に順応できる農民が選別されていった。近代的と称された農法の普及は、農民が負担する生産コストを引き上げると同時に、自然環境や食料素材の汚染を引き起こした(安達一九八三：二九—三〇)。また、輸送手段や貯蔵技術の革新は、生産地を遠隔化した。一九六〇年代におけるダイエーの躍進を皮切りにして、スーパーマーケットが食品市場に進出し、消費者は全国どこでも生鮮食料品の豊富な品揃えを享受できるようになった(安達一九八三：四三—四五)。こうして、食べ物は市場取引される商品としての性格を強めていったのだ。

農民をさらなる市場化へと促した要因の一つは、農業貿易の自由化である。一九八〇年代後半は、対米貿易摩擦が深刻化し、ガット・ウルグアイラウンドでの交渉を経て、農産物の輸入制限が解除され、貿易が自由化されていく時期にあたる。農林水産省の「食料需給表」によれば、一九六五年にカロリーベースで七三％だった日本の食料自給率は、一九九〇年には四八％に下がっている。一九六〇年代から進んでいた農産品の貿易自由化の波は、一九八〇年代に従来は政府の保護のもとにあった分野（その象徴的な存在が米である）にまで及んだ。高度経済成長期には、将来の農民となるはずの若い世代を都市に奪われ、外国の安い農産物の輸入規制が緩和された。農業だけで生計を立てるのが困難な農民が増え、兼業農家の増加傾向が顕著になった。以上のように、食という人間の命を支える領域においても、国家と市場の影響から無関係でいられなくなっていたのである。

「オルタナティブ」の食農ネットワーク

「オルタナティブ」は、社会管理と市場競争にさらされる日常生活に選択肢を提示することを目指した。特に食の分野に関して言えば、「オルタナティブ」のネットワークは、主に以下の二つの形態から構成される。第一の形態は、「共同購入」グループである。これは、消費者がグループをつくり、農産物などを生産者からまとめ買いする活動を指す。生産者と消費者との「顔の見える関係」を基礎にしており、生産者による配送の負担を軽減するため、消費者が自分の居住地域にグループを組織して、生産者をサポートすることもある。

「共同購入」のグループは、さらに二つに下位区分できる。一つ目は、生協の地域組織である。これに関しては第2章で論じたが、『ばななぼうと』末尾のリストを見ると、「オルタナティブ」を構成した生協は、生活クラブに限定されない。東京では、多数の小規模生協の名前が含まれている。これらの生協は、一九七〇年代、大学生協が「市民生協」の組織の設立を支援した時期に生まれ、一九八〇年代には都市部の地域社会に広く展開したものである。また、組織の形態は株式会社であるが、一九七五年に設立された大地を守る会も、「共同購入」の地域組織の重要な一部を担っていたことを付け加えておこう。これらの生協は、一九五一年に結成した日生協(日本生活共同組合連合会)には必ずしも所属していない。日生協が、消費者に廉価な商品を供給することを主たる任務としていたのに対して、小規模生協は、食の安全性や環境破壊など、従来の生協運動では十分に取り上げられてこなかった問題に光をあて、組合員を獲得した。

二つ目は、「(産消)提携」グループである。「提携」という言葉は、特に有機農産物の購入をめぐる農家と消費者との間の対面的な関係を指す。「提携」の起源は、一九七〇年代にさかのぼる。先に述べたように、高度経済成長期における農業の近代化は、農家による農薬の使用量を増加させた。これに対して農薬が人体や自然に及ぼす影響を懸念した生産者と消費者は、一九七一年一〇月に日本有機農業研究会を発足した。この研究会のネットワークは、有機農産物を媒介にした生産者と消費者との「提携」の実践の基盤となった(桝潟二〇〇八:四一―四二)。一九七四年一〇月から『朝日新聞』に連載され、後に書籍となった有吉佐和子の小説『複合汚染』も、消費者の「農薬公害」に対する問題意識を高めた。このようにして、一九八〇年代には有機農産物を求めて「提携」グループに参加する人びとの数が増えていく(桝潟二〇〇八:五六)。

「提携」グループの都市住民は、「援農(縁農)」のような農家との交流を通して、有機農産物をただ購入するだけでなく、それを「つくる」過程にも目を向けた。彼らは、生産者から区別された消費者という役割に甘んじることなく、有機農産物をつくって食卓に運ぶことの共同作業者であるという意識を持つよう努めたのだ(桝潟二〇〇八：六四)。消費者グループは、時に有機農産物を「全量買い取り」して、無駄なく食べ切るよう、メニューや調理法に工夫を凝らした。「提携」の関係は、消費者の自己変革を伴った。農家にとっても、自己変革を求められるのは変わらない。農薬や化学肥料に依存した農法を捨てることは、地域住民から異端者と見られがちであった。その中で有機農業を進めることは、農民に自分の農業のやり方や地域との関わり方の変革を促したのである。

食の分野における「オルタナティブ」のネットワークの第二の形態は、店舗を媒介にしたものである。彼らが運営する農園、喫茶店、レストラン、ショップ、八百屋などでは、自分たちの商品を売るだけでなく、各々がイベントを主催したり、刊行物を出したりして、食や農に関する情報を発信した。これらの店舗は、今日的な言葉を使えば、「インフォショップ」的な役割を果たしていた。

たとえば、愛知県豊橋市にある「かきの木屋」は、第4章以降に登場する小木曽茂子が経営し、玄米と無農薬有機栽培の野菜を軸に、「自然なあたりまえのごはん」を提供していた。竹内高明の記事によれば、ある日のかきの木屋には、次のような光景が広がっていた。野菜を仕入れた農民がコーヒーを飲んで休憩する。近所で働く人びとがランチを食べに来る。昼過ぎには子育て中の女性が買い物に来る。学校の先生が牛乳パックやアルミ缶を持って来る。「東三河石けんを広める会」の女性がせっけんを仕入れに来る。新聞記者が記事のネタを仕入れに来る。夕方には、仕事帰りの会社員がビールを飲み、家族が外食を楽しみに来る。さらに、地域の市民団体が会議で集まる。様々な人が「かきの木屋」に集い、ゴルフ場、産業廃棄物処理場、核燃料輸送など、地域に関わる諸問題の情報が彼らの間に広がったのである（『自然生活』編集部編一九九二：二六四—二六五）。また、東京の西荻窪にある「ほびっと村」のように、一つのビルの中に八百屋、喫茶店、本屋などが入り、相互に連携する場合もある。以上のように、「オルタナティブ」は、単なるビジネスの場ではなく、地域の人びとが集い、交流する場としても機能していた。

ネットワーク形成の方法

最後に、「オルタナティブ」のネットワーク形成の方法について。「オルタナティブ」は、地域を基盤にした小さなグループから構成されていたが、そのグループは、いかにして互いの存在を知り、緩やかなつながりを構築したのだろうか。ネットワーク形成に中心的な役割を果たしたのは、メディアである。ただし、それは、大手メディアではない。一九九〇年代以降になると、「オーガニック」や「田舎暮らし」のような「オルタナティブ」で扱われるテーマは、大手メディアで取り上げられるようになる。しかし、チェルノブイリ原発事故の頃には、これらのテーマについてまだ大手メディアの進出はそれほどなく、小さな出版社が書籍や雑誌を発刊し、それが書店やレストランなどに置かれ、口コミで広がっていくというのが一般的だった。

小さな出版社の刊行物の中でも、当時、全国に散らばる「オルタナティブ」のグループを知るのに役立ったのは、奈良の野草社の刊行物である。同社が刊行していた『八〇年代』という月刊誌は、「オルタナティブ」の情報誌として知られ、その雑誌の特集をきっかけに、『もうひとつの日本地図』という本（野草社：八〇年代編集部編、一九八五年）が生まれた。同書は、農場、八百屋、パン屋、喫茶店、レストラン、本屋、消費者グループ、反戦グループ、反原発グループ、自然保護のグループ、女性のグループ、障がい者が地域で生きるためのグループ、フリースペース、からだの会など[28]、「オルタナティブ」を志向する人びとが集う場を紹介している。

また、「オルタナティブ」のグループが主催するイベントも、ネットワーク形成に寄与した。特に「ばななぼうと」の旅は、よく知られている。それは、一九八六年一〇月五日から一〇日まで、外航客船をチャーターして南西諸島を旅するツアーで、食や農、環境、人権、平和の問題に関心を持つ五二〇人が参加している[29]（ばななぼうと実行委員会編一九八六：一）。ばななぼうと実行委員会による報告集を見ると、ワークショップのテーマは、沖縄のＣＴＳ（石油備蓄基地）、核燃サイクル基地、熱帯雨林、農薬の空中散布、リサイクル、第三世界、公害と日本企業、有機農業、パソコン通信ネットワーク、無添加ワイン、天然酵母パン、フィリピン労働者の農薬禍など、当時の食、農、環境、職をめぐるテーマの見本市のようである（ばななぼうと実行委員会編一九八六：二四）。後に原発問題に熱心に関わるようになるアクティヴィストで、「ばななぼうと」のツアーに参加した者も少なくない。このように、「ばななぼうと」は、その後の脱原発運動の基盤になる「オルタナティブ」の開拓者の間に交流をつくり出したのである。

第一、二節の議論を整理しよう。「オルタナティブ」は、官僚主義と資本主義の影響力の拡大を批判的に捉え、具体的な生活上の選択肢を提示した。何を食べるか、どこに住むか、いかに働くかといった暮らしのあり方を市場と国家のような巨大組織に左右されず、自分たちで決定する方法を追求するという点では、これもまた「生活の民主主義」の実践として位置づけられる。暮らしの自治の諸領域のうち、もっとも実践が集中したのは、仕事と食である。これらは国家と市場の影響を強く受けている領域であり、その領域を変えることが自律した暮らしを実現するのに不可欠であると考えられていたからである。

第三節 「いかたのたたかい」とその波紋

高松行動と「ニューウェーブ」

第一、二節で検討してきた「オルタナティブ」は、脱原発運動の基盤となった。「ニューウェーブ」を現象として生み出したきっかけとなった出来事は、一九八八年の愛媛県伊方原発の出力調整実験に対する抗議行動とそのメディア報道である。一月二五日、二月一一―一二日の二回に渡り、全国から多数の人びとが集まり、四国電力に対して実験中止の申し入れを求める行動を起こした。その後、この抗議イベントは、高松行動、または「いかたのたたかい」と呼ばれ、脱原発運動の中で繰り返し参照される出来事になった。

この行動でメディア上の注目を浴びたのは、大分県別府市でパン屋を営んでいた小原良子である。小原は、過去に社会運動にそれほど深く関わった経験がなく、子育て中であった。このことがメディア上で新味を持って受け止められ、小原自身もそれをアピールしたため、彼女は、高松行動を象徴する人物として描かれた。

高松行動に至る第一の段階は、脱原発知識人の講演会への参加である。小原は、豊前（ぶぜん）（火力）発電所建設の反対運動のアクティヴィストである松下竜一の発行する『草の根通信』を購読していたのだが、チェルノブイリ原発事故後にヨーロッパに旅行し、放射能汚染で知られるギリシアのヘーゼルナッツを友人にお土産で買っていたほど、原発問題にさしたる関心がなかった（小原一九八八a：一〇）。だが、一九八七年四月二〇日、友人と一緒に大分市で広瀬隆の講演を聞いたのをきっかけに、熱心に活動するようになる。放射能汚染に恐怖を感じ、広瀬に直接電話を入れて講演を依頼し、六月二〇日に別府で広瀬の講演会を主催した。このイベントは、六〇人部屋に二五〇人ほどの参加者が集まり大盛況となった（小原一九八八b：一九）。

第二の段階は、一九八七年一〇―一一月に、伊方原発における「出力調整実験」の情報を得たことである（小原一九八八b：二二）。電力需要は、季節によって、一日の中でも大きく変動する。通常、出力を上下させると安全性に問題があるので、定格出力を保って原発を運転し、需要が増加した場合には、火力など原子力以外の発電で補うようにしている。出力調整実験とは、出力を上下させて、需要の変動に対応できるかを確認する実験である。短時間で出力を上下させるために、事故につながる危険を伴うとされている。

一一月二三日、小原は伊方原発を訪問した際に、一九八八年二月下旬に二度目の出力調整実験が行われることを知る。そこで彼女は、四国電力への実験中止の申し入れの署名を集めることを抗議の方法として選んだ（小原一九八八b：二三）。第2章で述べたように、署名は反原発運動で頻繁に行使されてきたレパートリーであり、決して目新しいものではなかったが、小原たちのユニークさは、その集め方に表れていた。呼びかけ主体になったのは、主に別府の女性たちから構成される「グループ・原発なしで暮らしたい」という小グループである。原水禁のような大きな組織ではなく小グループが呼びかけ主体になるというのは、当時の反原発運動の常識から逸脱することであった(小原一九八八b：二四)。

小原は、一二月下旬に大分に帰ってくると、全国各地からの反応に驚かされる。電話とＦＡＸが鳴りっぱなし、郵便物も山積み、コピー機もフル稼働。当初は自分ひとりで手紙の返事を書くために睡眠時間を削っていたが、年末から正月にかけては、仲間が小原の自宅に来て、仕事を分担した。分担して名簿を整理し、署名を集計し、カンパやメッセージへのお礼を書いていく(小原一九八八b：二九)。当時は、まだインターネットはなく、家庭用ＦＡＸも署名運動の中では活躍したが、普及し始めたばかりであった(『消費普及動向調査』によれば、ＦＡＸの普及率は五％以下)。運動のネットワークは、地域社会での対面的なつながりが基本であり、遠くに住んでいる人びとをつなぐ場合には、電話や手紙を利用した。また、コピー機が公民館などに普及しており、ガリ版刷りの手間が不要になるという環境の整備も、情報発信を促した。

第三の段階は、四国電力に対する直接行動である。一九八八年一月二五日の午後、約一五〇〇人が四国電力前に向けてデモ行進をした。全国から集められた署名数は、六〇万筆以上に達していた(高田一九九〇：一三三)。抗議者たちは四国電力前に到着し、その会議室には通されたものの、四国電力が交渉に応じないため、建物の内外で座り込みをした。翌朝、四国電力は機動隊を導入し、小原たちは退去を強いられた(西川一九八八：八三―八四)。彼女たちは、二月一一、一二日にも、四国電力に申し入れ行動を行った。二回目の高松行動は、当時流行していた俵万智の歌集『サラダ記念日』にかけて、「原発サラバ記念日」と名づけられた。

この行動の様子は、テレビ朝日系列で人気を博していた「ニュースステーション」で生放送された。二月一二日に実験は強行されたものの、三日間の予定を一日に短縮して実験するなど、電力会社は抗議者の存在を強烈に意識することになった（小原一九八八b：四一―四二）。高松行動は、「とにかく四国電力に乗り込もう」という思いでなされたもので、そんなに綿密に計画されていたわけではなかったが、結果として効果的な行動となった。

「いかたのたたかい」という出来事は、反原発運動の状況に大きな変化をもたらした。それを可能にしたのは、第一に、一人ひとりに呼びかけるというスタイルである。高松行動の前に参加者の間に共有された原則として、「参加者の一人一人の意思と責任で実施される」と「参加者は一人一人当事者として、何人も同じ位置にい」るという文言がある。これらの文言は、運動に参加する原動力が「原発いらない、いのちが大事」という「私」の思いであることを示す。一人称の参加には、一九六〇年代のベトナム反戦運動における「ふつうの市民」としての参加以来の歴史がある。高松行動の参加者は、組織の一員であるからとか、著名人に呼びかけられたから参加するのではなく、一人ひとりに向けられた強い当事者性の要求を肯定的に受け止め、引き受けていった。

第二に、歌と踊りを通しての解放感の享受が挙げられる。二月一二日の高松行動に参加した女性は、次のように言っている。「「エエジャナイカ　エエジャナイカ　エ　ジャナイカ　原発なくても　エジャナイカ」とうたいながら、おまわりさんのまわりをまわっていると、実験ははじまっているけど、なんとなく元気になってくる。確かになってゆく暗い思いもずっと続いているのだけど、同時にひらけた気持ちも生まれてきている」(『なにがなんでもニュース』一九八八年二月二三日号：五)。

このように抗議者の絶望や怒りは、京都岩倉獅子舞などの踊りや歌で表現された。高松行動の中で叫ばれた「ええじゃないか」というのは、もともと江戸時代の世直しを求める民衆に使われた言葉である。路上における踊りと歌は、参加者が解放感を味わうことを可能にした。その感覚は、一九六〇年代の学生運動や反戦運動においては路上を占拠するジグザグデモやフランスデモの中で享受できたものであったが、ニューレフト以降にはその機会が失われてしまった。高松行動は、この失われた路上における解放感を一時的にではあるが取り戻したのである。

第三に、「新しさ」の強調である。小原は「いかたのたたかい」のスタイルと担い手に関して、反原発運動のそれらとは違うことを強調した。「新しさ」の表象は、メディアを通して広がる。『朝日ジャーナル』の一九八八年二月五日号では高松行動が特集され、ここで使われた「ニューウェーブ」という呼称が、その後、普及していく。だが、実際には高松行動を支えた中には、平井孝治、中島真一郎、松下竜一のようなチェルノブイリ原発事故以前から活動していた人びとが含まれていた。それでも、メディア表象では、もっぱら運動の「新しさ」に光があてられた。

「新しい波」の広がり

高松行動の後、その主催者を中心に、原子力政策を管轄する省庁の一つ、通産省に申し入れをする行動が企画された。二月二九日、午前一〇時過ぎに数寄屋橋に集まった約四〇〇人が、「ええじゃないか節」に乗って道を歩きながらアピールした(「「反原発ええじゃないか」が霞が関にやってきた――逮捕者も出た通産省攻防戦と運動の今後」『朝日ジャーナル』一九八八年三月一一日号：三二―三三)。事前に資源エネルギー庁長官にあてて会見申し入れを郵送してあったが、一三時過ぎに通産省前に到着した時に門は閉ざされたままであった。参加者は一メートルほどの門と柵を乗り越え、自動ドアの前に押し寄せ、「ええじゃないか節」を再び流し、太鼓、タンバリン、ひょうたん、鍋などが楽器になる。結局、一八時前に機動隊が動き、逮捕者を出すなどして退去を余儀なくされた。こうして、東京でも「いかたのたたかい」が再現されたのである(小原一九八八b：三四)。

さらに、四月二三―二四日には、東京の日比谷公園で、資料情報室などからなる実行委員会の企画で「原発とめよう！　東京行動'88」が開催された[30]。日比谷行動が四月末に企画されたのは、一九八六年四月二六日に起きたチェルノブイリ原発事故の二周年に合わせたためである。一九八六、八七年の集会では、チェルノブイリ直後にもかかわらず参加者は少なかったが、一九八八年の集会には約二万人が集まった。これは、当初、参加者一万人を目標にしていた主催者を驚かせるほどであった。

日比谷行動に集まったのは、食、農、環境問題に関心を持つ女性だけではなかった。ロック、ストリートファッション、パソコン通信を愛好する青年も、脱原発の波を構成している。若い世代、特に一〇代の子どもたちが、脱原発の広がりの中で重要な役割を担ったことも見逃せない[31]。集会が開かれた小音楽堂には、帽子をかぶり、反原発マークをつけた参加者が集まり、壇上には各地のアクティヴィストが次々とアピールを行った[32]。こうした慣習的な集会のやり方の裏側で「髪を逆立てたパンクたち」、「宝島ファッションの少女たち」、「マンガ研究会ふうの地味な少年」は、小音楽堂の中に入らず、その外で「それぞれがバラバラに自分達の好きなように音楽を演奏したり、踊ったり、経文をとなえたりしながら、反原発を訴えていた」(「いま、なぜ〝反原発〟なのか――九〇年代的「運動」の新図式」『ACROSS』一九八八年六月号：六九)。公園の端の日比谷公会堂前では、「アトミック・カフェ」主催のライブが開かれ、他にも公園内でライブが同時多発的に催された(伊藤(書)一九八九：二四〇)。

このように、一九八八年の前半には、各地に点在していた脱原発の小グループが連携を深め、大きな波が生まれた。生活クラブ神奈川の地域活動も、この波に影響を受け、それと同時に自ら波をつくり出していった。その一つの象徴が一九八八年四月二六日、県内の各ブロックでの脱原発デモである。横浜北ブロックは、約一〇〇人が参加し、たまプラーザ駅前で「反原発のための美しいデモ」を行い、西部ブロックでは、コア・らとの共催で「脱原発歩こう集会」を開き、約一五〇人の参加者が旭センターから沢渡公園まで歩いた。湘南ブロックでは、四月二六日にちなみ、四二六人がビラを配り原発停止を訴え、県央ブロックではラ・パコが中心となり、東京の日比谷で行われた「反原発全国集会」の一万人行動に参加している(「生活クラブ二〇年史」編集委員会編一九九一：一九四)。食品の放射能汚染の測定運動も、脱原発を求めるストリートの運動につながっていったのである。

「ニューウェーブ」という言葉が生まれるのと時を同じくして、一九八八年の初めに「脱原発」という言葉も広く使われるようになった。それは、脱原発法の制定を求める署名活動(後述)をきっかけにしている。

脱原発法制定運動のパンフレットは、脱原発という言葉を次のように説明している。「脱原発とは、文字通り「原発から脱する」ことです。現実に原発をとめ、原発のない社会をつくり出す運動といってよいでしょう。そして脱原発法の制定運動とは、私たちにとって必要な法律を私たち自身の手でつくる運動であり、原発なき社会のビジョンを、私たち自身でつくり出す運動でもあります」(脱原発法全国ネットワーク・法律プロジェクト編一九八九：三)。高木仁三郎によれば、従来の運動は、各地の原発計画を個別に潰していくことを目指していたが、すでに原発は建設され、稼働してしまっている。既存の原発を温存されないようにするには、中央政府の法律や政策を抜本的に変える必要がある(高木一九八九：一八)。

このように、制定運動のアクティヴィストたちは、「脱原発」という言葉に「反原発」とは違う意味を付与しようとしていた。すなわち、脱原発運動で中心的な役割を果たすのは、現地から離れて暮らす都市の住民である。都市住民は、個別の原発の建設に反対するだけでなく、政策や法律に影響を及ぼして原子力政策の転換を目指すと見られていた。実際には反原発と脱原発という言葉は互換的であることが少なくない。だが、その言葉が生まれた時、「脱原発」には、日本の政治の大変革を視野に入れた、野心的な意図が込められていたのだ。

第四節　市民のつくり方

終末意識から当事者意識へ

第1章で触れたように、「いかたのたたかい」に始まり、日比谷行動に至る頃までに、脱原発運動は、従来にはない参加者の規模と広がりを見せた。『日本労働年鑑』の一九八九年版によれば、一九八八年に開かれた反原発の集会は前年の約三・三倍の一三一八回で、警察庁のデータでは、参加者が約三・七倍の一六万五千人に膨れ上がった。大規模集会の参加者のような比較的目に見えやすいものだけでなく、地域の公民館や個人宅で開かれる小規模の集まりを含めば、その数はさらに増えるだろう。なぜ、これだけの参加が可能になったのだろうか。原発問題は都市住民にとって縁遠いものであったにもかかわらず、彼女たちはいかにしてその問題を積極的に学び、討論し、行動する「市民」になっていったのだろうか。本節では脱原発運動の市民づくりの手法を検討しながら、これらの問いを考察していこう。

市民のつくり方を検討するに際して、まず、甘蔗珠恵子『まだ、まにあうのなら——私の書いたいちばん長い手紙』(地湧社、一九八七年)を検討していく。これは、「ニューウェーブ」のアクティヴィストにもっとも大きな影響を及ぼした著作の一つである。甘蔗は、福岡県で二人の子どもを育てる主婦であり、チェルノブイリ原発事故前までは、「原発」の略称の意味も知らなかった。しかし、広瀬隆の講演を聞き、原発の恐ろしさに驚き、機会あるごとに原発に関する講演会や集まりに出席し、関連書を読みあさるようになる。知人にあてた手紙に地湧社の編集部が注目して、『まだ、まにあうのなら』が一九八七年七月に出版された(甘蔗一九八七＝二〇〇六：七)。『日本労働年鑑』一九八九年版によれば、この本の販売数は、当時で二十数万部に達したと言われており、多くの人びとに支持されたことを示している。

それでは、『まだ、まにあうのなら』は、どのように人びとを市民に変えていったのか。一つ目は、都市住民に対して原発問題の当事者意識を持たせることである。それは、原発事故という終末の接近を強調し、彼女たちの不安を喚起することで可能になった。甘蔗の本は、「何という悲しい時代を迎えたことでしょう」という嘆きから始まっている。それは、自分の子どもや家族に、将来、必ず影響が出てくる放射能という「毒」を含む食事を出さなくてはならないという嘆きである（甘蔗一九八七＝二〇〇六：八）。甘蔗によれば、原発事故は、ソ連という外国の問題ではなく、日本にいてもその影響からは逃れられない。原発事故の破局の後において、汚染にさらされながらも生きていかなくてはならないという見方は、読者に不安や絶望を抱かせる。

甘蔗は、伊方原発の出力調整実験の前に書かれた「チェルノブイリ前夜の日本」という文章で、「今まさに日本がチェルノブイリになろうとする」と述べている。伊方原発の出力調整実験は、ソ連の原発事故の原因となった実験と同じであり、日本でも大事故が間近に迫っていると危機を喚起し、絶望感をさらに深いものにする（甘蔗一九八八：一七〇―一七一）。以上のように、運動のフレームは、人びとの破滅の恐怖をかき立てるものであった。不安や恐怖は、根拠なしに喚起されたわけではない。測定運動を通して可視化されたように、食品の放射能汚染は現実の問題であった。また、原発事故もしばしば生じていた。一九八九年一月六日には、福島第二原発の三号機で原子炉再循環ポンプ破損事故が、一九九一年二月九日には、美浜原発二号機での蒸気発生器細管ギロチン破断事故が起きている（吉岡一九九九ｂ：二〇四）。

アクティヴィストたちは、甘蔗だけでなく、広瀬隆、藤田祐幸などの脱原発知識人の著作や講演などを通じて原発の危機を知り、絶望感に苛まれた末に運動に参加していった。このような不安の喚起は、原発から離れて暮らす都市住民に対して原発問題の当事者であるという意識を抱かせた。第1章で触れたように、『朝日新聞』の報道によれば、高松行動では、参加者が「まだまだセックスしたいのに！」というプラカードを掲げて参加したという（『朝日新聞』一九八八年二月一八日四面）。このメッセージから、都市住民が「セックス」という自らの欲求の観点から運動に関わっていることがわかる。それ以前は、原発問題の当事者は、あくまで原発現地の住民であり、都市住民は、支援者に過ぎなかった。破局の恐怖を呼び起こすフレームは、彼女たちに当事者意識を持つ回路を提供した。

都市住民による当事者意識の獲得が可能であったのは、フレームの構造に起因していた。まず、原発現地と都市部という区分が無効にされている。「いかたのたたかい」を振り返って、小原良子は、「原発というのは誰にとっても自分の問題なんだといえたのが高松での行動だと思うんですね」と言っている（小原・日高・柳田一九八八：二二）。自分の生活圏が「現地」になることで、都市住民も運動の主体と見なされていく。小原によれば、もしチェルノブイリ級の事故が起きれば、日本のような狭い国では、現地と都市のどちらにも深刻な被害を及ぼす。それゆえに、都市住民は運動の支援者などではあり得ず、まぎれもない当事者であるのだ。

終末感を強調する言説の広がりは、メディア報道の増加によるところが大きい。一九八八年以降は、テレビ、新聞、総合雑誌のような硬派な媒体だけでなく、タブロイド紙も原発の危険性に関する記事を掲載した。写真週刊誌『ＴＯＵＣＨ』（小学館）は、毎週のように浜岡原発の事故隠蔽、核燃料輸送トラック、原発マネーの汚職を報じた。月刊誌『宝島』（宝島社）は、反原発の文化人や芸能人を取り上げていた。また、週刊誌『週刊ポスト』（小学館）や『週刊プレイボーイ』（集英社）も、毎週のように原発問題を報じていた。

一九八八年五月一〇日の『週刊プレイボーイ』には、「「恐怖のチェルノブイリ」から二年がすぎた……脱原発へ動くヨーロッパ、それでも原発にしがみつく日本！」というタイトルの記事が掲載されている。この記事には、「日本でも、汚染食品を食べつづければ当然、被害が出てくるはずです。すぐというわけではありませんが、五年、一〇年、二〇年、三〇年と長い期間を経て発病することになります」（『週刊プレイボーイ』一九八八年五月一〇日号：一八一）という広瀬隆の言葉を使いながら、日本もチェルノブイリ原発事故の影響からは逃れられないと述べている。それだけでなく、「日本の原子力政策は、チェルノブイリ事故以前のソ連と同じと言ってもいいんじゃないでしょうか……日本はいまでも事故前のソ連と同様、「安全。大丈夫」とくり返しているばかりなんですよ」（『週刊プレイボーイ』一九八八年五月一〇日号：一七八）というユーラシア・リサーチの太田憲司の言葉を掲載し、日本においても原発事故が差し迫っているという見解を示している。

これらのメディア記事は、事故の危険性を訴えたり、原発をめぐる汚職を暴露したりすることで、都市住民の不安を喚起する効果があった。不安を喚起する言説は、すでに食品汚染や環境破壊の問題に取り組む運動においても行われていて、それ自体はとりたてて新しい手法ではない。脱原発運動は、自分たちに有利なメディア状況をつくり出し、それを使いながら、この言説を参加の拡大につなげた。ただ、市民づくりはメディアに依存するところが大きかったので、その報道の傾向が変化すると、それがそのまま運動を衰退させてしまうというもろさを抱えていたことも指摘しておこう。

女性＝母親に向けての呼びかけ

市民づくりの手法の二つ目は、女性＝母親に向けて呼びかけることである。甘蔗は、動物の世界でも産んだ子の生命を守ろうとするのが「母なるものの本能」であると言って、子どもや家族に食事を提供する立場から、食品の放射能汚染を嘆き、原発の存在を拒んだ。前章で言及した広瀬隆のフレームは、原発に関する隠された真実を暴露するものであり、本を読んだり講演を聞いたりした人びとが衝撃を受けるには十分だが、その生活感覚までは距離がある。甘蔗は、女性、より限定して言えば母親を強く引きつける言葉を使うことで、従来の反原発運動とは異なる層を巻き込むフレームを構築した。そのフレームは、自分には縁遠いように感じる原発問題が、子育てのような身近な行為とも深く関係しているとし、この問題に対するとりわけ女性の当事者意識を引き出した。

「母親」というアイデンティティを運動に使ったのは、「ニューウェーブ」が初めてではない。一九五五年の第一回世界母親大会では、「世界のお母さんたち」に向けて「子どもを二度と戦場に送らない」というメッセージを発信しており、反戦平和運動においては、母親という女性の自称が頻繁に用いられてきた。また、生活クラブは主婦が家事や育児と両立しながら参加できる運動と見られており、ここでも女性＝母親が運動の主体と見なされている。

女性＝母親という理解は、彼女たちのエンパワーメントにつながる効果を含んでいた。議会、官僚制、メディアのような領域においては、男性の影響力が強いため、女性が政治的な主張をすることには常に困難を伴う。たとえ声を出すことができたとしても、それが公共圏で広く支持を得るのは、困難である。だが、社会的に付与されている役割である母親というアイデンティティの使用は、聞く側

(主に男性)に少なくとも耳を傾けさせることが、より容易になる。これは女性だけに限ったことではないが、よほど慣れた人でない限り、地域で政治的な問題について話をしたり、署名を集めたりするのは、ハードルが高いと感じるかもしれない。そんな時に、「子どものため」というのは話の入口にもってこいだし、子どもの幼稚園や学校の友人にも共感を得やすい。ロビン・ルブランの言葉を借りれば、母親というラベルは、女性を公的な場に連れ出してくれる「乗り物」なのだ(LeBlanc 1999=2012: 88)。

しかし、この市民像は、母親以外の女性に開かれていない。本来あるはずの女性の状況の多様性は、見落とされてしまっている。「ニューウェーブ」における女性の一枚岩的な理解に対する批判は、運動内部からも提起されていた。一九八八年七月一〇日、脱原発運動の盛り上がりの最中、ウーマンリブの活動に関わってきた女性たちが、東京の総評会館の前で「いろんな女の反原発！」というビラをまいた(三輪編著一九八九：一三七)。そのビラには、運動の中で、メディア上で、女性が「母」と括られていることに対する違和感が記されている。女性という存在は「母親」や「妻」に還元されるものではなく、もっと多様なものである。その多様さを大切にしながら、「一人の女」として原発に反対したい。この思いは、「フェミニストも、レズビアンも、ふつうの主婦も、子どものいる人もいない人も、みんなで「ふつうの女」の反原発をやりませんか」という言葉に表現されている(三輪編著一九八九：一四一)。このように、女性＝母親という主体像は、女性の社会的役割に関するステレオタイプに依拠するがゆえにエンパワーメントの力を有する一方、その内部の多様さに開かれておらず、市民像を切り縮めるという問題点もはらんでいた。

また、母親というラベルは、アクティヴィストの活動領域を制約している。家族に食事を提供する母親という自己規定によって、彼女たちは、いかなる食べ物を購入するかに自覚的になり、食べ物という観点から放射能汚染や原発という公的な問題に関心を抱くようになった。他方、ロビン・ルブランは、母親というラベルの両義性を指摘している(LeBlanc 1999=2012: 210–211)。それは、女性を公的領域に連れ出す一方で、男女の性別役割分業を温存、再生産しながら、家事、育児、介護といったケアワーク(それは女性の役割と見なされている)と両立可能な範囲に彼女たちの活動を閉じ込めてしまうのだ。

政治参加の場としての日常生活

市民づくりの手法の三つ目は、日常生活を政治参加の場として定めることである。『まだ、まにあうのなら』は、食べ物の放射能汚染という日常的(に関わらざるを得ない)問題から始まっている。そして、日常に対する関心は、そこで自閉せず、経済至上主義に対する批判につながる構成となっている。日常と経済批判との接続は、いかにして可能であったのだろうか。戦後日本に支配的な言説において、経済成長は未来の生活の改善をもたらすがゆえに不可欠であり、経済成長のエンジンである原発もまた不可欠であると見られていた。

原発は、原子力エネルギーを「平和利用」するという建前のもと、推進されてきた。一九五五―五七年にかけて全国各地で開かれた「原子力平和利用博覧会」に象徴的に表れているように、原発は、その導入の時期から、アメリカ的生活様式の幻影と結びつきながら、「未来の便利な生活」というバラ色のイメージをつくり出してきたのである（吉見二〇一二：二九〇）。当時の新聞には、鶏卵の改良、家畜の飼育の進歩、農作物の改良、土壌改良、病気や老衰の克服、飛行機、汽車、汽船などが、原子力エネルギーの使用法として挙げられていた（吉見二〇一二：一三九）。

　これに対して甘蔗は、経済発展のあり方に対する根底的な疑念を呈している。彼女によれば、日本の食品の放射能チェック基準が甘いのは、日本が原発大国で、原発が経済機構に深く組み込まれているからである。原子力のような最新の科学技術が人間の「いのち」を脅かしているにもかかわらず、その技術は経済優先の方針のため、十分に規制されずにいる。このように甘蔗は、経済至上主義が人びとの暮らしを改善するわけではないというフレームを示し、それに「いのち」という言葉を対置している。ここで、「いのち」は、女性が子どもを産んで命をつないでいくという営みを指すと同時に、自然に支えられて人間の生命が持続し、またその自然を人間が支えていく、人間と人間、人間と自然とのつながりの総体を意味していた。

　日本の市民社会の言説において、「いのち」という言葉が使われるのは珍しいことではなく、主に女性の運動の中に見られる。特に一九七〇年代のウーマンリブでは、女性たちが、男性に自らの身体や言葉を支配されていることを問題にし、「いのち」という言葉を用いて生殖に関する自己決定権を取り戻そうとした。「いのち」という言葉は、チェルノブイリ原発事故後の脱原発運動において流行語となり、「原発いらない、いのちが大事」というコールが街頭行動の中で聞かれるようになる。たとえば、「原発いらない人びと」（第4章参照）や「女たちのキャンプ」（第5章参照）などで歌われるようになる「命が大切ならば」（ごとうひとみ作）という曲は、「命が大切ならば　原発はいらない　もし守りたいものがあるなら　原発はいらない」という歌詞から始まっている。「いのち」は、高度に発達した科学技術の脅威から守られるべき対象を指し示していたのである。

原発の「平和利用」という支配的なフレームに対して、甘蔗は、「未来の便利な生活」の追求の裏側に目を向けている。彼女は、自分たちが「もっと便利に、もっと快適に、もっと速く、を求めて突っ走」り、原発のエネルギーを使った結果、空気、水、そして地球の汚染、危険な放射性廃棄物の未来世代への先送りにつながったという（甘蔗一九八七＝二〇〇六：六〇）。甘蔗によれば、原発は、自分たちの暮らしだけでなく、地球環境や未来世代の選択肢までも脅かす。ここで原発の問題は、安全性やコストだけでなく、そのエネルギーに依存した大量消費型のライフスタイルにまで及んでいる。このように、脱原発は、いかなる暮らし方を選ぶのかという「生活の民主主義」の領域に深く関わっている。「生活の民主主義」は、放射能測定運動における食べ物の測定を通して実践されてきたが、甘蔗の議論は、食だけでなく大量消費型の暮らし全般、さらに、その根底にある経済至上主義という文明のあり方までを自治の対象に含んでいる。

原発を単なるエネルギーの問題としてではなく、現代文明の問題として捉える見方には、反原発運動のフレームとの連続性を見て取れる。松下竜一の「暗闇の思想」[33]がそうであるように、電気を湯水のように使う生活を厳しく点検するような内省的な思想が反原発運動の根底に流れていた。甘蔗の場合、暮らしからの反原発というテーマを母親の立場から書き換え、重い課題を自分のやわらかい言葉を使って伝えている。大量消費型の暮らしを変えるという提案は、生活という身近な領域においてなされるがゆえに、運動を誰にでも実行可能なものにしうる。他方、それは、有力な政治的展望が見えない場合、政治から切り離されて生活の変革に没頭し、脱原発という国策の変更を要する課題に効果的に取り組めなくなるという側面も抱えていた。

ここまで、甘蔗の著書を分析しながら、脱原発運動の市民づくりの手法を検討してきた。第一に、都市住民の当事者意識の喚起である。事故が間近に迫っている、あるいはすでに事故の渦中にあるというフレームは、彼女たちが、他人任せになった原発、さらにはそれに依存する暮らしを自分の問題として引き受けることを可能にした。第二に、女性＝母親に向けて呼びかけることである。女性＝母親という広く共有されたステレオタイプに依拠することで、彼女たちは、原発が自分(と家族)に関わる問題であると感じさせ、力を与え勇気を育んでいった。第三に、生活を市民活動の場に設定したことである。原発は、単なるエネルギー政策の問題ではなく、原発に依存する暮らし、その暮らしの根底にある経済至上主義の問題として理解された。こうして「生活の民主主義」の実践は、放射能測定運動における食の領域を超え、生活全般に対する自治に広がっていった。

表 3-1　原発反対運動の変化

	反原発運動	脱原発運動
主なアクター	原発現地の農漁民と都市の労働者の連合	都市部の女性
フレーム	放射能汚染＝公害	都市住民も原発問題の当事者
運動の広がり	ローカルな抵抗	全国的な世論の変化
反核運動との関係	切り離し	切り離し

出所：筆者作成.

本章で検討してきたように、ポストチェルノブイリの脱原発運動の来歴は、その呼称が示すようには「新しい」と言えない。むしろ、「オルタナティブ」のように地域に根を張った社会運動の連続面において捉えられるべきである。それを踏まえたうえで、私は、「ニューウェーブ」

が反原発運動に引き起こした変化を強調しておきたい。

第2章第一節で列挙した反原発運動の四つの特徴をもとに検討していくと、第一に、運動のアクターは都市部の女性を含むようになり、現地の農漁民と近郊都市の労働者の枠の外側にまで拡大した。第二に、原発から離れた都市部の住民は、受苦圏の現地住民を支援するだけでなく、原発事故の恐怖から当事者意識を持つようになった。第三に、運動は現地を超えて広がったので、都市住民の意識が高まり、原発問題のローカル化に変化の兆しが見られた。第四に、核兵器と原発との切り離しだが、この点に関してはさして変化が生じていない。このように、ポストチェルノブイリの脱原発運動は、運動のフレームを変化させたのである（**表3－1**）。

第4章

脱原発運動と国政選挙

一九八八年に脱原発運動の参加者が広がり、集会やデモの数が増え、世論が変わった。それでも、各地の原発は、そのまま稼働している。原発をなくすには、政治を変えなくてはならない。こう考えた人びとは、運動の高まりの後、国政選挙に取り組んだ。とりわけ一九八九年七月に行われた参院選では、与党の自民党が支持率を低下させる中で、原発という国政に深く関わる争点をめぐって、複数の脱原発グループが政党を組織して選挙に挑んだ。

本章では、脱原発運動による国政選挙への挑戦を見ていく。「原発いらない人びと」(以下、「いらない人びと」と略記)は、一九八九年の参院選に臨んだ政党の一つである。先に選挙の結果を述べれば、いらない人びとは、自分たちの議員を国会に送り出すことができなかった。脱原発運動は、国政において議席を獲得するのに、いかなる困難に直面したのだろうか。第一、二節で、当時の政治的状況といらない人びとの選挙キャンペーンの内容を見た後、第三節以降では、票の獲得を妨げた要因を、外在的(政党配置)と内在的(運動文化)に分けて検討する。

第一節　議会政治への挑戦

「ニューウェーブ」の余波

第3章で論じたように、一九八六年四月二六日にチェルノブイリで原発事故が起きて二年が経過し

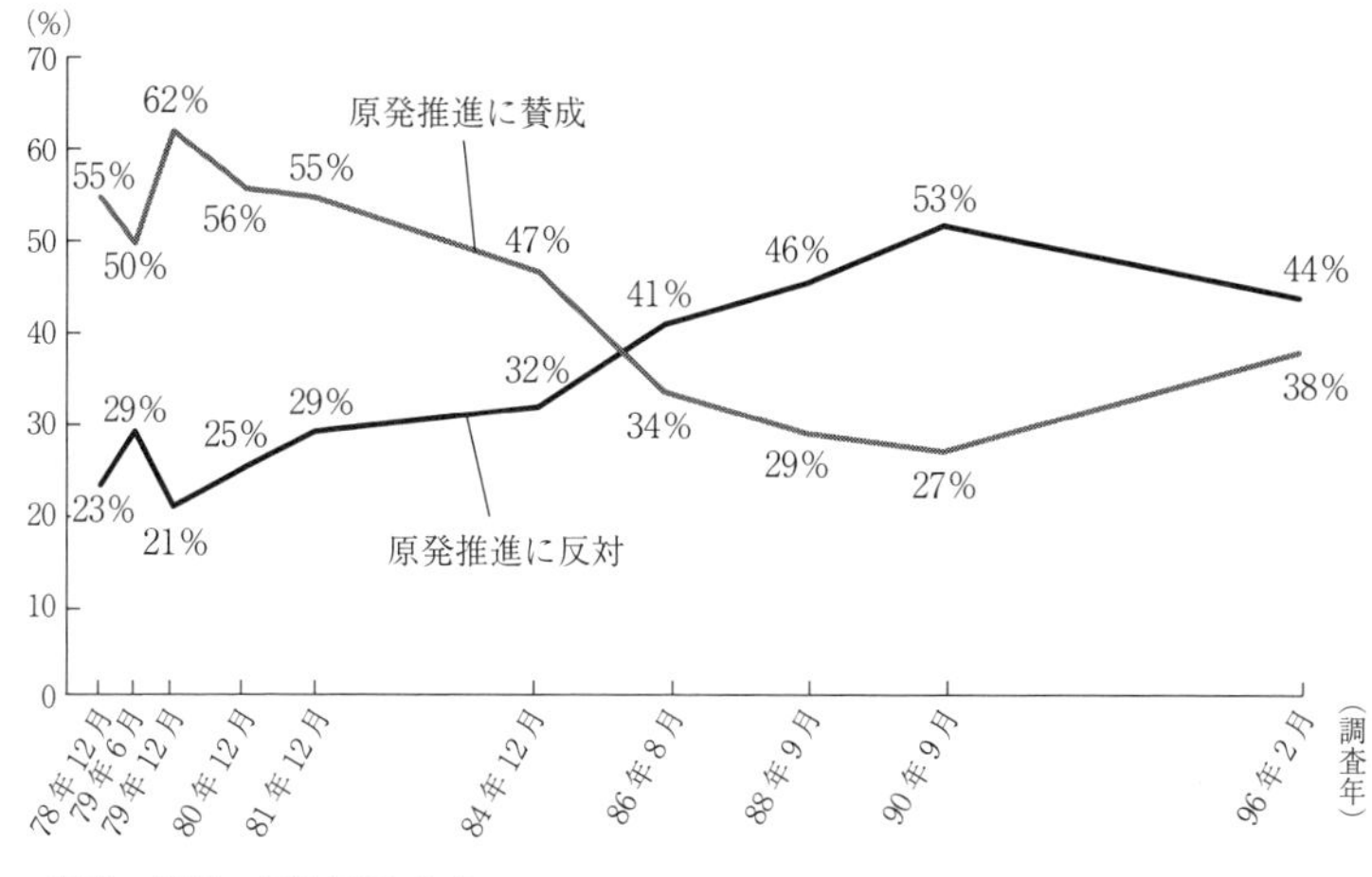

出所：柴田・友清 1999: 2-3.

図 4-1　原発推進に関する世論調査の回答推移(朝日新聞社)

た一九八八年、原発反対の運動に広範な人びとの参加が見られるようになった。脱原発運動は、確かな成果を残した。マスメディアが原発問題を批判的に報道するようになったのである。メディア報道を追い風にして、都市部では地域で原発に関する学習会、読書会、集会が開かれ、人びとが原発問題に関心を持つようになった。

世論調査でも原発推進を支持する者は、はっきりとした減少傾向を示していた。『朝日新聞』の調査によれば、「これからのエネルギーとして原子力発電を推進することに賛成ですか、反対ですか」という質問に対して、一九八四年一二月時点では四七%対三二%で賛成の方が多かったが、チェルノブイリ原発事故後の一九八六年八月には三四%対四一%と逆転し、その後も、一九八八年九月には二九%対四六%、一九九〇年九月には二七%対五三%と、反対者は増える一方であった(図4-1)。『時事通信』による同様の世論調査でも、一九八六―八九年にかけて賛成と反対の数値が逆転する現象が起きている。「原子力発電所の建設を進めるべきだと思いますか」という質問に対し、一九八九年五月の調査では四九・二％が「進めるべきではない」と答え、「進めるべき」と答えた人の割合一八・五％を大幅に上回っている（柴田・友清一九九九：一二三）。

もう一つ、運動の成果と言えるのは、新規原発の建設をストップさせたことである。もっとも象徴的なのは、和歌山県の日置川原発の事例である。一九七六年二月に町議会が関西電力に町有地を売却することを決定したものの、日置漁業組合を中心とする反対の声も強く、町議会の対立も激しかった。だが、一九八四年七月の町長選で原発誘致に積極的な宮本貞吉が勝利し、受け入れに向けて動き出す。一九八六年二月に原発誘致を柱にした長期基本構想を議決し、チェルノブイリ原発事故後も、受け入れの手続きは進み、一二月には日置漁協が「原発反対決議」を白紙撤回する（原編二〇一二：七二）。この時点では、原発立地は時間の問題と見られていた。

しかし、一九八八年七月三日の町長選挙で、宮本は、三倉重夫に敗れる。三倉は、自民党日置川支部の幹事長を経験するなど、保守派の重鎮と見られていたが、反原発を表明し、原発反対派の支援を受けていた（原編二〇一二：一〇六）。三倉は、一九九二年六月二八日の町長選挙でも勝利し、原発誘致は白紙に戻った。一九八八年の町長選で敗北した宮本陣営は、反原発の「外部からの圧力」、「反対屋さん」の参入が敗因であると語っている（原編二〇一二：一一一）。地元の抗議者たちの力もさることながら、宮本陣営のコメントにもあるように、都市部からやって来たアクティヴィストたちの支援、さらには反原発の世論が、方針転換を後押ししたのだ。

新規原発の立地をストップさせたのは、日置川原発だけではない。一九八八年の前後に限定してみても、一九九〇年九月には、和歌山県の日高町で原発反対派の町長が誕生し（寺井二〇一二：九〇）、一九八八年一月には、高知県の窪川町で町長が原発立地調査の凍結を表明する（猪瀬二〇一五：六四）など、脱原発運動の余波は、現地の反対運動と連携しながら、新規立地を妨げていった。

年度	1966	70	74	78	82	86	90	94	98	2002	06	10
基数（基）	1	2	6	14	25	34	40	47	52	52	54	53

出所：原子力資料情報室編 2014: 85 をもとに筆者作成.

図 4-2　年度末の原発基数

脱原発法制定運動の挫折

それにもかかわらず、すでに建設され、稼働している全国三〇基以上の原発はそのままであり、その多くは変わらず稼働して電気をつくり出していた。**図4－2**が示しているように、原発の基数は、チェルノブイリ原発事故後の脱原発運動が出現した後も、変わらず増加し続けている。新規の原発施設の建設には、漁業権や土地の所有権の交渉をめぐって紛糾することが多かったが、すでに権利の交渉が終了している既存の原発施設では、反対の声は弱くなっており、そこに原子炉の増設が行われた。こうした状況にあって、原発を止めるには国会議員に圧力をかけることが不可欠と考える人びとが様々な動きを見せた。

議会政治を目指す潮流の一つは、第3章で触れた脱原発法制定運動である。制定運動は、一九八八年四月の日比谷集会で提案され、その後、一〇月二三日の集会で正式に呼びかけられた。資料情報室が中心になって、「脱原発法全国ネットワーク」を組織し、高木仁三郎をはじめとする脱原発知識人の多くがそこに参加した。その目標は、新規の原発建設計画をストップさせ、すでに稼働している原発の廃炉を法律で規定することにある。

運動の事務局を担った「脱原発法全国ネットワーク」は、集めた署名を請願書として衆参両院議長に提出し、主旨に賛同する議員に議員立法の形で国会に法案を提出させるというシナリオを描いていた(高田一九九〇：一六八―一六九)。国会に請願するには二〇人の紹介議員が必要であり、この紹介議員を揃えることにしても、その後、委員会での審議を進めることにしても、社会党の力なくして実現は難しかった。それゆえに、署名集めには、社会党に関係の深い大組織が鍵となる役割を果たしたが、それと同時に、生協など「ニューウェーブ」の基盤になった地域組織も関与していた。

一九八九年一月二二日から署名集めが始まり、一〇月に向けて一〇〇〇万筆が目標に設定された。一〇月末の第一次集約では、二四九万三〇〇〇筆、最終的には一九九〇年四月二七日、国会請願デモの時の集約で三〇五万八〇八三筆が集まった。「脱原発法全国ネットワーク」は、署名を集めた後、原子力政策に関する議論を国会で促し、署名の数で議員に圧力をかけ、議論を地方議会にまで広め、議会の枠を超えて人びとの間にまで議論を喚起するというステップを想定していた(脱原発法全国ネットワーク・法律プロジェクト編一九八九：八―九)。しかし、国会に脱原発の議論を拡大するというもくろみは、最初の一歩でつまずくことになる。衆議院の科学技術委員会が請願書に対応しなかったのだ。委員会では全会一致以外は採決しないが、その場は自民党の議員が多数を占めており、脱原発法は、採決にかけられることなく自動的に廃案になった(高田一九九〇：一六八)。

署名運動を組織する側には、電力会社も、経済性や後始末の問題から原発に負担を感じていることから、原発に固執はしないだろうという現状認識もあった(脱原発法全国ネットワーク・法律プロジェクト編一九八九：三)。現時点から見れば、見通しを誤ったと言わざるを得ない。先の見通しがはっきりしないにもかかわらず、アクティヴィストたちを制定運動に走らせたのは、脱原発の世論の追い風を感じていたからである。それだけ高松行動以降の脱原発運動のインパクトは、アクティヴィストたちにとっても、強烈であったのである。

政策提言活動としての脱原発法制定運動は、次の三つの弱さを抱えていた。第一に、資源の不足である。署名集めは、地域組織のネットワークを使い、コストをかけずに実行可能だったとしても、脱原発法を宣伝して広めていくには、事務局員、広報、政策顧問などの人材が必要である。これらのほとんどがボランティアでなされていた。事務局に関して言えば、専従スタッフわずか一名で切り盛りするという状況であった(伴英幸さんインタビュー)。国民的な議論を喚起して、与野党の政治家を動かさなくてはいけないキャンペーンであるにもかかわらず、人材や資金などの資源が不足しており、必然的に行動の範囲に限界が生まれてしまった。

第二に、技術の不足である。運動が盛り上がる一方で、国会議員の多数は、原発についてよくわからないか、漠然とした理由でそれを支持しているというのが現状であった。したがって、彼らに原発問題について講義して、脱原発の道を選択するのが合理的であると説得する必要があった。だが、そうしたロビー活動のノウハウは、制定運動の中に存在しなかった。また、後に慣例になっていく衆参両院の議員会館で院内集会を開くという方法もまだなかった(伴英幸さんインタビュー)。関心のある議員以外に働きかけるということもほとんどなく、その結果として制定運動の担い手の問題意識が議員全体に広がっていくということもなかった。

第三に、戦略の不足である。請願を通して国会を動かすには、綿密な政治戦略を要するが、脱原発法制定運動は、国会内に関しては社会党頼み、あわよくば公明党も動いてくれるというくらいの見通ししか持っていなかった。圧倒的多数を占める自民党議員にアプローチする戦略も、明確ではなかった。脱原発法制定運動の当事者であった西尾漠がいうように、署名運動を組織した側の「判断の甘さ」を問われるものであった(西尾二〇一一:六七)。このように、そもそも制定に至るまでの道筋をはっきりと描くことができないまま、署名に入ったのである。

資源、技術、戦略の不足は、密接に関連しており、根本的には、第1章で論じた日本のアドボカシー組織を取り巻く環境の厳しさに起因する。脱原発法制定運動は、当初、法律の制定を目指していたが、しばらくするとそれが困難であることがわかり、目標が署名集めを通しての世論形成にシフトしていった。それでは、あえて法律制定をターゲットにした意味が薄れるし、通常の運動と変わらなくなってしまう。脱原発法の制定に至らなかったとしても、原発推進派の政党(自民党や民社党)内部や支持母体に楔を打ち込み、対立軸を流動化させることができれば、運動の成果としては十分であったかもしれないが、それさえもかなわなかった。

国政選挙に挑戦する

議会政治を目指すもう一つの流れは、地方議会に脱原発派の議員を当選させる運動である。たとえば、神奈川県相模原市で署名活動を行い、食品の放射能測定体制の整備などを求めたグループ（第2章参照）は、市の図書館に原発問題に関する図書を入れること以外のほとんどの項目を実現させることができなかった（外川洋子さんインタビュー）。これを受けて、地域の運動の担い手から、脱原発には議会政治を変えなくてはならないと考える者が出てきて、一九九一年には市議会に生活クラブの組合員の代表（「代理人」という）を当選させることに成功した。地域の脱原発運動を基盤にした自治体議員の誕生は、相模原に限られたことではなく、一九九〇年代に各地で見られた。だが、原発が国の政策に関わるものである以上、脱原発を確かなものにするために、地方政治にとどまるわけにはいかず、国政に風穴を開ける動きが出てくるというのは自然な流れであった。

吉岡斉や本田宏が指摘しているように、日本では、脱原発運動に対する政治制度の開放度は、極めて限定されていた（吉岡一九九九a、本田二〇〇五）。官僚制を見ると、原発の研究開発を管轄する科学技術庁と商業利用を管轄する通産省の両者は、縄張り争いこそするが、原発推進という基本的な方針に関しては共有していた。第1章で指摘したように、司法に関しても、一九七〇年代後半以降、日本の裁判所は政治的争点に関する判断を避ける傾向があったため、原発を止めるという点では有効性が低かった。行政と裁判所を通しての脱原発が行き詰まる中で、突破口は国会に見出されたのである。

一九八八年の運動の盛り上がりを受けて、もっとも間近に予定されていた一九八九年夏の参院選に、脱原発を打ち出した選挙をもくろむグループが出てきた。「原発いらない人びと」は、そのグループの中の一つである。

ここで、一九八八―八九年頃の日本政治の状況を整理してみよう。この時期、一九五五年以来、長く政権につき、原発を推進してきた自由民主党は、有権者からの支持を失いつつあった。この危機の直接の原因は、自民党の有力政治家や官僚への贈賄が問題になったリクルート事件にある。一九八八年六―七月頃からメディアで報道され、関係者が逮捕されたり、大臣が辞任したりする事態に至り、自民党に対する有権者の不信が高まった。さらに当時の竹下登首相は、野党の反対を押し切り、消費税導入を含む税制改革法案を可決させたが、これも自民党に対する支持の減少を推し進めた。このような状況において、各紙の調査による竹下内閣の支持率はひと桁台にまで落ち込み、一九八九年六月に竹下登首相は辞職した。竹下の後任の宇野宗佑首相は、就任後すぐ週刊誌で女性との関係が報じられ、有権者の自民党に対する不信感はピークに達した。

有権者の自民党離れは明らかであり、それは事前の選挙予測にも表れていた。いらない人びとは、自民党の危機の中で、反原発を政治問題にするために参院選に挑戦したのである。

「原発いらない人びと」の結成

東京都小平市に在住していた荒井潤は、学生運動の波が収まった一九七〇年代前半に大学生活を送った。卒業後、東京大学の大学院に入学し、国際法を研究するも、一九八四年三月に博士課程を中退した。大学院に在学中から政治的な小説や音楽を自作する活動を続けていて、一九八三年、ロッキード事件で逮捕、起訴され、被告になった田中角栄の一審判決に際して、田中邸の前で田中を揶揄する歌でゲリラライブを実行したりもした。チェルノブイリ原発事故の後には、創作の主たるテーマを原発や放射能汚染に移した。

一九八八年一―二月にかけて、伊方原発の出力調整実験に対する四国電力への抗議行動が繰り広げられたが、荒井はこの行動に感銘を受け、その年の夏頃から「脱原発政党」で参院選に挑戦するという計画を友人と議論していた（荒井潤さんインタビュー）。翌一九八九年一月一五日、彼は、信州大学の学生と二人で全国キャラバンに出発し、各地の原発に反対する人びとに、脱原発政党のキャンペーンに加わるよう依頼して回った。合計五二泊の旅では、静岡、名古屋、豊橋に始まり、大阪、京都、福岡、札幌などの大都市だけでなく、三重県度会郡南島町、福島、女川、八戸といった原発周辺の町にも足を運んだ（荒井一九八九：三八）。脱原発政党のアイディアは好意的に受けとめられ、別ルートで回っていた愛知県豊橋市在住の小木曽茂子も途中合流した。

小木曽は、地元で自然食レストランの「かきの木屋」を経営していた。彼女は、もともと旅行者の宿泊所を営んでいたが、あるバックパッカーが見せてくれた奈良の野草社の『もうひとつの日本地図』（第3章参照）に関心を持ち、各地の「オルタナティブ」な店巡りをして、それをきっかけに宿泊所を自然食レストランに変えている。このレストランでは、環境問題や教育問題などを考える「かきの木大学」を開いており、一九八七年一二月頃から原発問題を取り上げるようになった。伊方原発の出力調整実験の抗議行動に参加したり、作家の広瀬隆を呼んで原発に関する講演会を企画したりする中で、「反原発ネットワーク豊橋」を発足させている。地域の人びとと一緒に中部電力、静岡県庁、通産省へ交渉に出向いたが、門前払いされるのがほとんどという経験から、小木曽は、自分たちの意思を政治に伝える枠組みが必要であると感じた（『朝日新聞』一九八九年五月五日二〇面）。彼女は、独自に脱原発選挙のアイディアを練っていたが、荒井と出会うことで、そのアイディアを実現に向けて動かしていったのだ。

一九八九年三月四―五日、「脱原発で参院選を・第一回全国連絡会」が豊橋で開催され、一七都道府県から八九人が参加した。その後、小木曽や荒井たちは、全国キャラバンに出て、賛同者と資金集めに尽力した。四月一五―一六日には、静岡の熱海で第二回の全国連絡会が開かれ、一八都道府県から一〇三人が集まった（荒井一九八九：三五）。五月一三―一四日、東京で開かれた三回目の会議で選挙の候補者を決定すると同時に、小木曽と荒井が共同代表に就任し、全国事務局が東京に設置され、選挙の組織体制が整備された。

「原発いらない人びと政策プロジェクト討議資料」の宣伝用チラシは、次の言葉で始まっている。「チェルノブイリ原発事故で、私たちは、暮しが、いつも大事故による破滅と背中合せにあることを知りました。エネルギーと資源の浪費を際限なくすすめる〝豊かな暮し〟の裏側では、私たちの未来を危うくする放射性廃棄物が絶えまなくつくり出されています。……今こそ、暮しと政治を見直し、脱原発社会への扉を開きましょう。脱原発社会は、私たち自身の自己変革なしには、やってこないでしょう。使いすて文明と、はてしなき競争が、私たち自身の体と心をもむしばんでいることを自覚し、自分が人間らしく生きることが、他人をも人間らしく生かすことになるような、そんな社会をめざしましょう」。ここには、第3章で確認した脱原発運動のフレームの特徴を見て取れる。原発事故という終末の接近を強調し、都市住民の当事者意識を喚起し、原発を支える文明、さらには一人ひとりの暮らしの変革を求めている。

このチラシには、「脱原発」を目指すという基本理念が記されている。その後に政策として、原発の新設・増設計画の中止、稼働中の原発の中止、核燃サイクルの禁止、放射性廃棄物の責任を発生者に引き受けさせる、被ばく労働者の保護、国のエネルギー政策の見直しといった項目が並ぶ。ここにおける選挙の目的は、大きく二つに分けることができる。一つは、政治的なねらいである。それは、脱原発の候補者を当選させて議会に進出し、メディアに影響を及ぼして脱原発の世論形成を促すことを目指す。

荒井は、いらない人びとの発足の背景を次のように述べている。「原発はいらない、とめたい、こわい、いやだ」と思っている人が過半数はいる。しかし、国民投票の制度がないので、国民規模で意思表示をする機会がない。参議院比例区の選挙では、投票用紙に個人名ではなく、政党の名前を書く。いらない人びとは、この反原発の過半数の人が投票所に行って「原発いらない」という「国民投票風な意思表示」をする機会を提供することをねらいとしている（荒井一九八九：三四）。彼は、通常の代表を選出するための選挙を、国民投票式の争点に対する賛否を問う選挙に読みかえている。

いらない人びとの選挙には、もう一つ、文化的なねらいも含まれている。そのねらいは、運動の中で新しい価値を創出し、あるべき人と人との関係性を体現することを意味する。いらない人びとにおいて、脱原発は、単に原発という個別課題を扱うだけでない。アクティヴィストが「これまで原発をつくり出して来た社会のあり方」を有権者に対して問題提起し、「誰もが人間らしく生きられるための「脱原発社会」への第一歩」へと彼らを誘うことを意味していた。彼女たちは、選挙を通して脱原発社会の生き方、暮らし方の体現を目指したのである。

第二節 「原発いらない人びと」の選挙

いらない人びとは、合計一〇人の候補者を擁立した。当時の参院選は、拘束名簿式の比例区と、都道府県ごとの選挙区に分かれていて、いらない人びととして、比例区に九人、選挙区に一人が立候補した。候補者のリストを見てみると、年齢は荒井と小木曽の同年代である、当時の三〇代が多い。職業は主婦、言語療法士、大学職員、タイピスト、リサイクルショップ店員など様々であるが、地域で反原発や脱原発の運動に関わってきたというのが共通点である。比例区の候補者名簿四位の阿部宗悦は、宮城県の女川原発の反対運動で長く中心的な役割を務めてきた人物として知られていた。候補者の中には子育て中の親が多く、作家、役者、音楽家といったアーティスト的な仕事に携わる者も多かった。

名簿七位の柴田由香利は、神戸在住で元中学校の音楽教師である。チェルノブイリ原発事故後に原発問題への関心を深め、手作り通信をつくって保育園や職場で配布したりしていた(『Hit Bit』一九八九年六月一六日号：一)。「柴田由香利を支える女たち　ほっとかれんと駆けつけた男たち　先生がんばれ！　教え子たちの会」のチラシによれば、柴田は、一九八八年頃、甘蔗珠恵子『まだ、まにあうのなら』を二〇〇冊買いこみ、保育園の母親仲間と回し読みをしたりした。一九八九年に入ると受験体制に疑問を感じ、学校を退職する。庭で畑づくりを始める一方、地域活動に勤しむ日々を過ごした後、「原発を作りだしていく社会」を問題にするために、いらない人びとから選挙に立候補。いらない人びとに割り当てられたＮＨＫの政見放送で、彼女は「私の子どもたちへ」(作詞・作曲、笠木透)の替え歌を披露している。「生きている鳥たちが　生きて飛びまわる空を　あなたに残しておいてやれるだろうか　母さんは」で始まる歌を通して、脱原発のメッセージを投げかけた。

いらない人びとの選挙キャンペーンは、全国を九つに分けた地域ごとに行われたが、以下では特に精力的なキャンペーンを行った東京と愛知のケースを取り上げて、いらない人びとの選挙がいかなるものであったかを見ていこう。

図 4-3 「原発いらない人びと」選挙ポスター

東京：木村結の選挙

選挙区で唯一候補者を出した東京では、木村結が選ばれた。木村は、大学卒業後、編集や画廊の企画の仕事をしていた。結婚して二人の子どもを出産して中野区に在住していた。生活クラブや大地を守る会などで卵や牛乳を共同購入する傍ら、江古田の自然環境を保護する活動にも関わっていた(木村結さんインタビュー)。チェルノブイリ原発事故後、木村は、脱原発運動に関わっていく。広瀬隆の本を読んで知識を深め、食品の放射能汚染を懸念した他の住民とともに放射能測定室の設置を求める署名活動をする(『朝日新聞』一九八九年四月二一日一五面)。食品の放射能測定の活動に関わる中で、彼女は、次第に原発を生み出している社会のあり方を問題にすることに関心が移っていった。しかし、東電や通産省、科学技術庁、農水省、建設省に行っても、まともに取り合ってもらえないという経験をする(木村(結)二〇一五：三四)。そこで彼女は、国策である原発をなくすには政治を動かさなくてはならないと考えるようになり、「原発いらない」と投票用紙に書ける選挙をする活動に関わっていった(木村結さんインタビュー)。

参院選の東京選挙区に独自の候補者を立てようとしてきた人びとは、一九八八年一一月頃から月二回ほどの例会を重ね、一九八九年二月二六日、グループ「脱原発選挙・東京ネットワーク」の旗揚げ集会を渋谷で開いた。三月二八日、グループ内で予備選挙を行い、前年に子どもを産んだばかりの木村が候補者に選ばれた。「脱原発選挙・東京ネットワーク」を改称した「木村結と脱原発を結ぶ会」は、四月一五―一六日の熱海会議に参加し、いらない人びととの合流を決め、選挙体制を整えた。

表 4-1　原発いらない人びとの候補者

氏名	出身地，職業
木村結	東京，主婦(東京選挙区から出馬)
渡辺春夫	静岡，大学職員
紋治呂	群馬，役者
木村京子	福岡，タイピスト
阿部宗悦	宮城，女川原発裁判原告
丸井恵美子	愛媛，言語療法士
奥村悦夫	愛媛，リサイクルショップ店員
柴田由香利	神戸，音楽家
今野敏	東京，作家
杉本皓子	愛知，主婦

出所：筆者作成.

東京選挙区のキャンペーンは、型破りなパフォーマンスを繰り広げた。七月五日の参院選の公示日には「汚染ゴジラ」と称したゴジラの着ぐるみが東電前に登場し、ギターを抱えて歌を披露し、タンバリンと手拍子が響き、木村はその横で小さな子どもを連れて演説し、マスコミの注目を集めた(『毎日新聞』一九八九年七月五日夕刊一四面)。「いかたのたたかい」の祝祭的な性格は、いらない人びとの選挙キャンペーンにも引き継がれている。

この東電前の演説で木村は、最大の電力消費地である東京が福島や下北半島に核燃基地を押しつけている、消費者として自分の足元を見直そうという発言をした(『毎日新聞』一九八九年七月五日夕刊一四面)。木村は、四月八―九日、放射性廃棄物の処理施設が建設される予定の六ヶ所村を訪問し、尾駮沼の舟だまり隣接地に一万一千人を集めて開かれた反核燃行動に参加し、その時の写真を彼女の選挙チラシの扉に使っている(『木村結と脱原発を結ぶ会ニュース』一九八九年四月二二日：二)。このように、木村の選挙では、しわ寄せを受ける原発現地を鏡にして東京と日本の未来を考え直そうという主張の構成がとられた。

愛知：杉本皓子の選挙

いらない人びとの活動がもっとも盛んな地域の一つであった愛知は、杉本皓子を比例区の候補者に選んだ。杉本は、大学を卒業後、保育園に就職した後、出産して主婦になる。名古屋生活クラブや日本消費者連盟の会員ではあったが、社会的な活動に関わる機会を見出せないまま日々を送っていた。そんな時、一九八〇年秋、名古屋で開かれた集会でフィリピンのバナナ園の労働者の話を聞いて、フィリピンバナナをめぐる人権問題や環境問題に関心を深めていく。地域の人たちとバナナ問題に関するグループ「フィリピン情報センター・ナゴヤ」をつくって現地を訪問し、日本に戻ってバナナ生産の現状を伝える活動を行った。

チェルノブイリ原発事故後、フィリピンの問題だけに取り組んで、目の前の原発問題を放置しておいてよいのかという思いを抱くようになる。それ以前にも、名古屋ＹＷＣＡの会館で敦賀原発に関する講演を聞いたことがあった。敦賀の町が原発労働者向けの飲み屋街に変わったという話を聞き、原発の影響力の大きさに驚き、その後、家族で現地を見学した。名古屋には、「きのこの会」[34]という反原発グループがあって、一九七九年のアメリカにおけるスリーマイル島の原発事故後には活動を開始していた。このグループが発信する情報に学びながら、杉本は、原発問題に対する理解を深めていった（杉本皓子さんインタビュー）。

一九八八年一一月頃から、豊橋在住の小木曽に誘われ、一九八九年夏の参院選に関わっていく。小木曽とは、一九八六年、ばななぼうとに家族で乗船した際に知り合っていた。当初は選挙キャンペーンを支援するつもりで関わりだしたが、周囲から候補者に推薦され、悩みながらも引き受けることにした（杉本皓子さんインタビュー）。

一九八九年六月二九日、中部電力の株主総会の日に名古屋市内の中電本社前で浜岡原発一号機の廃炉を訴え、七月五日の公示日も中電本社前から演説をスタートした。このように電力会社との対決姿勢を鮮明にする一方、選挙期間中の七月七日には、原発建設で揺れる三重県度会郡南島町に入り、選挙の街宣車が訪れることのなかった過疎の町で演説をして、原発現地と連帯する姿勢を示した（『原発いらない人びと・あいち』一九八九年七月一〇日号：四）。また、六月三日の結成集会では、きのこの会の河田昌東（まさはる）に講演を依頼するなど（『原発いらない人びと・あいち』一九八九年七月一〇日号：一）、地域の様々な反原発グループと連携しながら、脱原発選挙の候補者であることを強くアピールした。

杉本の選挙チラシによれば、バナナ問題と原発問題は、同じ構造に起因している。フィリピンのバナナ労働者の低賃金や農薬による健康被害は、ウラン採掘労働者や原発下請け労働者の放射性被ばくと同じく、人権の軽視を象徴している。彼女は、「犠牲を強いながら運転される原発」と「そこから生み出される電気を湯水のように使う甘いくらし」からの決別を訴える。以上のように、杉本の選挙キャンペーンでは、彼女の経歴を生かしてバナナ問題を導きの糸にして原発問題を語り、地球上のすべての生命と「共に生きる」ために、「原発いらない社会」の実現が必要であると主張した。

もう一点付記しておけば、杉本の選挙キャンペーンでは、新旧世代の反原発グループが合流した。選挙チラシには、共同購入や食の安全のグループなどに所属し、「オルタナティブ」の地域活動に取り組んできた人びとの名前が推薦者として並んでいる。チェルノブイリ原発事故後、原発問題に積極的に取り組みだした女性中心のグループが、きのこの会のような老舗のグループと連携して、地元の選挙キャンペーンの中心を担った。

第三節　脱原発政党と日本社会党

一九八九年参議院選挙でいらない人びとは、比例区で一六万一五二三票を集めたが、議席を獲得するには至らなかった。東京選挙区でも、木村候補の最終得票数は三万四七七三票の七位で、これもまた議席獲得には至らなかった。多数の票を獲得して議員を国会に送り込むという通常の選挙の観点からすれば、結果は「敗北」と言える。何が「敗北」の原因であったのだろうか。社会運動から議会政

表4-2 1988年7月27日時点の国会議員数

	衆議院	参議院
自民	300	144
社会	86	42
公明	56	23
民社	29	12
共産	27	17
諸派	0	10
無所属	6	4
合計	504	252

注：諸派は，新政クラブ，第二院クラブ，サラリーマン新党など．衆議院の定数は512だが，8人死亡で欠員．
出所：『DAYS JAPAN』1988年9月号：64.

治に代表を送り出すといういらない人びとの試みは、社会党との関係、選挙活動と「予示的政治」との齟齬、脱原発政党の分裂という三つの困難に直面した。第三―五の各節では、この困難について論じていく。

非自民連合政権の模索

一つ目の困難は、革新政党、特に日本社会党と票を競合したことである。一九八〇年代後半、社会党は、単独で自民党に対抗できるほどの勢力はなかったが、依然として自民党に代わる政治連合の要としての存在感を保持していた(**表4-2**)。一九五五年に党が発足した後、自民党は与党として安定した支持を獲得しており、一九五八年の衆院選では、全有権者の中でどれだけ票を得たかを示す絶対得票率が四五%を超えていた。一九六〇年代の高度経済成長の時代、野党第一党の社会党の二倍近くの得票率を維持し続けるが、衆院選の絶対得票率は四〇%を切るまでに下がり、一九七〇年代に入ると三〇%を割る寸前まで落ち込んだ(石川一九九五：二二九)。

一九七六年の衆院選で自民党の議席数は、公認候補だけでは過半数に届かない二四九であった。議席減の原因となったのが、ロッキード事件である。同年二月、アメリカの巨大軍事企業であるロッキード社が、田中角栄元首相をはじめとする自民党大物政治家と財界人に多額の違法の献金をしたことが明るみに出された。この一大政治スキャンダルによって、有権者の間には自民党政治に対する不信感が広がった。この選挙では、社会、公明、民社が議席数を伸ばし、与野党伯仲状況が生まれた（石川一九九五：一三八）。衆議院予算委員会を含む七つの常任委員会では野党の数が与党のそれを上回ることになり、野党側が結束すれば、予算修正も不可能ではなくなったのである（前田一九九五：一三八）。

すでに一九七二年の衆院選の後、共産、社会、公明、民社の各党が次から次へと「連合政権」の構想を提起していた（飯塚編一九七四：九）。安保や自衛隊の問題に言及しているかどうか、どの党を連合の相手として想定しているか（特に共産党を連合に含めるかどうかは、政党間における反共イデオロギーの強さのゆえに、衝突を引き起こしがちなイシューである）という違いはあるが、自民党単独ではない政権をつくり、高度経済成長が引き起こした国民生活に関わる問題に取り組むという点で、これらの構想は一致していた。当然、自民党も民社党や公明党との連立を視野に入れ、地方自治体の首長選挙では、共同で推薦することがすでに行われていたが、他方、非自民の連立の動きも、この時期には確かに存在していたのである。

非自民政権の構想の中心的存在は社会党であるが、その実現の鍵を握っていたのは公明党である。公明党は、一九五六年七月の参院選で初めて議員を出して以来、高度経済成長期にも都市住民を中心に支持を伸ばし、社会党に次ぐ野党第二党の座を民社党と争うまでになっていた。一九七三年九月の党大会では「中道革新連合政権構想」が採択され、自民党政権を打倒し、福祉を充実させ、社会的弱者の保護を目指すことが確認された（飯塚編一九七四：一六六―一七二）。その政権の構成は、社公民を大枠にして、新自由クラブ、社会民主連合と友好的な連携を強化するというものであった（前田一九九五：一六〇）。一九八〇年代にも革新連合政権の構想はしばしば浮上していて、リクルート事件と消費税で国民の間に自民党に対する不信感が高まる中、一九八九年四月七日には、社会、公明、民主、社民連の四党が連合政権を目指すことで一致する。五月四日には、「新しい政治をめざして」という政策に関する合意文書がまとめられた（本田二〇〇五：二三二）。

現在の自民党政権を支える公明党の姿からは想像し難いが、当時の公明党は、非自民政権構想の中心的な存在と見られていた。公明党は、一九七〇年代以降、日本政治の対立軸が流動化する中で台頭した。戦後から一九六〇年代までの主たる対立軸は、自民党という保守政党と、社会党、共産党の革新政党との間に存在していた。革新政党は中央政治では自民党に対して劣勢だったが、地方では自民党と伍するケースも出現し、革新自治体を生み出した。一九七〇—八〇年代、この対立軸に変化の兆しが見られた。経済団体や労働組合などの大組織を介して利害を集約し、選挙で票を獲得するというのが、保革の既成政党のやり方であったが、高度経済成長期に未組織の都市のミドルクラスが増大してくる。特定の政党支持を持たない無党派層が増え、彼らは自らの利害や主張が政治に反映されないことに不満を抱え、政治に背を向けることもしばしばであった。一九八九年参院選に候補者を擁立した多数のミニ政党は、この未組織の無党派層をターゲットにしていた。

社会党と反原発

日本社会党の原発に対するスタンスは、脱原発政党に大きな影響を及ぼした。西欧や北米の工業国の革新政党は、経済成長の成果を配分するという方法で組織労働者の利益を獲得しようとしたため、

表4-3　主要政党の原発に対するスタンス

政党	原発に対する基本的な姿勢
自民	日本の原発は，今まで周辺に大きな被害を及ぼすような事故を起こしたことがない．原子力技術は今や世界のトップレベルにあり，十分に信頼できる．
社会	危険性があまりに大き過ぎる．人口過密で地震列島の日本では，いち早く脱原発をはかるべき．コ・ジェネレーション，燃料電池発電，太陽光発電等の開発に力を入れるべき．
公明	日本でも，チェルノブイリのような事故が絶対に起きないという保証はない．原発の安全性をよりいっそう厳しく追求し，エネルギーの適切な使い分け(ベストミックス)をしていくべき．
民社	安全性の確保の努力をしながら，原子力の平和利用を進めていくべき．地球規模の環境破壊を防止するには，当面，原子力を石油代替エネルギーの主柱にせざるを得ない．
共産	原発は未完成の技術であるので，安全優先の立場を徹底的に貫く必要がある．現状では，これ以上原発を増やすべきでないし，既存原発もすべてを総点検して，永久停止や出力低下などの緊急措置を取るべき．

出所：『DAYS JAPAN』1988年9月号：69をもとに筆者作成．

通常、工業化という社会的な目標を疑問視することはなかった(安藤二〇一〇：二二九―二三二)。大規模なエネルギーを創出する原子力発電は、さらなる経済成長を求める路線の要求で生まれたものであったので、工業国の革新政党が反原発を明示することはまれであった。たとえば、西ドイツの社会民主党は、チェルノブイリ原発事故前まで原発推進であったし(本田二〇一二：七一―七三、本田二〇一四b：一三四)、スウェーデンの社会民主党も同じであった(渡辺(博)二〇一四：一七六)。そのため、各国の反原発運動は、工業化政策を問い直す形で、既存の革新政党の外側から形成されるという経路をとることが多かったのだ。

しかし、日本の場合、歴史の長い革新政党である日本社会党が原発反対の姿勢を示していた(表4-3)。この姿勢を支えたのは、地区労と呼ばれる総評傘下の労働組合の地域ネットワークである。一九七〇年代、地区労のアクティヴィストたちが、原発現地を訪問して、原発に反対する農民や漁民たちと一緒に抗議行動をしていた。地域の労働組合の声に押されて、選挙で労働組合の強力な支援を受けていた社会党は、反原発の方針を定め、一九七二年一月二八日の党大会でその方針が採用される（本田二〇〇五：八七）。社会党は、反原発のアクティヴィストが中央政治にアクセスする時の媒介者としての役割を果たしていたのだ。以上のような経緯があったので、一九八九年の参院選に際しても、チェルノブイリ原発事故以前からのアクティヴィストの間では社会党に期待する声は依然として強かった。こうして、反原発運動の側は、社会党との関係を重視する選択をしたのに対し、「ニューウェーブ」の側は、「オールド」の象徴とされた社会党から自らを区別するという選択をしたのである。

たとえば、資料情報室の高木仁三郎は、いらない人びと共同代表の荒井に原発現地のアクティヴィストを紹介することはしていたが、選挙キャンペーンに直接参加することはなかった（荒井潤さんインタビュー）。第3章で言及したように、当時、資料情報室は、脱原発法の制定を目指す署名運動の最中にあった。署名活動は一九八九年一月二二日にスタートしていたが、国会に請願するには二〇人の紹介議員が必要であった。この紹介議員を揃えることにしても、その後、委員会での審議を進めることにしても、社会党の力なくしては実現不可能であり、社会党以外の政党の支持をはっきりと表明するのは難しい状況にあった。

揺れる社会党

一九八九年当時、その前年から盛り上がっていた脱原発運動の波を受けて、今後、原発をどうしていくのかに関して、与野党ともに揺れ動いていた。公明党は、支持母体である創価学会の青年部や婦人部の中で脱原発を主張するグループが出ており、その声に押されていた（Ｋぷろじぇくと一九八九：一〇四）。創価学会婦人平和委員会は、一九八七年九月、茨城県つくば市で講演会を開いたが、チェルノブイリ原発事故の調査をしていた綿貫礼子を講師に招いている。綿貫は事故で厳しい汚染を受けたフィンランド、ポーランド、オーストリアの訪問体験を学会員の前で語った（創価学会婦人平和委員会編一九八九）。与党の自民党内部でさえも、約一割の四〇人くらいが「隠れ反原発」であると言われ、彼らは秘書同士で勉強会をして古参議員たちから批判されたりもしていた（Ｋぷろじぇくと一九八九：一一二）。

実際、『DAYS JAPAN』の国会議員に対するアンケート調査を見ても、自民党議員は、概ね党の方針に即して回答しているが、自由記述には、それに留保を付ける者も目立つ。戸塚進也衆議院議員は、原発が必ずしもベストのエネルギー対策ではないとした上で、コストの安い発電を開発すべきであると記述している。また、小杉隆衆議院議員も、万一の事故があれば「人類を簡単に破滅に追いやる危険を内包して」いるので、「現状以上に危険を増やすことには反対」と記述している（「原発は是か非か？　国会議員全七五六人に緊急アンケート」『DAYS JAPAN』一九八八年九月号：六九）。このような自民党の政治家個人の見解を見てみても、原発が安全性やコストの面でも問題含みの電源であるという認識は共有されている。原発問題が与野党再編にまで結びつかなくても、現存の政治的亀裂を横断する争点となる可能性は、確かに存在していたのだ。

党の方針として原発依存からの脱却を打ち出していたにもかかわらず、社会党内部には異論が存在していた。一九八三年、石橋政嗣が委員長に就任、「ニュー社会党」というコピーを打ち出して、反対する野党から政権を担える現実政党を目指すとした。こうした方針のもと、一九八五年一月の党大会では、方針転換の提案が出される。計画中の原発は凍結、建設中のものは中止という方針は変わらなかったものの、稼働中のものは安全性の追求を前提に運転の継続を容認するとしたのである。それ以前は、運転を一時停止、安全性が確認されない限りは再開を認めないという方針であったので、大きな転換であった。この提案は代議員の反発を招き、結局、それ以前の方針がそのまま残されることになる(林一九八五:一九九)。社会党の中にも原発容認派がいて、堀昌雄や武藤山治ら一一人の国会議員を中心に「エネルギー政策を考える会」という党内グループをつくっており、彼らの存在は党の方針のブレをつくり出す要因の一つであった(朝日新聞社原発問題取材班一九八七:一四四)。こうした党内の揺らぎは、脱原発運動の中で社会党に対する不信感を増幅させた。

さらに、労働戦線の再編は、社会党の反原発の立場を揺るがすことにつながりかねなかった。一九八九年、社会党の支援組織である総評を含む形で連合(日本労働組合総連合会)が結成されている。連合は、電力会社の労働組合である電力総連(全国電力関連産業労働組合総連合)を傘下に抱えた。電力総連は、原発を稼働させることが電力会社の収支を支えるという理由から、原発推進を明言してきた(鈴木(し)一九八四)。党員からなる独自の組織基盤が脆弱な社会党が、自民党に次ぐ野党第一党の地位を確保できたのは、労働組合からの支持によるところが大きい(新川一九九九:七六―七七)。労働戦線の再編は政党支持の流動化につながることが予想され、社会党がもし反原発の姿勢を鮮明にした場合、労働組合からの支持を得られなくなる恐れがあった。このことも、社会党の原発政策を揺るがす圧力になっていたのである。

脱原発運動の選択

日本社会党は、反体制的抵抗政党としての性格が強い。それは、社会党の中でもっとも影響力のある派閥の社会主義協会派が、マルクス・レーニン主義を基本理論にし、長くプロレタリア独裁を目標に掲げてきたことに起因する(新川一九九九：六五―六八)。同じ頃、西欧や北欧では、緑の党のような「ニュー・ポリティクス」[35]の政党が、工業化という戦後政治の合意を疑問視する反原発運動の支持を受けながら伸長している。それは、原発が経済成長を最優先させる社会の象徴と見なされたからである。これに対して日本社会党は、「ニュー・ポリティクス」の政党とは異なり戦後の工業化に対する根底的な批判を有していないにもかかわらず、反原発の立場を表明するという点で特徴的である。こうした社会党のユニークな性格が、脱原発政党が国政に進出するうえでの障壁になった。

ヨーロッパの「ニュー・ポリティクス」政党に関する研究の中で、ハーバート・キッチェルトは、運動が新しく政党をつくるのはコストがかかるので、既存の政党がその要求に応じない時に、初めて新党の結成に向かうと指摘している(Kitschelt 1988: 209)。日本の脱原発運動においては、社会党が反原発を明示していたため、コストのかかる新しい政党の結成ではなく、社会党の支援が主流の選択になった。これが運動の選挙に対する選択を分裂させてしまったのだ。

七月二三日の選挙は、社会党の大勝という結果に終わった。比例区は二〇議席、選挙区は二五議席を獲得した。自民党は比例区一五議席、選挙区二一議席という結果で、結党後初めて参院の過半数を失った。社会党は女性議員を多数擁立し、彼女たちが大量に当選した。事前の予想でミニ政党に向かうとされていた票は、結局、社会党が吸収したのである。選挙では、リクルート事件と消費税増税が政治的争点とされ、原発問題は争点化されるに至らなかった。

第四節　「予示的政治」の罠

政治的宣伝の場としての選挙

いらない人びとの参加者が直面した二つ目の困難は、選挙の目的に関わる。私が取材した当時の参加者の多くは、選挙の当落にはさしてこだわらなかったという振り返りをしている。木村は、パフォーマンスを交え、自らが楽しみながらの選挙キャンペーンを繰り広げたが、それがどう聴衆に受け止められるかについてはあまり考えなかったという(木村結さんインタビュー)。

第一節で選挙チラシを検討しながら、いらない人びとの選挙には二つのねらいがあったことを指摘した。一つ目は、政治的なねらいである。選挙で多数の票を獲得して脱原発議員を国会に送りこむことに加えて、原発という争点を政党政治の議題にすることも目指していた。ここで選挙は、世論を変えるための方法と見られている。これは、奇妙な選挙の使い方に見えるが、宗教団体が自分たちの信仰を広めるために政党を組織して選挙に出るという例に見られるように、決して珍しいものではない。

とりわけNHKで全国に配信される政見放送は、脱原発をアピールする貴重な場と見なされていた。テレビで脱原発をアピールできるというのは、大手メディアが原子力産業と緊密な関係を築いていることを鑑みれば、画期的なことであった。大手メディア各社の収入源の大半を占めるのは、自社の制作物や発行物ではなく、スポンサー企業からの広告出稿料であり、テレビ局の場合は七割、新聞社でも三割を広告収入に依存していた（本間二〇一三：四六）。電力会社は有力なスポンサーであり、メディア各社は電力会社から放送の内容に暗黙の圧力を受け、時には実際にクレームを受けることがあった。

もっとも露骨な介入の例は、ロックグループのRCサクセションの事件である。RCサクセションは、一九八八年六月二五日に発売予定の反核・反原発をテーマにした「ラヴ・ミー・テンダー」（A面）と「サマータイム・ブルース」（B面）のシングル、およびこの二つの曲を含む八月六日発売予定の「カバーズ」というアルバムが事前に発売中止に追い込まれた[36]。レコード会社は東芝EMIであり、原発産業大手の東芝が出資している企業であったため、反原発が問題にされたものと見られていた（『朝日新聞』一九八八年六月二三日三〇面）。このように、メディアが原発の推進に都合の悪い情報を流すのを制限されているのは、構造的な問題である。そこで、いらない人びとの参加者は、政党をつくって選挙に出れば、NHKの放送時間を使って、高らかに「原発いらない」と唱えることができると考えたのである。

選挙の中の「予示的政治」

いらない人びとの選挙のもう一つのねらいは、選挙の中に脱原発社会の生き方や暮らし方を体現することである。先に引用した「原発いらない人びと政策プロジェクト討議資料」では、「脱原発社会」が自分たち自身の「自己変革」なしには実現できないと訴え、「使いすて文明」と「はてしなき競争」

から脱し、「人間らしく生きる」ことを呼びかけている。ここに見られるように、いらない人びとの中では、政治制度内で原発を止めるという具体的な成果を勝ち取ることだけでなく、脱原発の暮らし方や生き方をつくり出すことにも力点が置かれていた。得票数を最大化し、議席を獲得し、さらには政権を握るというゴールのために合理的に振る舞うのが、通常の政党の行動原理であるならば(Downs 1957=1980: 26)、いらない人びとの行動は、こうした政党政治の常識からは大きく逸脱している。

だが、ゴールに至るまでのプロセスにも組織の理念を徹底させるというのは、社会運動の世界では珍しいことではない。アルベルト・メルッチは、一九七〇年代のイタリア・ミラノに出現した若者たちの占拠運動を対象にしながら、運動が「自己言及的」な性格を帯びるようになったという見方を示している(Melucci 1989=1997: 64)。メルッチによれば、「現代の運動」は、制度や政策を変えたり法律を通したりといった可視的な成果の獲得よりも、それがいかなる組織によって実現されるかに関心を持っている(Melucci 1989=1997: 83)。このように、メルッチが分析した文化的な運動の参加者たちは、運動のゴールのためにプロセスを犠牲にしない。社会運動研究では、人びとが共に行動する過程の中に未来のあるべき社会の姿を形づくることを「予示的政治(prefigurative politics)」と呼ぶ。いらない人びとは、議席の獲得という目標に至るまでのプロセスである選挙においても、慣習的なやり方や関係性を点検することで、そこに「予示的政治」を体現しようとした。

それでは、いらない人びとは、いかにして選挙の中に「予示的政治」を実現しようとしたのだろうか。日本での一般的な選挙のイメージでは、「地盤、看板、カバン」と言われるように、当選するには組織的支援、知名度、資金が不可欠とされてきた。特に与党であった自民党の場合、選挙本部や選挙事務所を運営するのに巨額の費用を費やし、これに加えて「組織費」、すなわち、各市町村の選挙組織を動かすのに必要な資金をかけるのが常である(Curtis 1971=2009: Ch. 8)。さらに、選挙には老練な政治家たちが裏で駆け引きをするというイメージがあり、自分たちの主張を真っ直ぐに訴えるという社会運動のあり方とはかけ離れている。これに対して、いらない人びとでは、既成の選挙を否定すると同時に、自分たちの手で異なる選挙をつくり出すことを提案した。そこでは、必要以上にお金をかけず、知名度に頼らず、一人ひとりが主役になれるような選挙キャンペーンを目指していた(山村一九八九:一九)。

選挙の中の「予示的政治」は、資金の集め方に表れていた。選挙キャンペーンには多額の資金が必要であるが、日本の選挙の場合は、立候補に際して高額な供託金を支払わなくてはならない。一九八九年当時の参院選では、選挙区一人二〇〇万円、比例代表区一人四〇〇万円を支払い、法定の得票数を獲得できない場合には没収されてしまう。いらない人びとでは、選挙資金集めに際しても、大口の支援者に依存するのではなく、小口の支援者を多数探すという方法がとられた。

もう一つ、選挙の中の「予示的政治」は、キャンペーンと家庭を切り離さないことにも表れている。プロフェッショナルな政治家の世界では、選挙は公式の場であり、たとえ女性が立候補したとしても、家庭のプライベートな事柄を持ち込まないというのが原則であった。これに対して、いらない人びとでは、選挙に女性が子どもを連れて参加することを歓迎しており、それが政党のアイデンティティになっているような側面もあった。先に触れたように、木村候補は小さな子どもを連れながら選挙キャンペーンを展開し、ボランティアが交代で子どもの面倒を見ていたことにもそれが表れている。選挙事務所には、おむつの変え方の紙が貼られていたという（木村結さんインタビュー）。

同じく子育て中の選挙だった杉本候補も、同様のことを語っている。彼女は、フィリピンの運動と比べると、日本の市民運動は、「社会人」として参加するという感じで、子どもを連れていくことが難しいと感じていた。しかし、いらない人びとでは、それが可能な雰囲気があったという（杉本皓子さんインタビュー）。

彼女たちの言葉に示されているように、いらない人びとでは、公的な事柄と私的な事柄との間の境界線を見直し、家庭の事柄を公的な場に持ち込むのを許容することで、家事や育児の責任を引き受け（させられ）ている女性にも関わることのできる選挙キャンペーンを目指した。それには、選挙の未来像の提示という意味合いがある。以上のように、アクティヴィストたちは、キャンペーンのプロセスにおいて「予示的政治」を実践したのである。

ゴールとプロセスの衝突

いらない人びとは、一九八九年の参院選を通して、原発に象徴される日本社会の支配的なあり方とは異なる価値や関係性を示すことに関しては、一定の成果を残したと言えるだろう。大きな組織の支援がないにもかかわらず、短期間で巨額の選挙資金を集め、大量のボランティアを動員して選挙キャンペーンを乗り切った。しかし、選挙の中に「予示的政治」を実現するという文化的なねらいは、票を獲得して議員を出すという政治的なねらいと両立させるのが困難であった。当時の参加者たちは、選挙キャンペーンを振り返り、効果的に宣伝するための組織づくりが十分ではなかったと言っている。その原因は準備時間のなさもあるが、問題はそれだけにとどまらない。

愛知の選挙キャンペーンで事務所の常駐スタッフとした関わった藤井克彦は、選挙後、次のような感想を書き記している。彼によれば、愛知の選挙でも、キャンペーンを初めて経験する人が多く、どうしてよいのかわからないが、全体を見渡す時間的余裕のある人はほとんどいなかった。ニュース、リーフレット、グッズなどの発送作業は労力を要するし、全国からいろいろな問い合わせも来る。そんな中、ボランティアのAさんは、仕事後に事務所に来ると、いつも何人分かの夕食をせっせと準備していた。藤井は、今は選挙という特別な状況なので、Aさんに夕食を外で注文して、代わりに選挙に関わる事務作業に集中してほしいと依頼したが、外食しない生活スタイルを目指しているからという理由で断られてしまった。藤井は、いらない人びとでは、「脱原発らしいやり方」を目指したが、それを選挙の中で実践するとはどういうことなのかはっきりしないまま、選挙が終わってしまったと述べている(藤井(克)一九九〇：二二)。

これは一見ささいなことのように思えるが、いらない人びとの抱えた(抱えざるを得なかった)問題をよく示すエピソードである。選挙キャンペーンにおいては、財政、政策、企画、宣伝、事務など、様々な日常的な業務が出てくる。短期間に役割分担をしながら効率的に業務をこなすことを避けられない。そのことは、「脱原発らしいやり方」に反する場合がある。確かにいらない人びとの選挙で脱原発の暮らし方を表現することは、「予示的政治」という観点から見れば価値がある。しかし、それが票の獲得につながらなければ、大きなコストをかけてあえて選挙に出るのはなぜか、「予示的政治」

ならば選挙よりも低コストの場でも実践できたのではないかという疑問が出てくる。

アメリカの社会運動と参加民主主義に関する研究の中で、フランチェスカ・ポレッタは、運動にはゴールに向かう傾向とプロセスに向かう傾向との間に衝突があるという(Polletta 2004: 214)。選挙は、パフォーマンスの舞台か、スポーツの競技場か。生き方の表現を争うのか、多数の獲得を争うのか。いらない人びとの選挙には、二つの性格が混じり合っていたが、最終的には後者の側面が失われていき、前者に徹する方向に流れていった。選挙という脱原発に向けてのプロセスの中に自治をつくり出すという民主主義的な実践は、票の効率的な獲得とのトレードオフによって成立したのである。

確かに、予示的政治を優先させることは、政治的効率性の低下につながりがちである。効率と文化のジレンマに直面して、前者を犠牲にする選択をしたとしても、社会運動ならば、参加者のエンパワーメントにつながることがあるので、必ずしも否定的に捉える必要はない。だが、選挙の場合、通常の運動よりも多くのエネルギーと資金をかけて準備するのは、議会に代表を送り込むという目的のためである。エンパワーメントの機会を得るのに代わってこの目的を犠牲にするにしては、選挙に取り組むことのコストは多大に過ぎる。運動として選挙に取り組むには、効率と文化のジレンマに身を置き、選挙の中の難しい選択に直面した時、たえずその間に着地点を見出すような態度が必要とされることを、いらない人びとの事例は教えてくれる。

第五節　直接民主主義のジレンマ

「一本化」の失敗

いらない人びとの選挙が直面した困難の三つ目は、脱原発政党の分裂である。一九八九年の参議院選挙には、いらない人びと以外にも、「ちきゅうクラブ」と「みどりといのちのネットワーク」(以下、「みどりといのち」と略記)の二つのグループが、脱原発を争点にして候補者を擁立した。ちきゅうクラブは、歌手の山本コウタローが中心になって組織したグループである。山本は、一九七〇年に「走れコウタロー」(作詞・作曲、池田謙吉・前田伸夫)という歌をヒットさせ、その後、芸能活動をしながら環境問題や平和問題の市民活動に関わってきた。みどりといのちは、当時急増していた有機農業や自然食に関わるグループが中心になって組織された。このグループは、第3章で言及した「ばななぼうと」の主催者と重なっていた。

三つの政党の主張が近いことを考えれば、脱原発政党を「一本化」できる可能性は少なからず存在したと言える。たとえば、その後、みどりといのちに合流していく「みどりのネットワーク」のチラシを見てみると、原発・核の廃絶を打ち出している。それ以外には、クリーン・エネルギーへの転換、自然環境の保護、直接民主主義、抑圧と差別なき社会をつくるといった目標が並んでいたが、これらの目標は、いらない人びとにおいても十分に共感を得られるものであった。

また、人的関係も重なっていた。たとえばいらない人びとの荒井潤は、山本コウタローや日本リサイクル運動市民の会の高見裕一とともに、一九八六年の参院選で市民主体の政党を立ち上げる試みに関わっていた。しかし一九八九年の参院選では、山本はちきゅうクラブ、高見はみどりといのちという形で、分かれての選挙となった。みどりといのちから静岡県の選挙区で立候補した色本幸代は、公示後の七月七日、小木曽と一緒に脱原発の討論会を開いていた(『いのち』一九八九年七月五日号：一)。

このように、主張も人的関係も近かったにもかかわらず、「一本化」の話し合いは、結局まとまらなかった。西欧や北欧の事例研究では、一九七〇年代以降、既存の革新政党が再編成されたり、緑の党が発足したりする中で、「ニュー・ポリティクス」の価値と争点が政党政治に組み込まれていったが、日本では環境運動や反原発運動の主流化は起きなかった(安藤二〇一三：五章)。一九八九年の参院選における「脱原発」を争点にした運動と政党の結集は、日本政治に「ニュー・ポリティクス」を広め、定着させる機会であったが、結局、それは実現しなかった。それでは、いったい何が三つの政党の合流を妨げたのだろうか。

「横並び」に対するこだわり

当時の参議院の比例代表選挙は、拘束名簿式で行われていた。有権者は政党に票を入れるが、政党の中で誰が当選するかは事前に提出された名簿に従うという形式である。いらない人びとでは、まず、全国を電力会社ごとに分け、それぞれ候補者を出し、その後、各地の代表間の順位を公開のくじ引きで決めるという方式をとった。

この抽選会は六月二六日に東京神田の総評会館内で行われ、参加者は大いに盛り上がったが、くじ引きには単なるイベント以上の意味が込められていた。くじ引きは、いらない人びとの中で「横並び」と呼ばれた、参加者の間の平等な関係を象徴するものであった。特に重視されたのが、地方と中央の「横並び」である。それは、原発が中央集権的な政治の象徴と見なされたからである。原発がつくり出すエネルギーをもっとも多く利用するのは都市の住民であるのに、そのエネルギーが残したゴミは、六ヶ所村のような地方に送られる。それだからこそ、いらない人びとの中で脱原発は、地方と中央との不平等な関係の是正を意味したのである。以上のように、大都市と原発現地、さらには男性と女性、候補者と支援者の「横並び」の政治という理念を表現する手段が、くじ引きであった。

しかしこの抽選制が「一本化」のネックになった。ちきゅうクラブは、山本コウタローの知名度を生かして、彼を名簿の一位にするよう要求したが、いらない人びとは全員平等の原則を貫き拒否した（荒井潤さんインタビュー）。比例区は全国規模なので、候補者の知名度が当落の鍵を握るため、他の政党では、有力な政治家や芸能人やスポーツ選手を名簿の上位にするケースが多かった。しかしいらない人びとにとっては、山本コウタローを名簿順位の一位にするという提案がたとえ当選の近道だったとしても、「横並び」の原則を譲るわけにはいかなかったのである。

それほどまで「横並び」にこだわったのは、いらない人びとの参加者の間に「自分たちの代表を選出する」という思いが強かったからである。たとえば荒井は、先に言及した一九八六年の参院選での市民主体の選挙キャンペーンで「平和の党」を組織し、宇都宮徳馬を候補者に擁立しようとした。宇都宮は、国際的な軍縮を推進する政治活動をすることで知られる、元国会議員である。しかしこの構想は、宇都宮が新自由クラブから出馬することになり挫折を余儀なくされた。この経験から、荒井は有名人の神輿を担ぐのではなく、自分たちの候補者を出したいという思いを抱くようになっていた（荒井潤さんインタビュー）。いらない人びとは、既存の議会制民主主義に対する疑問から生まれた政党なので、選挙に際しても自分たちの主張や価値をより正確に反映した代表を選びたいという要求が強い。この要求が、「一本化」という戦略的な選択をためらわせたのである。

　票を獲得するために短期間で集中的に行動する選挙では、戦略的な観点からトップダウンの決定を要する局面が出てくるが、いらない人びとでは、直接民主主義の志向が強かったので、この決定を下すことには困難を伴った。山本を名簿一位にする形で合流するには、抽選制という当初の取り決めを取り消すことになる。いらない人びとは、大政党に比べて資金の額やスタッフの数で劣るため、そのもっとも重要な政治的資源は、ボランティアの献身である。その献身のエネルギーは、参加者が運動に共感して主体的に関わることにあるがゆえに、リーダーは、参加者の共感を揺るがすような決定を恐れる。このように、直接民主主義が結集の理念であり、資源の不足からボランティアの力が不可欠であるという状況は、いらない人びとの戦略的な選択を制限したのである。

　選挙における候補者の決定のような戦略性を帯び（誰が「勝てる候補」であるかを判断しなくてはならないから）、そうであるがゆえに様々な思惑の交錯する議題には、全員参加で合意形成して候補者を選ぶというのは、国政選挙に出る政党においては難しい。その場合、後ほど説明責任を問われるにしても、リーダーたちに決定の裁量を委ねるのは、やむを得ない。彼らには、フォロワーに説得的な説明を提供することが求められる。時に直接民主主義の原則を崩す場合もあり得るが、そのことを政党の理念や価値に従ってメンバーを説得できなくては、内部の連帯が危うくなる。初期の合意は、リーダーとフォロワーとの間の定期的な会合で、再形成されなくてはならない。合意形成の積み重ねは、手間がかかることではあるが、効率と文化のジレンマに着地点を見出す上で不可欠の作業である。

シングルイシューか、オルタナティブか

他方、いらない人びととみどりといのちとの間の齟齬は、選挙の争点にあった。みどりといのちは、脱原発以外に、食の安全、一八歳選挙権、憲法九条といった争点も打ち出していて、それらの政策パッケージは「オルタナティブ」と呼ばれていた。これに対していらない人びととの参加者は、シングルイシューに限定することで合意していた。彼女たちは、脱原発が緊急の具体的課題であると同時に、日本社会のあり方を問うという、より大きなテーマにも接続できるものと考えていたからである。

シングルイシューに固執したのは、発足の経緯にも関わっている。いらない人びとにおいては「脱原発を争点に参議院選挙を」というシンプルさに魅かれ、「原発いらない」と投票用紙に書ける爽快感を求めて参加した人びとが多数であった。五月二四日の静岡会議では、みどりといのちの代表との間で「脱原発を中心に多様性を認めた共同政策を作る」方向に動いたものの、二八日のいらない人びとの代表者会議では合意が得られず、結局、二九日の東京での、合流の協議は物別れに終わる（おおえ・浜田・樵夫一九八九：二）。シングルイシューで広く人を集めた政党であるので、それをリーダーの交渉で変えることはできないという結論になり、みどりといのちとの交渉はうまくいかなかった。合流の見送りは、相互に不信感を残す結果をもたらした。緑の党的な幅広いオルタナティブ政策を提示していくのか、脱原発一本で行くのかという選択肢を突きつけられ、いらない人びとは、後者を選んだのである。

クリス・ルーツによれば、北西欧における緑の党のような「ニュー・ポリティクス」の政党は、反原発運動から誕生した。それは、反原発運動が一つの問題に焦点を絞って活動し、しかも原発施設の

建設反対行動のように短期間で集中的に行われることが多いので、様々な社会運動グループや政治組織にとっては行動に賛同するうえでのハードルが低かったためである(Rootes 1995: 237)。このように、反原発というシングルイシューは、異なる社会運動組織の間をつなげる際に、効果的なこともある。しかし、運動が政党化する時にはそれがネックになる場合もあることを「一本化」の失敗は示している。

政党として選挙に臨む際には、有権者が一つの争点だけに注目してある政党に票を入れるというのは、ごくまれなことである。その党の政策の全体像を見たり、党のイメージに左右されたり、候補者の人柄に注目したりするのがより一般的だからだ。それゆえに、政党は、脱原発だけでは有権者の支持を獲得できないので、より広範な政策パッケージを用意しなくてはならないが、それは、シングルイシューで集まった運動内部の関係に亀裂を生み出す可能性がある。「原発いらない人びと」は、呼びかけの経緯を大事にしながら、組織内で積み重ねられてきた合意を壊さないことを選択した。組織を拡大してより広い有権者からの支持の獲得を目指すよりも、組織内の手続きが優先されたのである。

比例区の候補であった杉本は、いらない人びとが原発問題にさして関心のない有権者には「少し遠い感じ」を抱かせたのではないかと語っている。原発現地の場合は原発が死活問題であるため票を獲得できたが、選挙で多数の票を獲得するには、政策を話せること、目下の課題を争点化させることが必要だったという(杉本皓子さんインタビュー)。シングルイシューは、他の問題に関する見解の違いをひとまず措いて、その一点について共同で行動するので、初期の段階では人が集まりやすい。一点集中でやれるので、参加者の凝集力につながる。問題は、次の段階である。その集まった中核的に動く人びとの外部に支持を広げ、さらに投票してもらうには、シングルイシューは壁になるということを、いらない人びとの事例は示している。

いらない人びとでは、自分たちが共感できるような選挙をつくろうというねらいから「共感選挙」という言葉が使われたが、この共感はどこまで届いたのだろうか。原発に対する不安感を持っているが、反原発を公言するまでには至らない人びとの、その不安をいらない人びとへの共感に変え、さらには一票を投じてもらうに至るほど、いらない人びとの選挙キャンペーンが効果的であったとは言い難い。

ただ、ここでもう一度強調しておきたいのは、いらない人びとの選挙キャンペーンの効果を限定的にした要因が民主主義の徹底にあったことである。自分たちの代表を自分たちで選びたいという自治の要求は、集票力のある有名人を候補者リストの最上位にすることを妨げた。また、「脱原発一本」という当初の合意の存在は、シングルイシュー政党をオルタナティブ政党に転換することを妨げた。いずれも、既存の民主主義政治のあり方に疑問を抱いた人びとが直接民主主義を原則にする選挙を忠実に実践しようと試み、その結果、政党の選択の幅を狭めてしまうという皮肉な状況が生じたのである。

以上のように、一九八九年の参院選に挑戦したいらない人びとは、民主主義の徹底が政治的効果を減じるという直接民主主義のジレンマに直面し、このジレンマをコントロールする方法を持たなかった。結局、七月二三日の選挙では、いらない人びとは一六万一五二三票、みどりといのちは一五万七三五票、ちきゅうクラブは三三万四八〇五票を獲得したものの、すべて議席獲得には至らなかった。

第5章

六ヶ所村女たちのキャンプの民主主義

脱原発運動は一定の盛り上がりを見せたものの、原子力政策を大きく変更するには至らなかった。それでも、国策を止めたいと願う人がいる。政治的な有力者にコネがあるわけでもなく、豊富な資金があるわけでもない。そんな人にどんな手段があるのだろうか。彼女に残された数少ない手段の一つが、電力会社や政府に向けて直接抗議することである。

本章は、一九九一年九—一〇月にかけて青森県上北郡六ヶ所村で行われた「六ヶ所村女たちのキャンプ」(以下、「女たちのキャンプ」と略記)について考察する。それは、核燃サイクル計画という一大国家プロジェクトに対する直接行動である。直接行動という言葉の前には「非暴力」が付く。女たちのキャンプの参加者たちは、非暴力的なやり方にこだわったからだ。

女たちのキャンプには、自らの身体を使って計画に抗議すること以外に、民主主義の実験室という側面があった。アクティヴィストたちは約一カ月に及ぶ村内でのキャンプの間に様々な活動をしたが、本節では、それらの活動に描かれている、すべての人びとに開かれた民主主義の未来像に光をあてる。

全体は、四つの節から構成される。第一節では、一九九一年九月に六ヶ所村の工場にウランが搬入されるまでの経緯を一九七〇年代のむつ小川原開発から、特に一九八〇年代後半以降の核燃サイクル計画に対する推進側と反対側の攻防に注目しながら整理する。第二節でキャンプが女性限定で行われたことの意味を考察した後、第三節と第四節では、友情、傾聴、ケアといったキーワードをもとに、彼女たちがいかなる民主主義を目指したのかを読み解いていく。

第一節　核燃サイクル計画をめぐる攻防

核燃問題と村の分裂

六ヶ所村は、国の大規模開発計画に振り回されてきた。一九八〇年代後半に核燃サイクル計画が実行される前にも、村はむつ小川原開発の計画に揺り動かされた。この計画は、最初、一九六八―六九年にかけて、青森県と東北地方の経済界によって立案されたものである。開発計画には、臨海工業地帯、石油備蓄基地、原子力エネルギー基地の建設が含まれていた(船橋・長谷川・飯島二〇一二：二一)。むつ小川原開発の計画と並行する形で、政府は新全国総合開発計画を打ち出し、一九六九年五月三〇日に閣議決定された。これは、新幹線などの高速交通のネットワークを全国に張り巡らし、それによって大都市から遠く離れた場所に配置した工業基地、畜産基地、レクリエーション基地を結ぶという、遠大な構想であった(船橋・長谷川・飯島二〇一二：二二)。中央と地元の後押しを受けながら、青森県、北海道東北開発公庫、民間企業の出資で、むつ小川原開発株式会社が一九七一年三月に設立された。この会社が資金を集め、開発地域の土地を買い、それを工業用地として造成し、進出企業に売却することで、開発計画が実際に動き出したのである(船橋・長谷川・飯島二〇一二：二四)。

開発計画が進むにつれ、六ヶ所村内の計画の推進派と反対派が、村を二分して激しく争うようになった。一九七三年一月、六ヶ所村むつ小川原開発反対同盟が橋本勝四郎村議にリコール手続きを行ったのに対して、開発推進派は、寺下力三郎村長へのリコール手続きで返した。混乱の中で行われた同年一二月の村長選では、推進派の古川伊勢松が寺下を僅差で破った(船橋・長谷川・飯島二〇一二：二八―二九)。時を同じくして、開発用の土地の買収が本格化していく。一九七三年末までに開発区域内にある民有地の七割が買収されたが(船橋・長谷川・飯島二〇一二：二六)、石油危機後、世界経済の情勢が変化し、日本でも、経済のトレンドが「重厚長大」型の量的拡大志向から、「省エネ・省資源・知識集約化」に移っていくと、政界と財界の関心は、石油化学コンビナートを柱としたむつ小川原開発から離れていく。結局、当初予測されたほどには工業立地は進展せず、広大な工業用地が放置されてしまったため、地域住民の多くは、生活の糧を求めて出稼ぎに出ることを余儀なくされた(船橋・長谷川・飯島二〇一二：二九―三〇)。

むつ小川原開発が予定通りに進まず、経済振興のプランが宙に浮いた形になった六ヶ所村にやって来たのが、核燃サイクル施設の建設計画である。核燃サイクル構想とは、原子力発電の燃料になるウランを原子炉の中で燃やした後、プルトニウムと燃え残りのウランを回収し、それを高速増殖炉などで核燃料として再利用するというものであった(船橋・長谷川・飯島二〇一二：三八)。核燃サイクル施設には、ウラン濃縮工場、低レベル放射性廃棄物貯蔵施設、高レベル放射性廃棄物一時貯蔵施設、使用済み核燃料再処理施設が含まれ、当初はこれら四つの施設がすべて六ヶ所村に建設されることになっていた(船橋・長谷川・飯島二〇一二：四〇)。

一九八四年一月一日付の『日本経済新聞』でむつ小川原に核燃サイクル基地を建設するという政府の計画がスクープされると、六ヶ所村はまたしても政府に振り回されることになった(船橋・長谷川・飯島二〇一二：三五)。むつ小川原開発計画の時点で、建設予定地周辺の用地買収も漁業補償も完了していたため、県議会でも、村議会でも明確に反対を表明する者は少数であった。しかし一九八五―八六年の海域調査に際して、漁民を中心に反対の声が上がった。特に地元の泊漁業組合において、核燃サイクル計画に対する抗議行動が広がっている(船橋・長谷川・飯島二〇一二：五二)。こうして核燃問題をめぐって、再び六ヶ所村は分裂を強いられることになった。分裂が浮き彫りになったのが、一九八九年一二月一〇日の村長選である。この選挙では、現職の古川伊勢松と前村議の土田浩が立候補した。古川候補が核燃推進の姿勢を明確にしたのに対し、土田候補は計画の「一時凍結」を打ち出した。ジャーナリストの明石昇二郎によれば、両者の対立の根本には、六ヶ所村の開発の利権の分配をめぐる争いがあったため、村議も土建業者も古川派と土田派に割れることとなる(明石一九九一：一〇一)。

さらに、核燃反対派も分裂した。村内の漁民を多く抱え、もっとも激しい反対運動を展開した泊地区では、凍結路線の土田を推すかどうかで割れた。前回の村長選に核燃反対を掲げ、善戦をした滝口作兵ヱ村議らは土田支持に回り、元村長の寺下力三郎らは村内の反対派「核燃から漁場を守る会」の会長である高梨酉蔵を擁立したのである(明石一九九一：一〇七)。核燃賛成と反対の両者を含む、村内の幅広い支持を得た土田は、選挙に勝利して村長に就任した。その後、彼は、「凍結」が「ゆるやかな推進」であったという解釈を示し、核燃サイクル施設の操業を開始し、建設工事の進捗に協力的な姿勢をとった(船橋・長谷川・飯島二〇一二：二二二)。こうして村長選は、反対派の中に失望感を、村民の中に深い亀裂を残したのである。

核燃問題の都市部への広がり

村長選と同じ時期、都市部では原発に対する抗議行動がかつてないほど高まっていた。第2、3章で論じたように、一九八六年四月二六日のチェルノブイリ原発事故後、特に一九八八年には、高松行動をきっかけに、都市住民が中心になって反・脱原発の世論をつくり出していた。「ニューウェーブ」の広がりとともに、核燃サイクル計画も六ヶ所村だけでなく、全国的な問題として注目されるようになる。それを象徴するのが、一九八九年四月九日、六ヶ所村尾駮沼の舟だまり隣接地で開かれた反核燃行動である。四月九日というのは、その四年前の一九八五年に青森県が県議会全員協議会で核燃受け入れを決定した日であり、一九八六年以降、この日には毎年反核燃のイベントが行われるのが恒例になっていた。一九八九年の行動では、県内の労働組合だけでなく、都市部からも多数の参加者を得られ、その数は過去最高の一万一千人に達した(清水(正)一九八九b:五二)。

脱原発運動は、都市住民を主たる顧客にする農業者の行動に影響を及ぼした。購買・医療生協一六組合から構成され、組合員約一七万人を有していた青森県生活協同組合連合会は、一九八八年一一月二二日に青森市の県教育会館で開かれた生協大会で、核燃サイクル施設建設への反対を決議している(『デーリー東北』一九八八年一一月二三日一七面)。消費者団体の中には、核燃施設が完成したら放射能汚染の恐れがある青森県の産物を買わないという通告をするグループも出ており(清水(正)一九八九a:四一—四二)、そのことが青森の農業者を反核燃に向かわせる圧力となった。

北村正哉知事の対応のまずさも、農業者を反核燃に向かわせた要因の一つである。一九八八年四月二七日、県農林部出先機関長会議の席上で北村知事は、「〔核燃〕サイクル施設は農家のことを考えて受け入れた。農家のための開発を拒否すれば、かたくなに先祖伝来の土地だけを守る哀れな道をたどるだろう」と発言した。このような知事の発言は農業者の怒りを買い、農業者は反核燃の姿勢を鮮明にすることになった（『東奥日報』一九九〇年一〇月二日二面）。

農業者は、一九八八年一月に「ストップ・ザ・核燃一〇〇万人署名運動」を始めていたが、都市部での運動の高まりのタイミングと重なったため、わずか三カ月で一四万六千筆の署名を集めるのに成功した（船橋・長谷川・飯島二〇一二：五六）。さらに、一九八八年一一月二一日には、県農協青年部、同婦人部、全国農業者農政運動組織連盟（農政連）、農協労組からなる核燃サイクル施設建設阻止農業者実行委員会が、青森市で総決起集会を開催する。約一九〇〇人の農業者がこの集会に参加し、予想を上回る盛会は、自民党や電気事業連合会（電事連）を驚かせた（明石一九九一：一八）。一一月二五日、第一八回青森県農業協同組合大会では、県農協青年部の組合員から核燃反対の動議が提出され、他の組合員もこの動議に賛同した。大会の運営側や組合執行部と青年部との間の激しいやり取りを経て、最終的には、一二月二七日の「県農業者・農協代表者大会」で、核燃白紙撤回動議が可決された（明石一九九一：二〇）。

一九九一年の県知事選とその後

このように都市の反原発運動の波を受けながら、青森県の農業者の自民党離れが加速した。この時期にはリクルート事件や消費税導入などもあり、全国的に自民党に逆風が吹いていた。盛岡以北の新幹線の着工の遅れも相まって、県の自民党は内部に混乱を抱え込んでいたのだ（明石一九九一：三〇）。

農業者にとっては、核燃問題だけでなく、農政に対する不満も、自民党離れを引き起こす要因であった。特に青森では、米や農産物の貿易自由化による産地間競争の激化が予測されたため、農業者は将来に不安を抱えていた(船橋・長谷川・飯島二〇一二：二三七)。

一九八九年七月二三日の参院選では、弘前近郊の相馬村のリンゴ農家で、農協の政治組織である農政連の会長を務めていた三上隆雄が核燃阻止を訴え、三五万三八九二票(得票率五二%)を獲得して勝利している(船橋・長谷川・飯島二〇一二：五八)。自民党は分裂選挙になったが、立候補した松尾官平と高橋長次郎の票を足しても三上の得票数に遠く及ばなかった。保守系の候補者は酒瓶をぶら下げて家々を回ったのに対して、三上陣営はカンパを集めに回るほど資金力に差があったにもかかわらず、三上は大勝した(明石一九九一：四九)。青森県における自民党支配は、激しく揺らいでいた。

このような中、一九九一年二月三日に予定された青森県知事選は、かつてないほどの注目を集めた。知事選の結果次第では、核燃の賛否をめぐる県民投票もあるかもしれない状況になっていたからである(『東奥日報』一九八八年一二月八日一面)。当日の投票率は県全体で六六・四六%、一九四七年に行われた第一回の知事選時の七七・三九%に次ぐ、史上二番目に高い投票率であり、直前の一九八七年の知事選に比べると一八・一六ポイントも高かった(木村(良)一九九八：九〇)。この選挙では、現職で核燃推進、自民党公認の北村正哉が、参議院議員を辞職して出馬した山崎竜男、さらには核燃反対を唱える金沢茂を破っている。北村は三二万五九八五票、山崎は一六万七五五八票、金沢は二四万七九二九票という、三つ巴の接戦であった。

危機感を強めていた自民党は、小沢一郎幹事長を中心に巨額の選挙資金を投じ、電力業界も人材と資金を総動員して、北村を支援した。たとえば電事連は、一九九一年一月二八日、「キャンペーン・ダイナミクス社」という広告代理店に対して、福岡と横浜で開くコンサートへの協賛金名目で一億二千万円以上を支払ったと言われている。同社は翌日付けでアントニオ猪木参議院議員を名誉プロデューサーに迎える契約を結び、猪木が党首のスポーツ平和党に一億円支払うという合意書を作成した。猪木は、凍結派の山崎竜男候補の応援の約束をキャンセルし、二月一日に自民党や電事連が推す北村正哉候補の応援演説を行った（『毎日新聞』一九九三年一二月二九日二一面）。こうしたカネをめぐるやり取りに、六ヶ所村も無関係ではない。それ以前から村では村議に当選するのに、初回で二千万円、二期目以降は一千万円が必要と言われていた。一票四万円とも言われるカネが、選挙のたびに動いてきた（船橋・長谷川・飯島二〇一二：二一九）。

他方で反核燃陣営では、知事選の候補者選びをめぐって混乱が起きていた。当初、反核燃の統一候補として有力であったのは、五所川原市七和の農協組合長で農政連委員長の三上光男である。しかし、最初は社会党が難色を示し、その後、八戸市と青森市の住民を中心に構成される一万人訴訟原告団、脱原発・反核燃青森県ネットワーク、りんごの花の会の三つの市民団体が「三上氏では勝てない」という理由で擁立に反対した（さいど一九九一：一九、津村一九九一：三六―三七）。結局、土壇場になって候補に選ばれたのが、弁護士の金沢茂である。南部地方の市民グループと社会党が津軽地方在住の三上を候補者から引きずりおろすという形になり、地域対立の様相をなしてしまった（津村一九九一：三〇）。津村浩介は、選挙期間中も反核燃陣営の中に「「ここまできたら仕方がない。やるしかない」という開き直りに近いしらけたムード」が漂っていたと指摘している（津村一九九一：三二―三五）。

知事選後の一九九一年二月二四日、山崎竜男の知事選出馬に伴う参院補選が行われた。一九八九年の参院選で三上隆雄に敗れた松尾官平が、核燃サイクル施設建設阻止農業者実行委員会の委員長であった久保晴一を破り、当選した。さらに自民党の快進撃は続き、四月七日の県議選では、三〇議席から三二議席に増やした。社会党は七議席から一議席に大幅減、共産党に至っては三議席をすべて失い、一九六三年以来の議席ゼロとなってしまった。翌日の『東奥日報』の一面に書かれたように、この選挙で「革新が歴史的大敗」をしたのである。

こうした政治情勢は、核燃サイクル計画推進の追い風になった。核燃サイクル事業の運営にあたる日本原燃産業は、選挙後の七月二五日に、県と六ヶ所村と安全協定を締結、隣接する三沢市、野辺地町、東北町、横浜町、上北町、東通村とも九月一〇日に締結した(『東奥日報』一九九一年九月一一日二面)。この段階では核燃サイクル計画を阻むものが、もはや存在しないような状況であった。九月二六日午前、六フッ化ウランが東京の大井埠頭に着岸し、トレーラーに積まれ、陸路でウラン濃縮工場に運ばれる。ウランが六ヶ所村にやって来る日が、刻一刻と近づいていた(『東奥日報』一九九一年九月二七日一面)。

第二節　「女たちから、女たちへ」

抵抗と民主主義

核燃サイクル計画が着々と進んでいく中、反対運動は、どれだけの政治的な影響を及ぼすことができたのだろうか。計画を中心となって進めてきたのは、与党自民党と関係省庁であり、社会党は核燃サイクルに反対の立場をとっていたが、野党だけでその政策を変更させられるほどの影響力はなかった。一九七〇年代以降、電力会社が電源開発調整審議会に原発計画を申請する際、通産省は、立地する市町村に協力を申し入れ、都道府県知事の同意を得ることを慣行にしてきた。北海道の横路孝弘知事が一九八〇年代後半に幌延町への高レベル放射性廃棄物貯蔵工学センターの立地を拒否したことに象徴されるように、道府県知事の賛否は重要な政治的争点だったのである（本田二〇〇五：二五―二六）。しかし、六ヶ所村村長が「凍結」という名の「緩やかな推進」路線に走り、一九九一年の選挙に勝利した北村知事が核燃サイクル推進を明確に打ち出している以上、反対運動が自治体の首長を介して主張を反映させる道は、この時点では事実上閉ざされていた。

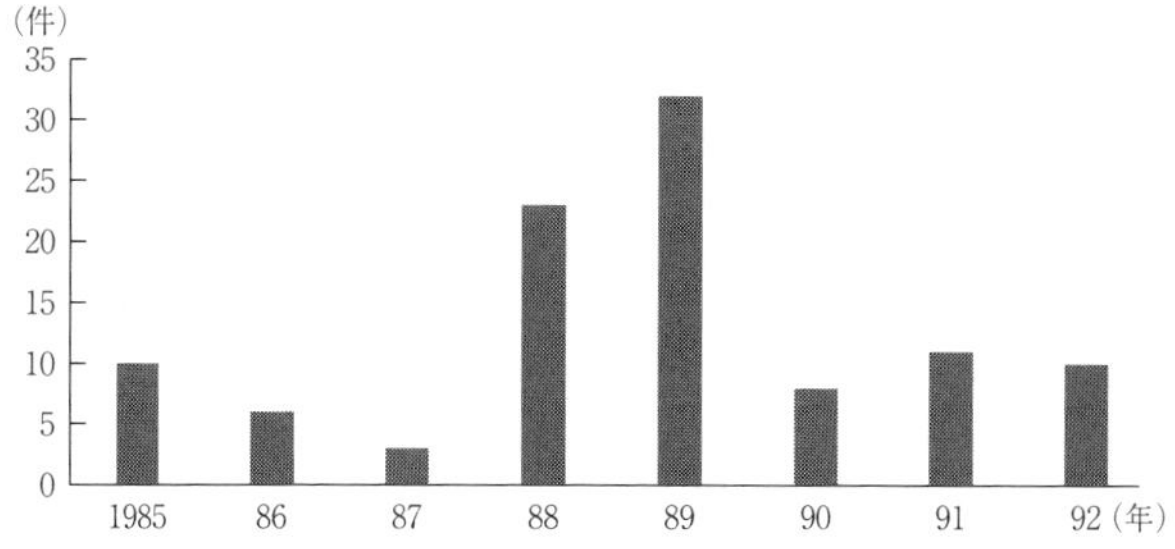

出所：筆者作成.

図 5-1 『朝日新聞』東京版における核燃サイクルに関する記事数

　運動が政治に影響を与えるもう一つの重要な回路であるメディアはどうか。原発推進のような国策に関する世論を形成するうえで決定的な影響力を持っていたのは、全国紙である。『朝日新聞』の東京版における、核燃サイクル問題に関連して六ヶ所村を取り上げた記事数の推移を見てみよう（**図5-1**）。計画が明らかになった後も、記事の数はそれほど多くはなかったが、一九八八年の脱原発運動の盛り上がりとともに、記事数は伸びている。反対運動についても取り上げられており、一万人以上の参加者を集めた一九八九年四月九日の反核燃行動も大きく報道された。だが、一九九〇年以降は記事数が減少し、反対運動の記事も少なくなっていき、事故のようなトラブルが生じると報道され、その後すぐに収まるということを繰り返した。このように、脱原発運動の後退とともに、核燃に関する記事が減り、六ヶ所村に対する注目度が落ちていったことがわかる。

第4章で論じたように、一九八八年には、タブロイド紙も原発の危険性を報じたが、それも、一九八九年以降徐々に減っていく。もっとも熱心に原発問題を報じた週刊誌の一つである『TOUCH』(小学館)は、一九八九年に廃刊となる。一九八八年にメディア上で原発の危険性に関するセンセーショナルな記事が相次いで出たことは、「ニューウェーブ」の追い風となった。だが、その運動は、メディア報道に大きく依存していたため、報道の減少は、参加者の減少に直結する結果となった。

こうして知事選後、六ヶ所村では、核燃サイクル計画の進行が既定路線であるかのようなムードに覆われた。核燃の賛否をめぐってそれまでに繰り広げられた激しい争いは、地元住民の心に深い傷を残してきた。一九九一年知事選の際、泊まり込みで金沢陣営を支援に行き、その後、女たちのキャンプを中心となって組織した小木曽茂子は、地元の住民から「古い傷に触れないでほしい」と言われたり、核燃に反対するのは「この辺がどれほど貧しかったのかを知らないからだ」と言われたりしたと語っている(小木曽茂子さんインタビュー)。このような状況では、知事選後に六ヶ所村で核燃サイクルの是非をもう一度問題にするのは、極めて困難になっていた。

議会にもメディアにも期待できず、現地の反対運動も停滞する中、女たちのキャンプの参加者たちは、非暴力直接行動という抵抗の手段をもって、ウラン燃料の搬入を阻止しようとしたのである。抵抗とは、資金、組織、地位、名声のような政治的資源に乏しい人びとが公共圏に批判的な見解を示す方法である（Young 2001，安藤二〇一二）。それは、女たちのキャンプの参加者のように、国家と大企業の政治的交渉にアクセスする術を持たない人びとにも自らの主張を発信する方法を提供するのだ。

一九八八年初頭の「いかたのたたかい」の後、脱原発運動においても原発現地での直接行動が行われる頻度が増えた。高松行動（の成功）がモデルになり、同年二月の通産省前行動、そして、一九八八年九月三〇日、北海道電力に対して泊原発の試運転停止を要求した「原発泊記念日」行動が続いた。原発の稼働を止めたいという思いはあるのだが、どのような方法をとればよいのかを悩んでいた人びとは、「いかたのたたかい」から電力会社や政府のところに行って、直接訴えるというやり方を学んだ。こうして直接行動というシンプルな方法が、脱原発運動のレパートリーとして支持を獲得したのである。

女性限定のキャンプ

一九九〇年一二月一五―一六日、六ヶ所村で核燃に反対する女性たちの集いが開かれ、全国から七〇人余の女性が集った（「核燃とめたい♫ 女たちの集い♪」『なにがなんでもニュース』一九九一年一月号：四）。参加者が翌年八月一〇―一六日の祭りで再会したり、新たな人びととの出会いがあったりし、それが女たちのキャンプにつながっていった。一九九一年八月の祭りには、初日に一千人、最終日には三千人が参加し、主に若い世代が六ヶ所村で一週間キャンプをしながら、歌やダンスを楽しんだ

（関根一九九一：一〇）。

この時期、日本のカウンターカルチャーの担い手が自然豊かな場所で開かれる野外イベントに集まるのが恒例化していた。もっともよく知られているのは、一九八八年八月二―八日、八ヶ岳南西麓、長野県富士見パノラマスキー場で開かれた「いのちの祭り」である（ONE LOVE Jamming, 1990）。チェルノブイリ原発事故後の脱原発運動の盛り上がりを背景に、「NO NUKES ONE LOVE」の合言葉のもと、約八千人の参加者たちが、野外でキャンプ生活をしながら、ミュージシャンのパフォーマンスを楽しみ、環境破壊や原発の問題について語り、歌い、踊った。日本の参加ミュージシャンは、山口冨士夫、ザ・ディランII、カルメン・マキ、吉田日出子、ミッキー吉野、喜納昌吉、上々颱風、アシッド・セブン、喜多郎、たま、Theピーズ、造反有理などである。カルメン・マキは、近藤房之助や南正人とRCサクセションの「サマータイム・ブルース」を演奏した（「真夏の八ヶ岳に繰り広げられた日本版ウッドストック「いのちの祭り」」『宝島』一九八八年一〇月号：六―七）。

一九九〇年には神奈川県の大山が会場になり、一九九一年八月の六ヶ所村でのイベントは、この二つの祭りに引き続いて行われたものであった。核燃サイクル計画に反対する女性たちは、この祭りの一角で、連日連夜、話し合いを重ねた。その中で、オーストラリアのタスマニアから来ていた女性が女性だけでキャンプをすることを提案した。その提案が賛同を集め、実行に移された（谷百合子さんインタビュー）。

女たちのキャンプのモデルとされたのは、イギリスのバークシャー州にあるグリーナムコモン空軍基地の女たちのピースキャンプである。一九七九年一二月、NATO（北大西洋条約機構）がヨーロッパ五カ国に核ミサイルを配備することを決定し、アメリカの巡航ミサイルがグリーナムにも配備される計画が明らかになると、計画に反対する数千人の女性たちが同地でキャンプをし、二四時間、巡航ミサイルを監視した(Cook and Kirk 1983=1984: 9)。グリーナムのピースキャンプは世界中に知れ渡ることとなり、一九八六年には『Carry Greenham Home』(ビーバン・キドロン監督、一九八三年)という映画が日本でも『グリーナムの女たち』というタイトルで公開された。さらに、アリス・クックとグウィン・カークの『グリーナムの女たち――核のない世界をめざして』(近藤和子訳、八月書館、一九八四年)も、日本語で読めるようになっていた。

「女たちから、女たちへ　九月一〇日―一〇月六日　女たちのキャンプ　六ヶ所村へ」というタイトルの呼びかけ用のチラシ(**図5-2**)には、申込書が付いていて、そこには次のように記されている。「九月中旬すぎにも六フッ化ウランが搬入され、ウラン濃縮工場が動き出します。私たちは、お金も力もない、ごくふつうの女たちですが、このウラン搬入をどうしても黙って見過ごすことができません。生命を生み、育む性をもって生まれた女たちが、自分たちの言葉で、やり方で、核燃はいらない、と行動してみたい、その為のキャンプです。あなたの参加をお待ちしています」。呼びかけ人になったのは、全国各地の女性である。チラシには、キャンプの目的として、「六フッ化ウラン搬入の監視行動。原燃、電力への抗議。核燃反対の意志表示」が挙げられていた。

キャンプの生活

一九九一年九月一〇日、女たちのキャンプが幕を開けた。翌日、八戸市を中心に読者を持つ新聞の

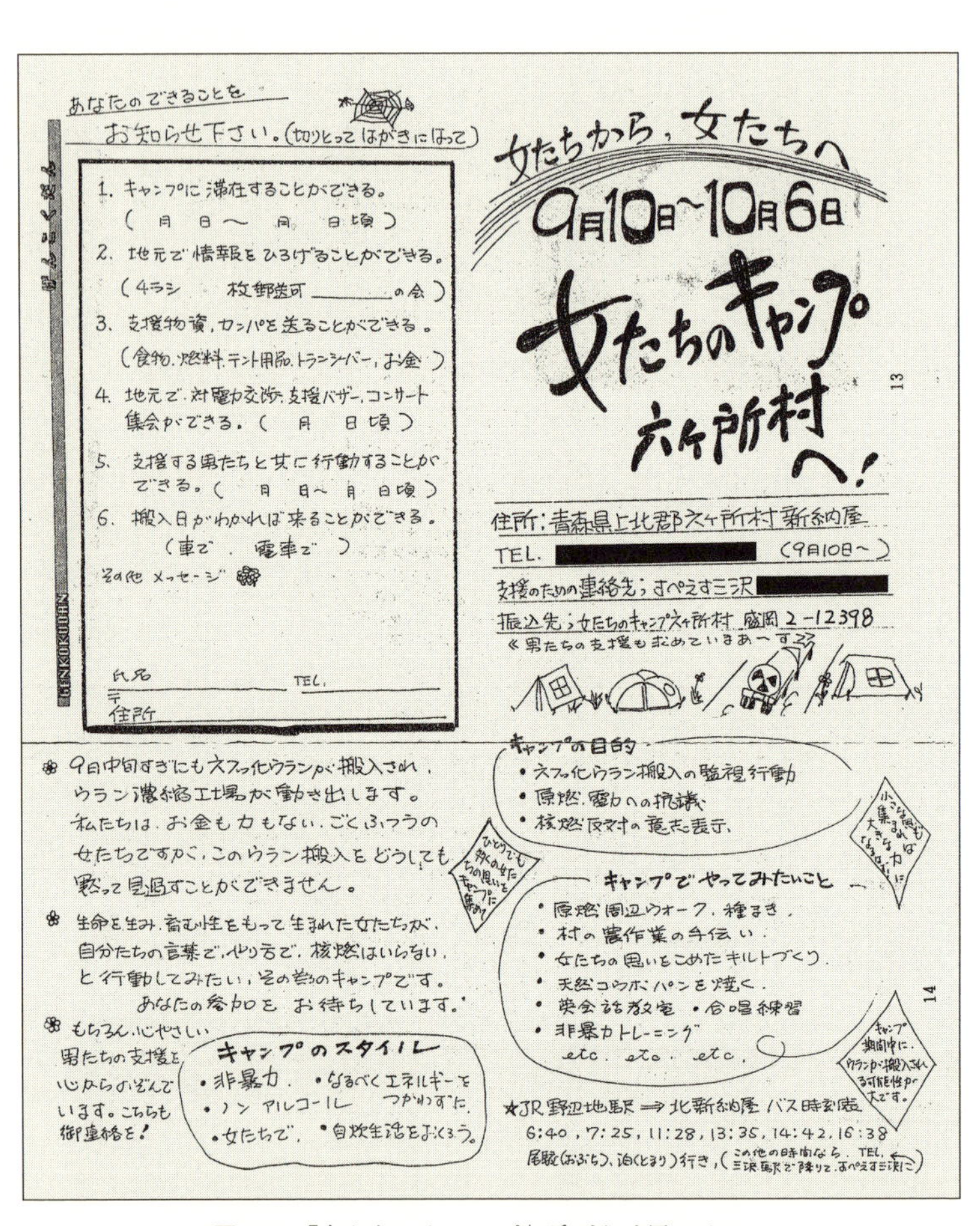

図 5-2 「女たちのキャンプ」呼びかけ用のチラシ

『デーリー東北』には、「上北郡六ヶ所村のウラン濃縮工場への天然六フッ化ウランの輸送搬入が九月中に予定されているが、この輸送に抗議する市民グループが十日、同村新納屋に輸送監視のためのキャンプを設置した。キャンプは十月六日まで続けられる予定」であり、「市民グループのキャンプは女性たちを中心とした「女たちのキャンプ六ヶ所村」で、「ウラン輸送沿線住民ネットワーク」(竹村英明世話人)とも連携して東京・大井ふ頭に陸揚げされる六フッ化ウランの輸送を監視する」という記事が掲載された(『デーリー東北』一九九一年九月一一日一面)。

一カ月近くに及ぶキャンプでの生活は、どのようなものであったか。まず、キャンプの場所に関しては、国道三三八号線沿いに位置している新納屋の小泉金吾の自宅横にある空き地の使用許可をもらった。小泉は、むつ小川原開発計画の線引き内にあった新納屋部落の中でただ一人自宅を売らず、田んぼを守り、核燃反対運動を続けてきた人物である(菊川二〇一〇：一四七―一四八)。小泉が所有する空き地に、全国各地からやってくる参加者がテントを張って寝泊まりした。野外キャンプ生活には、困難も伴った。青森の九月は、台風の季節である。小木曽によれば、ある夜、強風に見舞われ、朝起きたら頭上のテントのカバーがなくなっていたそうである(小木曽茂子さんインタビュー)。その一方で、キャンプの食事は、アクティヴィストたちに印象的な思い出として記憶されている。地元の漁民がイカやサケなどの魚介類、さらには農民が名産の根菜類を差し入れてくれたおかげで、食事は充実したものであったと、彼女たちは口々に語っている。

参加者は、通いの者、そこに長期で滞在した者、そして地元の支援者に分かれる。通いと長期滞在者はキャンプに寝泊まりしたが、地元支援者はいつも通りの日常の仕事をこなしながら、時間をつくって参加し、夜には自宅に戻るという生活を送った。菊川慶子は、六ヶ所村の出身であり、女たちのキャンプの中では地元の受け入れ役を担った。彼女は、一九六四年の東京オリンピックの直前に東京で集団就職し、工場、書店、レコード店などで働いた(菊川二〇一〇:三七)。結婚、出産、離婚、再婚、出産を経験し、千葉県の松戸市のアパートに居を定めることになる(菊川二〇一〇:四三)。地域の周囲の子どもたちは、学習塾に通い、いつも忙しそうにしているのを見て、子どもが自然の中でのびのびできる環境を求めて、田舎暮らしを考えた(菊川二〇一〇:五五)。当初は、岐阜県に移住する予定だったが、ちょうど故郷の六ヶ所村が核燃サイクル施設の受け入れをめぐって混乱している時期だった。『現代農業』(一九八八年九月増刊号「反核 反原発 ふるさと便り――土と潮の声を聞け」)に掲載された久保晴一の文章を読み、同世代の農民の核燃反対の決意に心を揺り動かされ、六ヶ所村に移住先を定めたのであった(菊川二〇一〇:五六)。

一九九〇年に村に戻り、核燃反対運動に関わっていた菊川は、参加者の移動時の運転手、地元の土地勘をきかせてのチラシ配り、さらにはマスコミへの電話連絡を主に担った。菊川は、都市住民が、放射能のゴミを受け入れる代わりに金銭を受け取っている六ヶ所村、というイメージを抱いていると感じていた。彼女は、遠方からの参加者に六ヶ所村にも「普通の暮らし」があることを知ってもらいたいという思いから活動に加わっていた(菊川慶子さんインタビュー)。

女たちのキャンプに計画の段階から関わった谷百合子は、長期滞在者の一人であった。彼女は、北海道札幌市在住で、工業都市である室蘭に生まれた。高校時代から社会問題に対する関心が旺盛であり、札幌でウーマンリブの活動に関わるようになった。「リブの洗礼」を受けた彼女は、家庭で洗濯を誰が担当するかといった日常的な問題について考えるようになる。一九八九年夏には「原発いらない人びと」の選挙キャンペーンに関わった。宮城県女川町のアクティヴィストでいらない人びとの候補者の一人であった阿部宗悦に出会い、感銘を受けたのがきっかけとなり、参加するようになった。選挙後、いらない人びとの仲間から電話をもらい、「六ヶ所に行くと、日本が見える」と言われ、今度は六ヶ所村に足を運ぶようになる。彼女は、ウランの搬入で六ヶ所村が汚されることが嫌で、キャンプに参加した（谷百合子さんインタビュー）。

遠方の自宅から通って来る者もいた。福島県在住で地元の脱原発運動に関わっていた武藤類子は、平日、福島県郡山市で養護学校の教員の仕事をして、金曜の夜、仕事が終わってから車を飛ばし、土日を六ヶ所村で過ごし、日曜の深夜にまた車で戻るということを、キャンプの期間中に三、四回繰り返した（武藤類子さんインタビュー）。武藤は、チェルノブイリ原発事故が起こる前は原発問題について「無知な人間」だったという（武藤二〇一二：四四）。いわきの有機農家と知り合いになり、仲間と畑を借りたり、大豆から味噌をつくったりするくらいで、社会運動の経験はほとんどなかった。しかし、事故後、周囲に原発問題に関心を持っている人がいて、事態の深刻さに気づいた。一九八六年の夏、藤田祐幸の書いた雑誌記事を読んだことをきっかけに、彼女は核や原子力について勉強を始めている。福島に原発があることは知っていたが、一〇基もあるとは思わず、真っ青になってしまう。ちょうどその頃、武藤は、転勤して郡山に引っ越した（武藤類子さんインタビュー）。一九八六年に「郡山風の会」、一九八八年に「脱原発福島ネットワーク」という地域グループを組織する（武藤二〇一二：四五）。ニュースを発行したり、原発現地を訪問したり、バスを借りて日比谷の集会に出たり、広瀬隆の著作を読んだり、原発に関わる写真展を開いたりといった活動をしていた（武藤類子さんインタビュー）。

女性と脱原発

女たちのキャンプの最大の特徴は、参加者が女性限定ということである。ここまでの章で論じてきたように、脱原発運動において中心的な役割を担ったのは、女性である。だが、女性は、脱原発運動の中で目立っていても、それ以外の社会運動の中では周辺的な存在であった。武藤は、運動の集会の中で女性に与えられる役割には、集会アピールを読むといった男性に花を添えるようなことが多かったと語っている。これに対して男性は、行動提起が担当であり、暗黙の役割分担があって、彼女はそれに疑問を感じていた。武藤は、大学時代、中山千夏や田中美津のようなウーマンリブに関わる著名人の集会に参加した経験を有していた。小さな印刷会社に勤めていた頃には、男女の給料の差は明確であり、養護学校に勤めていた頃も、学級の正担任が男性で、副担任が女性というのが日常の光景であった。それに対して、特別反対したりすることはなかったが、どこかに引っ掛かりを感じていた（武藤類子さんインタビュー）。

写真家の島田恵は、一九九〇年の秋に六ヶ所村に移り住んだ。東京都国分寺市出身で、キャンプの頃は三〇代の前半であった。一九八六年七月、自然保護団体が企画した下北半島の原子力施設建設予定地をめぐるツアーに参加し、初めて六ヶ所村を訪問した（島田二〇〇一：一二〇）。一九八六年一一月、二度目の訪問をした時は、核燃施設の建設を進めるため、事業者が立地調査をしている最中であった。海域調査に対して、泊地区の漁師の「トッチャ（父ちゃん）」と「カッチャ（母ちゃん）」が、港に座り込みして機動隊と向き合い、抗議をしている。彼女は、「平和な日本」の「名も知られない小さな村」が、まるで「内戦状態」にあることに衝撃を受けた。何か重大な問題がこの村で進行していると感じ、この大変な事態を伝えなくてはならないという気持ちを強くする（島田二〇〇一：一三二）。ちょうどフリーの写真家になったばかりで、「ヒマはあるけどカネはなし」という状態であった。雑誌のカット写真や小さなモデルクラブでの撮影、舞台写真などの契約仕事を東京でこなし、時間を見つけては上野駅から夜行の急行列車に乗り、硬い直角椅子に揺られて六ヶ所村に通う日々が始まった（島田二〇〇一：一三二―一三三）。

島田が写真を撮ることを仕事に選んだのは、写真の世界が性別に関係なく実力で勝負できると考えたからである。しかし、実際には仕事場で、「女のカメラマンが来たのか」と言われることもあった。他方、彼女は、原発や核燃への反対運動に関わるにつれて、その攻撃性に違和感を覚えていた。特にアクティヴィストが機動隊に向けて投げかける暴力的な言葉が気にかかっていた。島田が女性限定のキャンプの企画を聞いた時に共感したのは、そうした攻撃的な言葉を使う運動とは違うものをつくれるかもしれないと考えたからであった（島田恵さんインタビュー）。

参加者には、女たちのキャンプの以前から原発問題に関心を持っていたという共通点がある。シングルであったり、結婚していたり、婚姻関係のないパートナーがいたり、各自の状況はそれぞれである。ただ、結婚相手やパートナーがいる場合にも、家を離れてキャンプに滞在することに対して、彼らの理解があることが多く、一般的な主婦よりも身動きが取りやすい状況にあった。また、武藤の言葉が示すように、キャンプには、ウーマンリブのグループが直接関わっていたわけではないが、その影響を見て取れる。先に掲載した呼びかけのチラシの「女たちから、女たちへ」という言葉は、もともと、アメリカのウーマンリブにおいて使われていたものである。女性限定のキャンプという発想は、ウーマンリブの中で使われていた「コレクティブ(生活共同体)」を思い起こさせる。

ウーマンリブは、一九七〇年代初頭にニューレフト運動を鏡にして生まれた。ニューレフトは、一九六〇年代後半、ベトナム戦争や大学管理の強化に反対し、広範な支持を獲得した。だが、その内部においても、性別役割分業は存在していた。それは、男性が身体能力で勝るため、前線で戦闘要員として働き、その能力に劣る女性は、飯炊きやビラ作成や逮捕者の救援といった武装行動の補助的な活動を担うという関係である。ウーマンリブは、運動内部の性別役割分業に対する批判をきっかけにして誕生した(安藤二〇一三：一〇九)。

ここで、フェミニズムの政治理論を参考にしながら、運動組織内部でなぜ女性が周辺的な位置に追いやられることが多いのかを考えてみよう。近代の支配的な政治・社会思想の中で暗黙のうちの前提にされてきた公私二元論の考え方において、公的な場所として想定されるのは、国会や地方議会、大臣、内閣、政党、圧力団体、公共サービス、司法といったものである(Philips 1991 : 93)。アイリス・マリオン・ヤングによれば、公的領域においては、独立、一般性、冷静な理性といった徳を求められ、これらは男性に特有なものと見なされている。他方、女性に固有の徳は、感情、欲望、身体的ニーズであり、これらは私的領域に適合的とされる(Young 1995=1996：一〇二)。ここでは後の議論の展開を頭に入れながら、独立(independence)、すなわち、他者に頼らないことこそが男性的であり、公的領域にふさわしい態度と考えられていることを強調しておこう。

公的領域は理念上、すべての人の参加に開かれている。しかしそこでは、（白人）男性的とされる徳に従って振る舞うことが求められるので、女性やその他の集団が参入するには、自らその徳に適応しなくてはならない。適応するのが困難な集団は、形式的には平等であるにもかかわらず、排除され、不利益を押しつけられる（Young 1995=1996：一〇三）。社会運動の場も公的領域の一部である。ウーマンリブの中で指摘されてきたように、その場も男性的な徳が支配するがゆえに、女性は周辺化される傾向があった。このような構造的な不平等が存在していて、その不平等がキャンプの女性たちに問題にされたのである。

女性が男性的な徳の支配する公的空間に現れるのは、容易ではない。そこでしばしば実践されたのは、男性の世界から切り離された自分たちの空間をつくることである。ジェーン・マンスブリッジは、この空間を「守られた飛び地（protected enclaves）」と呼んでいる。この飛び地において、メンバーは互いの経験を共有することで団結を強め、何が自分たちにとっての利益なのかを熟慮する。自己理解を深め、連帯をつくり出し、アイデンティティを共有するための飛び地を築くのは女性だけでなく、労働者や黒人のように社会的に不利な立場にある人びともそうである（Mansbridge 1996：57）。

「守られた飛び地」の議論を踏まえたうえで、女性限定のキャンプの効果を考えてみよう。たとえば、谷は女だけだと肩書きに関係なく「平場」で話ができると、武藤は「女風呂の気安さ」のようなもので、「裸の付き合い」をしながら「心と体の垢」を落とすことができる、と語っている。男性的な徳が支配するものとは異なる空間をつくり出し、参加者が肩の力を抜いて同じ目線で率直に話し合う環境づくりが、女性限定のねらいだったのだ。とはいえ、女たちのキャンプには、まったく男性が関わっていなかったわけではない。ウラン搬入阻止のために行動した男性アクティヴィストの中には、女性だけのキャンプを「逆差別」として批判する者もいたが、台風でテントが飛ばされた後にはテントを直しに来てくれるなど、表に裏にサポートしてくれる者も多かった(小木曽茂子さんインタビュー)。

女性的な徳の読みかえ

先に触れたように、近代国家の公私二元論の世界では、女性的な徳と見られてきたのは、感情、欲望、身体的ニーズである。女性には良き市民に必要な冷静な理性と独立性を欠くという理由で公的領域からの排除が正当化されてきたことに示されるように(Young 1995=1996: 一〇二)、支配的な政治空間では、女性的な徳が否定的に扱われてきた。これとは対照的に、エコフェミニズムの思想では、女性的なものが肯定的に捉え返されている。マリア・ミースとヴァンダナ・シヴァは、世界各地のエコロジー運動で女性が中心的な役割を果たしていることを踏まえながら、女性が男性よりも環境破壊に積極的に抗議するのは、科学技術がジェンダー的に中立ではなく、それによって引き起こされるエコロジーの破壊が男性よりも女性の生存基盤に影響を与えてきたからであるという(Mies and Shiva 1993: 3)。男性は、近代科学の中で自然を搾取してきたのと同じように、家父長制の中で女性を抑圧してきた。それゆえに、地球と女性の身体の危機の根は、男性による支配にある(Mies and Shiva 1993: 14)。シヴァは、世界各地で土地に根ざして暮らす女性を想定しながら、女性たちの気候、季節、作物、天候、土などの知識が、この危機を脱却するうえで重要な役割を果たすという(Shiva 1993: 166)。

エコフェミニズムの思想は、一九七九年三月、アメリカのペンシルヴァニア州にあるスリーマイル島で起きた原発事故が起こった後、原発への抗議行動が広がる中で形成された(Mies and Shiva 1993: 14)。それは、反原発運動から生まれたのである。日本の脱原発運動におけるエコフェミニズム的な言説の事例として、第3章で述べた甘蔗珠恵子『まだ、まにあうのなら』が挙げられる。甘蔗は、原発推進の原因が経済効率性を優先させる男性的な社会にあると批判し、それを批判する基盤として「母なるものの本能」という言葉で表現される女性的徳性を評価した。すでに見たように、女＝母という理解に対しては、女性の生き方の多様性を反映していないとして、運動内部から批判が上がっていた。だが、女たちのキャンプでは、甘蔗のテキストに見られるような女性の理解に変化が生じている。まず、「女」は、参加者の多様なバックグラウンドを反映して、必ずしも「母」とイコールにはされていない。それでも「女」というカテゴリーを維持しているのは、それが彼女たちの共通の経験に訴える力を備えていたからであろう。

キャンプの参加者の言葉を見てみると、女性的な徳は、必ずしも生物学的に起因するものとしては捉えられていない。たとえば谷は、次のように言っている。「戦争や原発も、大きなもの、強いものをよしとする社会の産物である。他者との戦いに勝ち残った男たちがつくり出したシロモノに他ならない。差別されてきた女だからこそ弱者の立場が見えるし、痛みを共有しあえるのだ」(谷一九九一：八)。ここでも女性的なるものを肯定的に捉え返そうとする視点が見受けられるが、それは、自然の身体性よりもむしろ歴史性に起因していると読める。すなわち、女性は、子どもを産むという生殖機能を有しているからだけでなく、男性との関係で補助的な役割に位置づけられてきた歴史があるからこそ、原発に依存する社会に対する批判的なまなざしを獲得できるというわけだ。このように、女たちのキャンプにおいては、女性的な徳の意味を読みかえることで、原発とそれを生み出す日本社会の現状を批判的に見る視点が確保されたのである。

第三節　非暴力直接行動の力

非暴力トレーニング

民主主義という観点から見ると、女たちのキャンプは示唆に富んでいる。とりわけそれは、非暴力直接行動の中に現れる。女たちのキャンプでは、他の政治的手段が失われている中で、座り込みを通して、核燃サイクル計画をストップさせようとした。先に指摘したように、抵抗は、アクティヴィストが公式の意思決定過程から排除された問題を提起し、政治エリートに周縁化された声を届けるための方法である。

日本における非暴力直接行動の潮流は、一九六〇年代後半のベトナム反戦運動において、鶴見俊輔たちがアメリカ大使館前で座り込みをしたことにさかのぼる。一九七〇年代には安保拒否百人委員会（鶴見や高畠通敏など「ベトナムに平和を！市民連合（べ平連）」の流れをくむ）や非暴力直接行動準備会（浄鏡寺の古沢宣慶を中心とする）などの小グループが各地に誕生した。また、アナキズムの影響を受けた向井孝と水田ふうが組織したWRI-JAPAN（戦争抵抗者インターナショナル日本）は、一九七〇年代に都市部の反原発デモの中で、路上（公園や歩行者天国など）のゲリラシアターを実践した。一九七八年一〇月二二日には、大阪の天王寺公園から阪急百貨店前歩行者天国までのデモの途中に街頭即興劇（若狭湾の地震をきっかけに原発事故が起きるというストーリー）を行っている（水田一九七八：一一二）。

すでに現地での行動が中央のメディアを動かし、大きく報道させることへの期待が失われつつある中で、女たちのキャンプでは、原発依存の社会における人と人の関係とは違うものを参加者の間でつくり出すことに力点が置かれた。それは、「予示的政治」の場という性格を色濃くしていたのである。女たちのキャンプにおける人と人の関係づくりの基盤にされたのは、「話し合い」である。テント生活の中で、彼女たちは、毎日、何度もミーティングを重ねている。その内容は、必ずしも核燃サイクル計画や彼女たちの行動の計画に関わることばかりではなかったようである。

谷は、次のように書いている。「ミーティングではいろいろ、自分の思うところをさらけ出して話しあった。「私は体が大きかったし、男と女の差別なんて考えてこなかった」という人もいたし、「学校の出席簿も男が先、結婚したらほとんどの女が男の姓に変えている。このことだけ見ても差別の状況は明らかだ」という人もいた。女たちが自分たちの差別されている状況を先ず、認識していくこと。又、分断されている状況を知ること――このことが、女たちの運動にとってとても大事なことだと思う」（谷一九九一：八）。キャンプの参加者は、核燃の問題だけでなく、女性をめぐる現状について各々の考え方を交換しながら、相互理解を深めていったのである。

こうした話し合いの重視は、「非暴力トレーニング」の影響を受けている。それは、非暴力直接行動の体系的なトレーニングであり、特に北米の社会運動の中で発展してきた。日本における非暴力トレーニングの歴史は、一九七〇年代に始まる。アメリカのフィラデルフィアの実践に学んだ阿木幸男が、帰国後、関心を共有する仲間とともにトレーニングのプログラムを準備した。トレーニングは、通常、週末の二泊三日、または長期休暇中に一週間かけて行われ、主に住民運動や反原発運動のアクティヴィストが参加した(阿木幸男さんインタビュー)。

女たちのキャンプの時期には、阿木『非暴力トレーニング——社会を自分をひらくために』(野草社、一九八四年)のような非暴力直接行動のテキストが広まっており、キャンプの中ではこれらのテキストを回し読みしながら、その基本的な考え方を共有した。キャンプの参加者の中にも、武藤のように非暴力トレーニングを以前に受けたことがある者もいて、彼女たちの提案に基づき、そのやり方がキャンプに導入された。

友情と「私」の尊重

スーザン・ビックフォードによれば、話し合いは、人びとを不安に陥らせる。それは、自己を相手との関係の中にさらし、時に相手から無視されたり、嘲笑されたりする危険があるからだ。人びとは複数の他者とのやり取りの中で自分がどう「現れる」のかを、完全にコントロールすることはできない(Bickford 1996: 149)。ビックフォードがいうように、コミュニケーションにはリスクが伴う。さらに、日常的なイシューよりも政治的イシューにおいて、そのリスクはさらに高まる。政治的な発言をした有名人が、ネット上で、発言の意図を歪められて叩かれるというのは、今日私たちがしばしば目にする光景である。それは、政治的資源の争いに関わるコミュニケーションの困難さをよく表している。

女たちのキャンプには、(政治的な)話し合いを機能させるための三つの技法が見て取れる。第一に、

「友情(friendship)」の存在である。アメリカのニューレフトやウーマンリブの事例を示しながら、フランチェスカ・ポレッタは、友情が参加民主主義に及ぼす効果について議論している。友情というのは、通常は政治とは無関係な、公の場で言及されることのない、私的なもの、非公式なものと見られてきた。しかしポレッタは、「非公式であることで、感情的に豊かな関係が育まれ、組織の成員の平等な構造が相互の尊敬をつくり出し、そして連帯の形成に役立つ」という(Polletta 2004: 210)。彼女によれば、相互の信頼がないところには政治参加も進まない。このように、友情は、政治的コミュニケーションのインフラである。

女たちのキャンプのテント生活は、友情を深めるのに適した環境であった。脱原発の活動で忙しい日々を送る参加者同士の関係は、集会やデモのたびに顔を合わせるというものが多かった。これでは会う回数こそ多いが、時間に追われる中での事務的な作業も多く、ゆっくり話をするということにはなりにくい。しかし、キャンプにおいて、参加者は寝食をともにしていたため、突っ込んだ話をする時間がたくさんあった。武藤は、擬似的ではあるが、「暮らしを共にする」、すなわち、食べる、寝る、テントを掃除するといった作業を通して、運動が「日常感覚」になり、参加者の間の親しさが増すという。もちろん、参加者が全国各地から来ていることを考えてみても、全員が互いに顔見知りであったわけではない。それでも、ウラン搬入を阻止したいという共通する思いを持って、六ヶ所村までやって来て寝食を共にしたことが、彼女たちの親密な関係の構築を促した。

第二に、「私(わたし)」の尊重である。社会運動の参加における個々の意志の尊重は、ベトナム反戦運動に「ふつうの市民」として参加以来、重視されてきた。だが、女たちのキャンプにおける「私」の尊重は、一人ひとりの背景を受け止め、参加の動機を共有するところにまで及んでいる。これは、社会運動において見られることは少ない。運動の場では、先に論じるべきイシュー(原発など)があり、そのイシュー、戦略、運営をめぐる議論が先行するため、一人ひとりの背景のような個人的(に思われる)事柄について話し合うのはまれである。

これに対してキャンプでは、しばしば二人、あるいは複数の組をつくって、自分がどうして反原発運動に関わるようになったのか、自分がどういう思いでキャンプに参加しているのか、時には自分がどんな悩みを抱えているのかということを話した(武藤類子さんインタビュー)。島田は、キャンプでは時間がたくさんあったので、その人の背景や感じ方を共有することができたという。彼女によれば、参加者が自分自身のことを話すようになるには、相互に信頼関係が必要であるが、親密な雰囲気の中で、一人ひとりが自分の背景について語り、それを聞き合うことでさらに信頼感が育まれていった(島田恵さんインタビュー)。

このような「私」を尊重する方法は、彼女たちの行動にも影響を及ぼした。意思決定の単位は、一人ひとりに置かれており、行動のたびに、彼女たちはそれにどう関わるのかを判断することになる。たとえば、核燃施設前の座り込みのようなリスクを伴う行動には、各々の状況に応じて参加の仕方を決めた。子連れの人は座り込むことができないので、道ばたでキルトを縫うことにするといったように、他の参加者と話し合いながら、最終的には自分のことを自分で決定した。メンバーのそれぞれが納得の行くまで話し合うことには、最後に決めた行動に対するコミットメントを高めるという効果があった。なぜなら、話し合う過程で自分の行動の意義とそれを実践する最善のやり方について考えをめぐらせ、人に従うのではなく自ら決断するからである。

「良き聞き手」になる

第三に、「傾聴(listening)」である。先に言及したように、女たちのキャンプでは、話し合いが重視された。一人ひとりが気兼ねなく話し出せるように、女たちのキャンプのミーティングでは、くつろいだ雰囲気をつくり出すよう注意が払われた。武藤によれば、会合は時に座ったり、寝転んだり、お茶を飲んだり、物を食べたりしながら行われた。また、これを言ってはいけないとかあれを言ってはいけないということを、なるべくなくすように努めた(武藤類子さんインタビュー)。これは、通常の会議では決して推奨されないやり方である。各自が自由に話をしているうちに、議論が本題から逸れる恐れがあるからだ。これに対してキャンプでは、会話を過度にコントロールするのではなく、参加者の緊張をほぐすことで、意見が出やすい状況をつくり出すことを優先させた。彼女たちは、原発について、女性の社会における位置づけについて、様々な思いを持って六ヶ所村に集まった人びとの間で意見を交換することに努めた。

とりわけ重視されたのは、一人ひとりの話に注意深く耳を傾けることだ。「傾聴」は、阿木のプログラムにも組み込まれている。「良い聞き手になる訓練」では、二人ずつペアになって、快適な場所で向かい合って座る。一人一〇―一五分ずつ、特定の問題、テーマについて話す。聞き手は、話し手の邪魔をしたり自分の意見を述べたりせず、注意深く、しかもくつろいだ雰囲気で耳を傾ける。それが終わったら、今度は交代して、同じことを繰り返す(阿木二〇〇〇：七九―八〇)。このように、傾聴を訓練するねらいは、話し手が話しやすくするための環境づくりにある。

アリストテレスが演説を人間に固有の技術として評価して以来、民主主義論における政治的なコミュニケーションの中で重視されてきたのは、もっぱらスピーチであった(Dobson 2014: 43)。これに対して、ベンジャミン・バーバは、話し合いにおける傾聴の役割に注目する。スピーチは、常に不平等を伴う。それは、各自の明瞭にしゃべる能力、雄弁さ、論理、レトリックの能力に差があるからである(Barber 1984=2009: 280)。阿木は、「良い聞き手」になることが、スピーチの上手でない人も含め、全員が話し合いに参加するのに必要な技術であると言っている(阿木幸男さんインタビュー)。共感のある傾聴によって、スピーチの不得手な人も、より積極的に発言することができる。

傾聴は、とりわけ、女性の政治参加に不可欠である。先に言及したように、反原発運動においても、女性は周辺的な存在であった。これは今日も大きく変わってはいないように思われるが、会議や集会の場で、男性の参加者がより長く、頻繁に発言するというのは日常的なことだ。そこでは発言の機会が平等でなく、女性にはより少ない機会しか与えられない。傾聴は、グループ内部で発言の格差をつくらず、その機会を平等化する。それゆえに、傾聴は、一人ひとりを尊重する女たちのキャンプにおいて不可欠な技術と見られたのだ。

以上を整理すると、女たちのキャンプでは、一方で、話し合いを通して私的な問題を他者と共有し、しかもそれを単に個人的な問題にとどまらせるのではなく、広く政治や社会のあり方の問い直しにつなげている。他方、全体の議論の中で先に設定されたイシュー(核燃問題)が優先され、一人ひとりの私的な事柄がないがしろにされないような仕掛けも用意されていた。このように、キャンプは、彼女たちが公私の問題を交錯させながら力づけられ、行動に踏み出すための勇気を育む場という意味合いがあった。

民主主義の観点から言えば、女たちのキャンプは、民主主義の担い手である市民づくりの場である。女性のように周辺化されている人びとにとって、公共圏で市民として政治的に活躍するのは、そんなに簡単なことではない。女性たちが集まってつくられたキャンプだからこそ、彼女たちはその困難さを受け止め、友情を基盤にしたうえで話し合い、一人ひとりを尊重しながら相互に傾聴し合うことを大切に考えた。これらの技法が強力な政治的資源を持たない人びとにも開かれた政治参加を可能にしたのだ。

第四節　「弱さ」から始まる民主主義

互いを頼りにする

先に友情が政治参加に果たす役割について論じてきたが、それは、女たちのキャンプの参加者の関係性のあり方にも影響を及ぼしている。その影響は、キャンプのメンバー間における「人に頼ること(dependence)」の許容に表れている。ケアの政治理論を整理しながら、ヴァージニア・ヘルドは、人間が誰かに頼ることなしには生きていけないことを強調している(Held 2006: 10)。誰もが誰かに頼って生まれ、誰かに頼って大きくなり、病気になったりケガをしたりすれば誰かに頼って治療とリハビリをし、年老いてからは誰かに頼る程度が高まる。

ケアの政治理論は、人に頼らないと生きていけないという当たり前のことが、古典的な政治学では十分に考慮されてこなかったと主張する。ジョアン・トロントの見方によれば、政治思想家たちは、ケアのような人間の活動に必要なものは、政治を行ううえでの前提であり、公的領域で議論されることではないと見てきた(Tronto 1996: 140)。また、彼らは、ケアのように人びとの個別のニーズに応える営みは、狭く限定されたものに他ならず、政治はこの個別性を超えたところに存在するという(Tronto 1996: 141)。岡野八代が指摘するように、政治思想の伝統においては、人間が他者に頼っているという事実が覆い隠され、「主体の自律性」を暗黙のうちの前提としたうえで、政治なるものが論じられてきたのである(岡野二〇一二：一二七)。

「生活保護バッシング」に示されるように、他人(政府も含む)に頼るのはできる限り避けるべきという規範が根深く存在する現在の日本社会では、「人に頼る」と聞くと否定的なイメージを浮かべてしまうかもしれない。しかしケアの政治理論には、人間が誰も人に頼って生きていることを再確認しながら、政治的な倫理を組み立て直そうというスタンスが基本にある。そもそもケアという言葉には、「気づかう」という意味がある。子ども、老人、病人を気づかい、彼らのニーズを満たすには、一人ひとりの状況を丁寧に見ながら、それに応じた対処をしなくてはならない(Held 2006: 11)。ケアは、各々に固有の状況を尊重することによってのみ可能である。

女たちのキャンプにおいて、参加者の間に一人ひとりの問題についての会話が交わされていたことにわかるように、そこでは、他の参加者との対面的な関係が構築され、そして、相互に頼ることを許す雰囲気が存在した。これは、参加者が人としての「弱さ」を隠さずに表すことを可能にした。すなわち、自分が完璧な人間ではないということを認め合い、そんな「弱い」一人ひとりが互いを支え合うような関係をつくり出すことにつながったのである。武藤は、次のように言っている。「その場は、自分のマイナス面をふくめて、ありのままの自分を安心して出していける場所だったような気がします。誰かのマイナスを誰かがおぎない、モザイクのように組み合わさりながら、ひとりひとりがかけがえのない存在になっていったのだと思います」(武藤一九九一:四)。

ここで注意すべきは、参加者の「弱さ」が許容されるだけでなく、より肯定的なものとして捉えられているという点である。先の言葉に、武藤は次のように続ける。「どんよりとくもった夕暮れ近い道を、パトカーのチカチカと光る赤いランプとともに六フッ化ウランを積んだ何台ものトレーラーが近付いてくる光影(ママ)を見た時に「とうとうこの土地も放射能にまみれてしまうんだ」と胸がつぶれるようで、思わずおいおいと泣いてしまいました。しかし、同じように道路に座り込んでは排除され泣いていた女たちは、ひと泣きし終えるとまた立ち上がり道路へすわることを、何度も何度もくりかえしていました。「自分の中の弱さを出せるから、だから強くなれる」これが女たちのやり方なんだなとつくづく思いました」(武藤一九九一:五)。

島田も、カウンセリングの手法を取り入れたキャンプ内の話し合いに言及しながら、感情の解放が「強さ」につながると語っている。彼女によれば、日々の公的な活動では、怒りや悔しさの感情は、押し殺すのが普通であり、特に男性は、泣くことを許されない。その感情を自然に表現することで、詰まったものを解放し、それによって自分の力を取り戻すことができる(島田恵さんインタビュー)。島田自身も、一九九〇年一〇月に六ヶ所村に移住してから、精神的に追い詰められるような緊張を経験してきた。当時は核燃サイクル計画をめぐる争いが激しさを増し、知事選も近づいていた。東京から通っているだけでは、状況が十分につかめなかったので、もっと六ヶ所村の人びとに密着取材をしたいという思いから移住した。しかし移住生活は、簡単なものではなかった。大家が日本原燃に圧力をかけられ、引っ越して二週間で島田は借家を追い出された。実は大家の息子が翌春に日本原燃サービスに就職が決まったことがその背景にあった(島田二〇〇一：一三八)。望んで移住した先で、島田は、何度も感情が詰まるような経験をした。詰まった気持ちの解き放ちは、彼女にとって六ヶ所村で生きていくのに不可欠なことであったのだ。

先に言及した非暴力トレーニングの中には、感情の解放を許容する方法も組み込まれている。それは、「泣く」といった感情を解き放つ行為が、自分の心の中に抱えている感情に気づくことにつながるためである(阿木幸男さんインタビュー)。彼女たちは、感情を解放した時、六ヶ所村へのウランの搬入を止めたいという思いを再確認し、自分の行動の根拠がより確固たるものになった。これが武藤のいう「弱さ」が抵抗の「強さ」につながるということの意味である。

座り込みのトレーニング

強風でテントが飛ばされるなどのトラブルにも見舞われたが、キャンプ生活は概ね順調であった。他方、六フッ化ウランの搬入計画も着々と進行し、六ヶ所村にウランが運ばれる日が近づいてきた。その日に備えて、座り込みの事前の練習が行われた。これも、先述した非暴力トレーニングの一環である。

トレーニングでは、警察と直接対峙した時の振る舞い方を訓練した。元警官のトレーナーがロールプレイングで警官役を担い、本番さながらのトレーニングが繰り広げられた（天野一九九一：一四）。その他にも実践的なトレーニングが続いた。たとえば、騒ぎになった時、誰が間に入って騒ぎをおさめ、逮捕されないようにするのかが話し合われた。警官に排除されそうになった時、力を抜くことで体の重みを感じさせる練習をしたりもした（谷一九九一：五）。

さらに、警官にわからないように複数の歌を用意して、それを座り込みのような行動の合図にすることも、事前の準備の中に含まれていた（武藤類子さんインタビュー）。歌を合図にするというのは、単なる警察対策以上の意味があった。菊川は、警察と対峙する時は興奮状態になりやすいので、それを抑え、混乱を回避し、普通の状態で自分の思いを伝えるための「小道具」が「花と歌」であったと語っている（菊川慶子さんインタビュー）。直接行動と言っても、警察との対決を自己目的にしているわけではない。それでも否応なく警察と対決を強いられてしまうことがあるが、その時には、緊張、恐怖、興奮で行動の目的を見失い、他の参加者への気づかいを忘れてしまいがちである。そこで自己と他者への気づかいを思い起こさせるため、直接行動の中に歌が取り入れられたのである。

ここまでの議論を踏まえると、女たちのキャンプの非暴力直接行動は、政治的コミュニケーションの方法であると言える。そのコミュニケーションは、運動の内と外の両方に向けられている。一方で、彼女たちは、核燃サイクル計画の推進者やメディアのような運動外部の行為者に対して核燃反対という政治的なメッセージを非暴力的方法で送っている。他方、非暴力は、運動内部に向けられたメッセージである。彼女たちは、参加者の間に力によらない関係を構築したいという思いを内部に向けて伝えている。

阿木が書いているように、非暴力トレーニングの中で運動内の信頼関係の構築に力点が置かれているのは、過去の運動が残した負の遺産に対する反省から来ている。彼は、一九六〇年代後半に大学生だった時、「デモや集会で友人たちが傷つき、内ゲバやリンチが頻繁に起き、各セクトがぶつかり合うにつれ、僕自身はむなしさや割り切れなさを覚えるようにな」るという経験をした(阿木一九八四：一四)。非暴力トレーニングの誕生の背景には、社会運動に関わる人びとが互いに傷つけ合ってきた歴史がある。

内ゲバは、コミュニケーションの失敗の無残な結果である。そこには、相手に対する信頼も気づかいも、決定的に欠落している。これに対して、女たちのキャンプの非暴力直接行動には、運動グループの内側と外側、両方の人びととの相互的なコミュニケーションの構築というねらいが含まれている。以上を踏まえると、ニューレフト以降の社会運動史における女たちのキャンプの意義を確認できる。彼女たちは、先行する運動が直面した課題に対し、「弱さ」の許容と仲間への気づかいからなる人と人との関係、さらにはその関係を基盤にした民主主義という応答を示したのだ。

六ヶ所村にウランが入った日

一九九一年九月二七日、ウランが搬入された日の『デーリー東北』の記事を追ってみよう。ウラン濃縮工場の正面ゲート前で、市民グループや労働団体が相次いで抗議集会を開き、それぞれ参加者は三〇人ほどであった。原料が搬入される南ゲート前では、約二五人の女性が午前一〇時から自作の抗議の歌や踊りを繰り返し非暴力の行動に訴えた。原料搬入の約一時間前の午後三時頃、女性たちは応援に駆けつけた反対派住民約五〇人とゲート前で座り込みを開始、路上に野花と折り鶴を敷き詰めながら抗議の合唱をする。警備の警官は一斉に排除を始める。女性たちは数人がかりの警官に道路わきに引きずり出されるが、次から次へと路上に戻っていく(『デーリー東北』一九九一年九月二八日一五面)。

菊川は、この時のことを次のように書いている。「いよいよ座り込みの前段階。合図の歌が流れて、私たちが花を道路に並べ始めると、市民グループ、農業者も花を運んで手伝いはじめた。輪になって手をつないだとき、人数は五十人にも増えていた。そのまま歌いながら座り込んだが、誰も抜けていこうとしない。警告にも動ぜず、排除されるまでその場にとどまった。花はたちまちかたづけられ、ゲートは警官に固められて近づけない。打合せどおり、バラバラに道路を歩き出した。三人、五人と手をつなぎ、警官の制止をかわしながら車道をジグザグに歩いていくと、先導のパトカーが立ち往生していた。道路いっぱいに広がった人たちはいっせいに座り込む。重量級のTさんはパトカーのボンネットにあでやかに腰かける。隣の人はダイ・インしている。私もおそるおそる仰向けになった。力を抜いているとあっという間に歩道に運ばれてしまった。警備のスキをついては座り込み、寝転ぶ。野辺地警察は紳士的だった。声はあくまでおだやかに、妊娠している人、あかちゃんを抱いている人は四人がかりで運んでいる」(菊川一九九一：一)。

行動に加わった人びとの中には、「乳のみ児二人、ヨチヨチ歩き一人の子を連れた人一人、妊娠している人一人」が含まれていた。一歳四カ月の子どもを抱いたKさんは、若い警官にトレーラーの前に行かないようにと約束させられる。かまわずトレーラーの前に出ると、その警官は「核燃止める前に車にひかれたらなんにもならないじゃないですカァ！」と叫んだ。妊娠八カ月のHさんは、警察に排除されそうになった時、そこに落ちていた花をふわりと警官の前に差し出した。その警官は思わず身を引いたそうである（谷一九九一：六）。このようなやり取りが現地の行動の中で繰り広げられた。Kさんや Hさんの行動は、それを取り締まる警官の心にまで何らかの響きを生み出したことがうかがえる。

女性たちの非暴力直接行動は、トレーラーを約三〇分間、立ち往生させた。しかし午後五時前には、一連の攻防に決着がつき、一台目のトレーラーがゲート内に入った。その後はスムーズに事が進み、残りのトレーラーも次から次へと施設の中に入っていった。こうして九月二七日の行動は、幕を閉じた。

第6章

脱原発運動の統治

「ニューウェーブ」の運動の高まりとともに一九八〇年代後半には脱原発で盛り上がった世論も、一九九〇年代半ばには落ち着きを取り戻した(第4章の図4-1参照)。また、本田宏によるイベント分析を見ると、原発に対する抗議行動の発生件数は、一九八八年の下半期にピークに達し、一九八九年には減少し始め、一九九一年下半期にはチェルノブイリ原発事故以前の水準に戻っている(本田二〇〇五:二〇四)。

吉岡斉がいうように、「日本の原子力共同体は、チェルノブイリ事故を契機に高まった脱原発世論の高揚を、ひとまず凌ぎ切ることに成功した」(吉岡一九九九a:二二〇)。それは、いかにして可能であったのだろうか。運動の統治は、どのようになされたのか。一度、その正統性が大きく揺らいだ後、原発を推進していくには、正統性の論理の刷新が必要であるが、それはどうなされたのか。

社会運動論において、運動の衰退をめぐる問いにもっとも精力的に取り組んできたのは、ポリシング(警察による運動の取り締まり)研究である。だが、脱原発運動の場合、運動の統治を担ったのは、警察だけではない。政府(科学技術庁、通産省、その関連組織)や電力会社など、様々な機関に所属する原発の政治エリートも関わった。本章では、運動の盛り上がりに直面した後、彼らがいかにして運動を統治しようとしたのか、その手法の変化を明らかにしていく。

第一節　直接行動に対するポリシング

直接行動の取り締まり

「いかたのたたかい」のような原発現地の直接行動は、ヨーロッパの反原発運動において頻繁に用いられる抗議レパートリーであった。日本でもその数は決して多くないが、チェルノブイリ原発事故以前から農漁民による対決的な行動が展開されている。「ニューウェーブ」においても、原発反対の訴えをシンプルに表現する直接行動は、魅力的な抗議手法と見られていた。これに対して警察は、原発現地の直接行動を厳しく取り締まった。日本では、アクティヴィストの直接行動の取り締まりに関して、警察が幅広い裁量を有しており、公務執行妨害、建造物侵入、道路交通法違反、公安条例違反などが、逮捕の主たる根拠として使われてきた(安藤二〇一三：一〇五)。

特に路上における行動は、厳しく制限されてきた。警察の取り締まりの主たる根拠になったのは、公安条例である。それは、冷戦下に国内の治安対策を名目としてつくられ、警察がそれをもとに運動の街頭行動を管理することを可能にした。東京都の場合、一九四九年一〇月二〇日に旧条例が、一九五〇年七月三日に新条例が公布、施行されている(東京護憲弁護団編一九六七：九四)。それでも、「六〇年安保」の時期には運動の参加者が増えるにしたがって、道路を縦横に行進するジグザグデモや道路全面に広がって行進するフランスデモを行うことは可能であった(酒井(隆)二〇一三：四一一―四一三)。

だが、一九六〇年七月二〇日、東京都条例に関する最高裁判決で、公安条例が合憲という判決が出される。「公安条例合憲化」の流れの中で、警察は、「サンドイッチデモ」と呼ばれる併進規制という方法を使い、路上でのデモに対する規制を強化すると同時に、「六〇年安保」の舞台であった国会前は事実上のデモ禁止区域とされた（東京護憲弁護団編一九六七：二二―二四）。

一九六〇年代後半の一時期、ニューレフト運動は、路上でのジグザグデモやフランスデモを復活させたが、これに対して警察は、当初は力技で路上における行動を厳しく取り締まった。その後、警察は、マスメディアとの連携を強化した。新聞やテレビの記者が警察情報に対する依存を高める一方で、メディア上では、対決的な行動が「暴力」と表象され、それを行うグループが「過激派」と呼ばれるようになる（安藤二〇一三：二章）。このようにして、対決的な行動に敵対的なメディア表象が生まれ、それが運動を規制する効果を発揮した。

それでは、反・脱原発運動の直接行動に対する取り締まりは、いかにしてなされたのであろうか。愛媛県の伊方原発への反対運動の事例を見てみよう。伊方原発には一九七六年に初めて核燃料が搬入され、一九八〇年四月二四日には、八回目の核燃料搬入が予定されていた。これに対して、地元住民は、社会党や労働組合の支援者とともに、阻止行動を繰り広げ、海上では漁船二二隻が原発を取り囲んだ。核燃料は陸路で山口県徳山市の下松葉港に運ばれ、そこからチャーター船の能登丸に積み込まれた。海上では海上保安庁の消防船やモーターボート、陸上では愛媛県警の機動隊、空からはヘリコプターと飛行機に守られ、能登丸は、伊方原発に向けて出発した。護衛の警官は、海上で抗議者との攻防戦を繰り広げ、彼らの漁船に乗り込み、八人を逮捕した（斉間二〇〇二：六八―七〇）。

逮捕二日後、八幡浜警察署員が八人の自宅の家宅捜索を行ったが、三日後、八人は処分保留のまま釈放された。だが、警官は連日八人の自宅に顔を出し、事情聴取のため八幡浜警察署に出頭要請が出た。その後も彼らに対する監視は続き、その周辺の関係者にまで及ぶこともあった(斉間二〇〇二：七一―七二)。大手メディアが警察側に立った報道記事を流したことも、逮捕者を悩ませた。「危険」、「無謀」という表象が、原発現地の直接行動に生産されたのである(斉間二〇〇二：七四)。

警察は、一九八八年における脱原発運動の高まりに警戒心を表明していた。「ニューウェーブ」の盛り上がりの後に出た一九八九年版の『警察白書』を見ると、「公安の維持」という毎年設けられている章に、「各地で多様な取組がなされた原発闘争」という項目が付け足されている。そこで「原発闘争」は、従来の農民、漁民や労働者を中心としたものから、「主婦をはじめとする幅広い層の人びとが参加した全国的なもの」に変化したと記されている。『警察白書』は続けて、参加者の間で個人の主体性や参加者間の対等性が強調されているため、「行動に統制を欠く傾向」があると警戒している(警察庁編一九九〇：三〇二―三〇三)。

このような警戒心のもと、「ニューウェーブ」の行動も、厳しく取り締まられた。その事例の一つが、松山の「反原発ステッカー」事件である。警官に逮捕された女性は、伊方原発の出力調整実験に反対する行動に参加していた。一九八八年二月二日頃から毎日、大きな帆布でつくったポンチョを着込み、顔と頭にお面をつけ、一人で四国電力松山支店の建物前の歩道で、昼休み時間にビラを配布することを続けていた。二月八日には、松山で街頭デモ、その後、愛媛県、四国電力との交渉が予定されていた。彼女はいつものようにビラまきをし、その後、ステッカーをすぐそばの支柱や信号機に数枚貼り付けている。ステッカーには、「二月一一日、一二日は原発サラバ記念日、全国の集い、高松へ」という文字と、赤い火を吹く原発を背負ってあわてて逃げるタヌキが印刷されていた。そこに三人の男性が近寄り、警察手帳を掲げ、ステッカーを歩道橋に貼ったことをとがめた。彼女ははがしに行こうと歩道橋に向かって歩いたが、その三人は「ちょっと話が聞きたい」と言って彼女の肩に手をかけた。怖くなり歩道橋の支柱にすがりつき、周囲に助けを求めたところ、「逮捕だ、逮捕だ」と言いながら、警官たちは彼女の手足を抱えて宙づりにし、四国電力構内に連れ込んだのである(酒井(精)一九九〇：一二七―一二八)。彼女は軽犯罪法及び愛媛県の屋外広告物条例違反で起訴され、裁判で争った。一九九一年一〇月一四日、松山簡易裁判所の判決が出て、罰金四千円と執行猶予一年という決して重くはない処罰だが、有罪とされてしまう(『朝日新聞』一九九一年一〇月一四日一三面)。田村譲は、他のビラ貼りは黙認していて、反原発のビラを取り締まったことを考えると、特定の思想信条を持つ人びとに対する警察の「ねらい打ち」であったと言っている(田村(譲)一九九一：一一六)。

以上の事例から、脱原発運動の直接行動に対するポリシングに関して、次の三点を確認しておこう。第一に、警察はポリシングに際して、広い裁量を有していた。様々な罪状を用いて、アクティヴィストを逮捕することが可能であった。第二に、警察の厳しい取り締まりは、メディアの直接行動に対する批判的な報道に支えられていた。大手メディアは、運動の包囲網の一角を担っていたのである。第三に、逮捕の恐怖は、アクティヴィストの行動の自粛につながり、彼女たちを萎縮させる効果を有していた。直接行動の行使が困難な状況は一九七〇年代と変わらず、「いかたのたたかい」で見られた直接行動も、脱原発運動の初期に何度か用いられたが、その後は数が減っていった。

第二節　「ニューウェーブ」の脅威

一九八八年の「荒波」に直面して

警察の厳しい取り締まりにもかかわらず、「ニューウェーブ」は、原発の政治エリートにとっての重大な脅威であった。都市における脱原発運動と反原発世論の高まりの余波は、原発現地にも及び、一九八八年以降も、日置川、日高、窪川などの原発の新規立地が撤回を余儀なくされた。『原子力年鑑』（日本原子力産業会議）の一九八八年版には、この年に日本の原子力業界が「新たな草の根運動」に直面し、「荒波にさらされ」たという記述を見て取れる。この記述によれば、日本ではチェルノブイリの原発事故も「比較的冷静に」受け止められていたが、一九八八年に入ってから「にわかに雲行きがあやしくな」った。そして、伊方原発二号機の出力調整実験に対する反対運動をきっかけに、「既成の原発反対運動の枠を超えた主婦を中心とする反対運動」が広がった（日本原子力産業会議編一九八九：二）。

脱原発運動を警戒する原発の政治エリートの発言は、他にも様々な箇所で見られる。たとえば、一九八八年四月一三日、日本原子力産業会議[37]の年次大会で、円城寺次郎会長代行は、「既成の組織の枠を越え、一般市民へ反原発機運を拡大しようとする動きがある」と、強い警戒感を示している（日本原子力産業会議編一九八九：二）。同年七月、科学技術庁の平野拓也原子力局長は、「いまの反対運動は従来のパターンとは違い、主婦層、若年層に広がっており、たいへん憂慮している」と発言している

(『原子力産業新聞』一九八八年七月一四日一面)。

それでは、政治エリートによる脱原発運動への対応は、いかにして行われたのだろうか。その対応の特徴は、運動を封じ込めるのに、警察以外の行為者が運動の封じ込めに関与したという点にある。トレヴァー・ジョーンズとティム・ニューバーンが指摘するように、社会運動の封じ込めのアクターは警察に限定されず、政府、企業、地域組織も含むのだ(Jones and Newburn 2006: 1)。

日本では、共産党や新左翼党派のように、すでにポリシングの対象として認知されている組織の場合、警察庁や都道府県警察の公安部に担当部署が設置されており、警察は取り締まりに人的、物的な資源を投入できる。しかし、脱原発運動は、都市の個人のネットワークから構成されているため、警察もその実体をつかむのが容易ではなく、対処するのが難しかった。

私は、運動に対する取り締まりを見ていくには、主に警察の活動に焦点をあてた「ポリシング」という言葉よりも、より広い政治的行為者を巻き込んで展開される「統治」という言葉を使用する方が適当であると考えている。そこで以下では、統治という言葉を使って考察を進めていく。

「反原発へのいやがらせ」

まず、原発の政治エリートによる封じ込めの対象になったのは、都市のアドボカシー組織である。特に資料情報室は、そのターゲットにされた。資料情報室には、一九九二年の春頃から中傷の文書、会社や学校の案内書、個人宅から抜き取った郵便物などが送られ、合計で四千通にもなった。いやがらせ行為は深刻であり、一九九五年に、被害を受けた七一の個人と団体が日本弁護士連合会の人権擁護委員会に人権救済を申し出たほどだ(『朝日新聞』一九九五年七月一九日三五面)。

資料情報室の高木仁三郎は、「反原発へのいやがらせ」の最大の被害者の一人である。一九九二年五月、原発建設が計画された芦浜の地元住民に招待され、自身の講演会に出向くと、彼は、演壇に花が敷き詰められているのを見つけた。その花籠の中には、共産党議員の名が肩書きつきで記されていた。高木によれば、地方では、共産党＝「アカ」のレッテルを貼られた場合、住民から距離を置かれてしまうことがある。高木は、花の送り主が集会に「アカ」がいることを会場の人に憶測させるために共産党議員の名前を出したと推察する(高木一九九九:二一三)。

東京に戻ってくると、第二弾が待っていた。偽のビラが撒かれたのだ。それは、資料情報室の分室が火事にあい、資料情報室がつぶれるほど困っているので、カンパを求めるというビラである。この打ち消しには、大変な手間を要した(高木一九九九:二一四)。夏には、高木の名前を使って「偽暑中見舞」が送られた。その手紙には、運動が盛り上がらず、もう運動に疲れて辞めようと思っているという内容が記されていた(高木一九九九:二一四)。

こうした「いやがらせ」行為は、多岐に渡っている。無言電話に始まり、様々な物の送り付け、誹謗中傷の文書や写真、特定の個人団体の手紙や書類などの私的な文書のコピー、不正行為によって入手したと思われる物(各種料金請求書、納税通知書など)、その他、生理用品、笹かまぼこ、タバコの吸い殻、ポルノビデオカタログ、毛髪、枯れ草などが挙げられる(海渡編二〇一四:二四)。

「反原発へのいやがらせ」の人権救済の申し立てを担当した弁護士の海渡雄一は、「いやがらせ」には、運動の分裂や攪乱、身の危険を感じさせる、運動に関わりたくない気持ちを起こさせるなどのねらいがあったという(海渡編二〇一四:二六―二七)。問題は、「いやがらせ」の犯人を特定するのが難しいことである。だが海渡は、電力会社がこの活動の中心的な役割を果たしたと見ている。「いやがらせ」には、郵便料金や文書作成などに相当な費用がかけられており、それだけの費用をかけてまで脱原発運動を妨害したいと考えるのは、原発を推進する側しかないからだ。公的な機関には「いやがらせ」活動に多くの予算を使うことはできないが、民間企業である電力会社ならば、十分に可能である(海渡編二〇一四:二八)。

このように資料情報室は、原発の政治エリートによる封じ込めのターゲットとされた。確かに資料情報室のようなアドボカシー組織は、統治のターゲットになりやすい。しかし、脱原発運動は、都市の女性中心のネットワークであり、常に決まった組織を構成しているわけではなく、必ずしもオフィスを備えているわけでもないので、特定するのがより難しい。それでは、原発の政治エリートは、このネットワークをいかにして統治しようとしたのだろうか。

「メディアを買う」

脱原発を求める都市住民のネットワークの広がりに対応すべく、原発の政治エリートが行ったのは、広報活動の強化である。チェルノブイリ原発事故の以前から、彼らは、原発がメディア上でどう報道されるかに注意を払ってきた。それは、原発事故のような非常事態が生じた時の情報コントロールにもっとも明確に表れる。原発に関してメディアがもっとも飛びつきやすいのは、事故情報のようなスキャンダルなので、政治エリートは、新聞やテレビのスポンサーになるという方法で、主流メディアに圧力をかけて、ネガティブ情報を出さないようにした。

本間龍は、東電、電事連、NUMO(原子力発電環境整備機構)などがいかなるテレビ番組のスポンサーになっているのかを調べ、原発の政治エリートの「メディアバイイング」の実態を明らかにしている。たとえば、東電は、「JNNニュースの森」「FNNスーパータイム」「スーパーJチャンネル」「NNNニュースプラス1」といった一六時以降に放映されるニュース番組を中心にスポンサーになってきた(本間二〇一三：六五)。大手新聞社の場合、原発広告がもっとも多いのは、『読売新聞』である。一九五〇年代、日本の原子力発電の導入に尽力したのは、同紙のトップであった正力松太郎であり、読売新聞社と原発の政治エリートは、長く近しい関係にあった。『朝日新聞』や『毎日新聞』のような、政治エリートと一定の距離を置いていた新聞も、原発関連産業の広告から大きな収入を得ていた(本間二〇一三：一二七)。

原発の政治エリートは、どのようにして報道に介入してきたのだろうか。本間は、電通と博報堂のような広告代理店が電力会社のメディア介入に果たしてきた役割を強調する。新聞広告を出稿している会社にトラブルがあった場合、その記事が翌日の紙面に掲載されてしまう。広告代理店の営業は、新聞社の営業局に連絡を取り、対応に探りを入れる。なるべく穏便な扱いを「暗に要請」する一方、翌日の紙面に掲載予定の広告は取りやめる。最終的に紙面にトラブルの記事が掲載されるかどうかは、新聞社上層部の判断によるが、年間出稿額の大きな企業ほど、追及は甘くなる(本間二〇一二：一九―二〇)。このように、広告代理店は顧客の利益のために全力を尽くすことで、原発の政治エリートの情報統制を支えていたのだ。

「メディアを買う」ことは、事故のような非常時だけでなく、平常時にも行われた。事故以外の時に人びとが原発の情報を耳にすることは少ない。原子力発電所の中で起きていることを詳細に知っている人は、ほとんどいない。それゆえに、圧倒的多数の人びとは、メディアを通して原発のイメージを得るので、平常時の広報では、イメージ戦略が鍵になる。脱原発運動の高まりに直面して、政治エリートたちは、原発に関する好意的な情報をつくり出し、広めていく必要性を痛感させられた。そこで、テレビや新聞に広告を出すような「メディアバイイング」が、肯定的な印象をつくり出すために行われたのである。日本原子力文化振興財団[38]は、一九八八年七月から『朝日』、『毎日』、『読売』、『産経』の全国紙で毎週「エネルギーのはなし」を広告欄に掲載することを開始した(日本原子力文化振興財団編一九九四:二六三)。広告欄に原子力の基礎知識の短い説明を出して、原発に対する読者の不安をぬぐい去ることを目指しており、これも原発のイメージ戦略の一環である。

広報予算の増加

「メディアバイイング」をもっとも精力的に行ったのは電力会社であり、その資金源になったのは広報関係の予算である。原発を持つ電力九社が投じてきた「普及開発関係費」、すなわち、広告宣伝の費用を見てみると、一九七〇—二〇一一年の四二年間で二兆四一七九億円に上る(『朝日新聞』二〇一二年一二月二八日夕刊一〇面)。二〇一〇年度における東京電力の単独広告宣伝費は一〇位であり、上位はパナソニック、花王、トヨタ自動車など、全国区の会社が占めている。本間が解説しているように、東電の広報予算の規模は、驚くほどの大きさである。東電は、首都圏を中心とするローカルな企業であるにもかかわらず、名だたる全国区の企業に肩を並べるほどの広告宣伝費を使っているからだ（本間二〇一三：二三）。これに加えて、「販売促進費」、すなわち、メディア以外のＰＲやイベントの予算もある。また、電事連も独自に「普及開発関係費」を計上していた（本間二〇一三：二二）。

こうした潤沢な広報予算を支えたのは、「総括原価方式」である。電気事業法に基づき、電気を安定的に供給するため、電力会社は、家庭向けの電気料金を定める際、発電にかかる経費を積み上げ、一定の利益を上乗せすることができた。各家庭が意識せずに支払っている電気料金こそ、電力会社の「メディアバイイング」を可能にする基盤であった。チェルノブイリ原発事故後、特に一九八六―八九年度の間には、毎年三〇億円近く「普及開発関係費」が伸びている（本間二〇一三：三一）。「ニューウェーブ」の盛り上がりは、電力会社が広告宣伝費を上乗せするきっかけになったのだ。たとえば電事連は、一九八八年四月から『朝日』、『毎日』、『読売』、『日経』、『産経』の全国五紙に月一回のペースで全面広告を出し、原発の「安全性と必要性」のアピールを始めている。一紙合わせて一回約一億円という高額の出費は、広報予算を積み増すことでまかなわれた（山口一九八八：二三〇）。

同じ時期に、行政機関においても、原子力関係の広報予算が増大している。一九八九年度には「原子力開発推進広報予算」が増加し、科技庁の予算は、前年度の二億円弱から一二億五千万円に、通産省の予算は一五億円から二八億円に達した。また、日本原子力産業会議や日本原子力文化振興財団といった関係機関は、一九八九年度の広報予算に約五億円を計上している（山口一九八九：五六）。

第三節　原子力広報の刷新

脱原発運動に学ぶ

「ニューウェーブ」の脅威に直面する以前、原発推進者の広報活動でもっとも多かったのは、原発の安全性や必要性を繰り返し訴えることであった。しかし、脱原発の声に圧倒される中で、これまで通りの広報では十分ではないという認識が政治エリートの中に広がった。

原子力業界の専門誌(月刊)である『原子力工業』は、原子力や原発に関する科学者や技術者の専門的な論考を掲載してきた。この雑誌の一九八九年二月号と一九九三年一月号では、原子力広報のあり方に関する特集が組まれている。特に後者の特集では、原子力業界の最前線で活躍する四二人の関係者がこれまでの広報の問題点について語っており、政治エリートが広報をどう理解していたのかを知るのに有用である。

この特集を見て気づかされるのは、彼らが脱原発運動の存在を強く意識していることだ。原子力業界の専門家は、アクティヴィストも彼らと同じように「広報」を行っていると見ていた。運動においては、原発の危険性や非効率性が強調されるので、その内容こそ電力会社による原発への理解を求めるための広報とは異なるが、広報、すなわち、広く情報を伝える活動であることに違いはない。政治エリートたちは、脱原発運動の広報に関して、次の二つの発見をした。

第一の発見は、広報の自発性である。九州電力の広報部長である鑓水恭史は、「原子力反対運動の人々の行動には主体性があふれ切っている」という。鐙水によれば、省エネや自然エネルギーの利用に努めれば脱原発につながるという考え方はナイーブだが、アクティヴィストの行動力には目を見張るものがあるし、「真剣さ」がうかがえる（鐙水一九九三：三八）。これに対して、原子力産業には、「行動力」が欠如している。誰かがやってくれるだろうとか、これは自分の仕事ではないという他人任せがはびこっている（鐙水一九九三：四四）。

第二の発見は、広報の明快さである。三菱マテリアルの原子力顧問である関義辰は、次のようにいう。「原子力反対の人の話はわかりやすい。（原発の危険性を示す）結果は、原子炉事故の事例報道で山と集めることができる。その原因もわかりやすく並べることができる」。関によれば、アクティヴィストの説明は、専門家から見れば正確ではないかもしれないが、明快である。これに対して、原発関係者の説明は難しい。技術的な正確さに忠実なあまり、端折ったり、相手の顔を見て話をしたりするのが不得手である（関一九九三：二七）。

以上のように、原発の政治エリートは、自分たちが原発をめぐる情報戦の渦中にいることを意識し、脱原発運動の広報に学び、その自発性と明快さに危機感を覚えたことがうかがえる。彼らは、原発関連企業の社員の「行動力」の不足と原発についての明快な説明の欠如が、原発関係者の広報の課題であると自覚するようになった。

「原子力理解促進活動」

これらの課題の存在は、政治エリートの広報戦略に変化を迫った。その変化を示すのが、「ＰＡ（パブリック・アクセプタンス、原子力理解促進活動)」の普及である。PAとは、何を意味していたのだろうか。まず、一九九二年に『日本原子力学会誌』に掲載された荒木由季子の「原子力広報と原子力PA」という論考を見てみよう。荒木は、科技庁原子力調査室に一九八八年九月から一九九〇年五月まで勤務し、原子力広報に関わり、執筆当時は、資源エネルギー庁原子力発電課に勤めていた。荒木が科技庁で働いていたのは、「ニューウェーブ」の参加者が急増した時期である。荒木も含め原子力関係者は、手探り状態で始め、様々な広報手段を試し、経験を蓄積してきた(荒木一九九二:三九)。

「広報」と「PA」の違いは何か。なぜ、「広報」ではなく「PA」という呼び方が好まれたのだろうか。これらの問いに対して、荒木はこう答える。広報とは、「広く知らせること」を指すのが通常だが、原子力広報の場合、知らせるだけでは不十分である。知ったうえで、「受け入れてもらう」ような広報、これこそがPAなのだ(荒木一九九二:四〇)。このように、PAが原発の政治エリートの中で「理解促進」や「合意形成」という言葉で呼ばれていたのは、そこには「広く知らしめる」以上の意味合いが込められていたからであった。

PA推進のかけ声を受けて、科技庁は、講師派遣制度を開始している。日本原子力文化振興財団を窓口にして、地方自治体や地域団体主催の集会などに原子力の専門家を無料で派遣した(『朝日新聞』一九八八年九月二三日三面)。一九八八年一〇月から正式に始まり、一九九一年一月までに派遣した回数は約二五〇〇回、延べ受講者数は一万三千人を数えた(岩崎ほか一九九一:二三)。また、通産省は、一九八八年五月に原子力広報推進本部、七月に原子力広報推進室を設置して、PAに取り組む体制を整備した(岡倉一九九二:二二―二三)。電事連は、一九八八年四月、PA企画本部を立ち上げている(山口一九八八：二三〇）。各電力会社も、同じ時期に社としてＰＡ活動に取り組みだした。たとえば東北電力は、「原子力発電への不安」と「反原発運動の活性化」を受けて、一九八八年から「原子力ＰＡ活動」を開始した（「東北電力――活発なエネコミ活動・地域で展開　開かれた発電所へ情報も積極発信」『エネルギーレビュー』二〇〇四年九月号：一〇）。このように政治エリートは、政府、関係機関、電力会社、メーカーを問わず、ＰＡ活動に乗り出したのである。

原子力ＰＡの変化

「ニューウェーブ」に直面を余儀なくされて、原発の政治エリートのＰＡはいかに変わったのだろうか。まず、ターゲットの変化である。すでに一九七〇年代には、政府が中心になってＰＡを展開している。笠井章弘によれば、この時期のＰＡは、立地に際しての地方公共団体の調整機能の強化と漁業に対する補償をめぐって行われた（笠井一九七八：七二）。これに対して、チェルノブイリ原発事故後、ＰＡの主たるターゲットは、原発現地の住民（いわゆる「立地対策」）から都市部（の女性）にシフトした。たとえば科技庁は、一九八九年度から都市部の主婦層や若者層を巻き込んだ「都市型ＰＡ」に本腰を入れることを打ち出している（『原子力産業新聞』一九八九年六月一日一面）。

次に、手法の変化である。政治エリートたちは、原子力について説明する際に明快さを重視するようになった。先に紹介した一九九三年新年号の『原子力工業』の特別企画では、原子力業界の有力者に現在のＰＡの問題点や今後のＰＡのあり方について質問している。この回答の中で北海道電力原子力ＰＡチーム部長の小池信守は、「世の中しらずの専門ばか」から「真に社会の一員になること」を、原子力産業で働く人びとに求めている(小池一九九三：二〇)。

また、東京電力原子力本部副本部長を務めていた加納時男は、「日常性」という言葉を使い、PAの変革を訴えている。彼は、「暮らしの場にしっかりと身を置き、目線を合わせ、共通の言葉・共通の感情で語り合うこと」が、原発の理解促進に不可欠と主張した(加納(時)一九九三：一六)。このように彼らは、科学者や技術者が企業、役所、大学、研究室の世界に閉じこもる傾向を戒めている。原子力広報において、人びとの生活感覚に即し、日常の言葉を使って、原子力の知識を明快に伝えるというやり方が推奨されるようになった。

運動対策として講師派遣制度を整備する一環として、科技庁は話し方の講座を設けている。『朝日新聞』には、コミュニケーションが専門の女性の大学教授が、動力炉・核燃料開発事業団、日本原子力研究所、放射線医学総合研究所から派遣された講師候補に向けてレクチャーをしたという記事が掲載されている。レクチャーでは、「話にメリハリをつけて」、「体全体で話すこと。特に視線が大事」という助言が飛んだそうである(『朝日新聞』一九八九年一〇月九日三面)。この事例に示されるように、原発の政治エリートたちは、専門家の説明とコミュニケーション能力の鍛錬を組織的に進めるようになった。

リスク社会学の分野では、どの程度のリスクがあるのかを「リスク評価」、そのリスクにいかなる対応をするのかを「リスク管理」と呼ぶが、科学者が主たる関心を置くのは、これらリスクの評価と管理である。しかし、政治エリートたちは、リスク評価と管理だけでは、人びとの不安や不満を抑えられないと考えた。そこで彼らは、人びととの実際的な意思疎通、すなわち、「リスコミ(リスクコミユニケーション)」の必要性を訴えたのである。福島第一原発事故後、「リスコミ」という言葉が氾濫しているが、日本においてそれは、チェルノブイリ原発事故後、「ニューウェーブ」に脅威を感じたエリートたちが、運動を統治する手法として使い始めたものであることを強調しておこう。

ここで注意すべきは、ポストチェルノブイリの原子力PAが「感性」的手法と距離を取ったことである。第3章で論じたように、脱原発運動においては、原発事故の終末が近づいているという恐怖と絶望を喚起するフレームを打ち出して、それが都市住民に受け入れられた。原発の政治エリートの中には、運動のやり方を「感性」的な手法と捉えたうえで、原子力PA活動に同じ手法を使うべきという主張も出ていた。しかし彼らの間では、「感性」的な手法は主流にならず、それとは一線を画すべきという意見が支配的であった。

先に触れた「原子力広報と原子力PA」という論考の中で、荒木由季子は、原子力広報に携わる人びとの中でも、「理性」に訴える科学に忠実な広報が望ましいか、飲み込みやすくインパクトの大きい「感性」に訴える広報が効果的なのかをめぐって、意見が分かれたという。彼女は、原子力はとっつきにくく、理解を得るのが困難であるため、「感性」に訴えながらの広報を取り入れることの必要を認める。しかし、短期的にはいざ知らず、長期的視点に立って、真に原子力に対する理解を促すには、科学的な知識に基づいた「理性による堅固な受容」が必要であるという(荒木一九九二：四〇)。

以上のように、原発推進者のPAは、二つの側面から構成されていた。一つ目は、科学的知識を人びとにわかりやすく伝えるという側面である。これには、原発の政治エリートが科学的な知識を独占できないという現実を認め、それを社会に開くという意味合いがあった。二つ目は、あくまで専門家が科学的知識の主導権を握るという側面である。「感性」的なやり方に対する過度な依存を避けるのは、それが専門家の主導権を手放す危険性があるからだ。ここには、「ニューウェーブ」が揺るがした科学に関する議論の主導権を、再度専門家の側に取り戻すという意図が透けて見える。

脱原発知識人の信用失墜

専門家の復権は、いかにして可能であったのだろうか。原発の政治エリートは、二つのやり方で主導権の奪還を試みた。第一に、脱原発知識人の信用を落とすことによってである。これは、「ヒロセタカシ現象」の封じ込めの中に顕著に見られる。広瀬の著作や講演は、これまで原発に関心の薄かった人びと、特に主婦層の支持を受け、原発に対する不安を拡大させた。これに対して、原子力の専門家たちは、脱原発運動の盛り上がりの最中、『危険な話』批判を繰り広げた。物理学者の桜井淳は、『諸君!』一九八八年五月号で『危険な話』を取り上げ、広瀬が人びとの原発に対する恐怖を煽っていると批判した(桜井(淳)一九八八)。日本大学助手で放射線化学の専門家である野口邦和は、『文化評論』一九八八年七月号と『文藝春秋』一九八八年八月号で、「『危険な話』に限って言えば、その内容たるや全くのデタラメである」と一刀両断にしている(野口一九八八b:二六二)。

こうしたメディア上での論戦が繰り広げられたのと同じ時期、電事連は、「原子力発電に関する疑問に答えて」という想定問答集のパンフレットを製作している。B5判一四一ページの小冊子は、六千部印刷され、電力九社に配布された(『朝日新聞』一九八八年六月四日一一面)。想定問答集の作製は、外向けに電力会社の見解を示すというねらいもあったが、何よりも社内の動揺を鎮めることを目指していた。脱原発運動の波は、電力会社の社員すらも巻き込み始め、社員の間に動揺が広がっていたからである(山口一九八八：一三〇)。

日本原子力文化振興財団も、『危険な話の誤り』という三部作の小冊子を製作した。この小冊子は、記者に向けて配布され、メディア上での脱原発知識人の論客との論争を意識している。一九八八年七月二九日と一〇月二八日に、テレビ朝日系列の「朝まで生テレビ！」で、原子力推進派と反対派が一堂に会した原発をテーマとする論争番組が放送された。この後、各地で論争形式の討論会が開かれるようになり、原発の政治エリートも対応に苦慮した(原子力PA問題研究会一九八九：一四)。小冊子は、こうした討論会における応答に活用されることが期待されたのである。

『危険な話の誤り』の小冊子を一冊に編集したのが、紀尾井書房編集部監修『つくられた恐怖――『危険な話』の誤り』(紀尾井書房、一九八九年)である。この本は、原発推進者が『危険な話』の主張を一つ一つ訂正していくという構成を取っている。『つくられた恐怖』では、以下の三つのやり方で広瀬の『危険な話』を訂正していった。

一つ目は、基本的な事実の誤りを細かく指摘することである。たとえば、「IAEAが国連にあり」という『危険な話』中の記述を、IAEA(国際原子力機関)は国連とは独立した機関であると訂正する。また、広瀬の論拠の確かさに疑いを挟むこともなされた。ユーゴスラビアでは、妊娠中の女性が中絶の手術を受けるために、病院に殺到した。事故から三カ月後に聞いた話だが、ヨーロッパ全土で今年妊娠中絶の手術を受けた女性は、例年の一〇倍に達した、という広瀬の情報を、確たる証拠に基づかない主張であるとして疑問を呈した(紀尾井書房編集部監修一九八九：五六)。細かな訂正を積み重ねることのねらいは、広瀬の議論全体の信用低下にあったのだ。

二つ目は、「科学的」な見地からの訂正である。本文中には、「科学的に正しくない」、「どのような科学的な根拠に基づくのでしょうか」、「非科学的」という言葉が繰り返し見て取れる。たとえば、広瀬が「臨界事故」と「核爆発」を一緒くたにして使用しているのに対して、「ハンフォード再処理工場は核爆発寸前だったかというと、これは科学的に正しくありません」と訂正を入れている（紀尾井書房編集部監修一九八九：八―九）。

三つ目は、反証となる調査結果を出すことである。広瀬は、スリーマイル島の事故の被害で、周辺のガン死亡率がペンシルヴァニア州の平均の七倍を超えたという。この主張は、現地の反核グループの人びとによる半径一〇マイル以内の三地区の調査に基づいていた。これに対して、『つくられた恐怖』では、半径二〇マイル以内を対象にしたペンシルヴァニア州の保健局の調査を出し、「疫学的な見地」から見て、ペンシルヴァニア州全体のガン発生率と比べても違いはないと、広瀬の主張を訂正している（紀尾井書房編集部監修一九八九：二二六―二二七）。

原発問題の脱政治化

専門家による主導権の奪還が可能になったのは、第二に、原発問題の脱政治化によってである。科技庁の出版物である『プロメテウス』の一九八八年九月号に掲載された「座談会　今、原子力は。――女性の目から見た原子力」を見てみよう。この座談会は、原子力の非専門家の女性たちが抱く放射能に対する不安に、研究所や大学の専門家の女性たちが答えるという形式を取っている。ここから、原発推進の側に立つ専門家が非専門家の間に広まる原子力への不安にどう応じたのかを知ることができる。座談会の議論を見ると、専門家が駆使する三つのレトリックが確認できる。[39]

第一のレトリックは、放射線を人間が病気になる原因の一つとして相対化することである。東京理科大学教授で放射線管理学専攻の久保寺昭子は、人間は交通事故などを除けば、すべて病気という段階を経て死ぬということを強調する。「放射線も、お酒、薬、ある種の植物成分、いろんなものの中の一つでしかない」。それゆえに、彼女は、病気の誘因の一つに過ぎない放射線をことさら恐れるのは問題であるという(阿部ほか一九八八：四五)。久保寺は、この主張をさらに推し進めて、放射線を日常的なものと位置づけている。彼女によれば、そもそも人間が地球上に誕生した時、放射線はすでに存在していた。今でも人間は、自分の体に放射性物質を有している。それくらい放射線は日常的なものなので、特段騒ぐ理由がない。久保寺は、このように論じている(阿部ほか一九八八：四八)。

第二のレトリックは、放射線の利便性の強調である。ＲＩ、ＣＴスキャン、脳のレセプターマッピングなどの事例を出しながら、放射線が診断薬や治療薬にも使用されていることをアピールする手法だ。こうして、放射線に対する否定的なイメージを、肯定的なものに転換しようとする。放射線医学総合研究所の研究者である阿部道子は、「事故は起きるかもしれないけれども、その間に、プラスになる面も非常に大きいわけですね」と言っている(阿部ほか一九八八：五二)。

第三のレトリックは、リスクの個人化である。フードドクターの東畑朝子は、原子力推進派が放射線の安全を強調するのに対して、原子力の非専門家として疑問を呈した。これに対して久保寺は、一〇〇％安全ではないことを認めたうえで、「やはり安全は、一人一人の方の価値判断の相違で非常に違うと思うのです」という(阿部ほか一九八八：四八)。彼女によれば、放射線にメリットがあるのだとすれば、そのメリットと引き換えに一定程度浴びるのは仕方がないことである。結局、どこまでを安全と見るのかは、個々の価値判断の問題になる。

第2、3章で見たように、アクティヴィストたちは、誰が原発で利益を得ているのか、誰が原発を規制する仕事を怠っているのかという問題提起をした。そこでは、原発が科学の問題ではなく、政治の問題としてフレーミングされている。これに対して、原発の政治エリートは、「放射能には利益も不利益もあるのは認めよう。だからこそ、その両面を知り、一人ひとりが原発をどう利用するかを決めれば良い」というレトリックで対抗した。

これらのレトリックは、次の三点で脱原発運動の問題提起をずらしている。第一に、原発の不利益は満遍なく広がるかもしれないが、利益は特定の人びとに集中する。これは、アクティヴィストが六ヶ所村のような原発現地を訪問する中で思い知らされた問題である。責任の個人化は、結果的に利益の不均等の問題を等閑視しており、運動の問題提起を無視している。

第二に、原発事故の時のように、管理の失敗で浴びる必要のない量の放射能を浴びてしまった政治的な責任の問題は捨象されている。原発は電力会社が政府のお墨付きをもらって推進しているので、責任の所在はこの両者にある。アクティヴィストたちは、放射能汚染の管理の責任の問題を提起してきた。だが、放射線の危険さを程度の問題にしたり、放射線の使用を費用と便益の比較の問題にしたり、放射線の安全ラインの設定を個人の選択の問題にしたりすることは、政治的責任の明確化を妨げる。

第三に、政治エリートたちは、科学的な知の「正しさ」を疑っていない。脱原発知識人の議論に依拠しながら、アクティヴィストたちは、知の中立性に対して疑問を呈した。それは、必然的に知の「正しさ」に対する信頼を揺るがすはずだ。だが、先の「リスクコミュニケーション」をめぐる議論で、専門家たちは、科学的な知の妥当性には触れていない。確かに、「ニューウェーブ」の「荒波」を受けて、彼らは、非専門家の不安には応えようとしている。だが、その反省は、もっぱら科学的な知の伝え方に向けられており、そこでは、科学的な知の「正しさ」は、微塵も揺らいでいないのだ。

以上のように、ポストチェルノブイリの原子力PAの特徴は、科学を社会に開くという流れに対応しながら、それと同時に専門家が科学の主導権を奪い返すことにあった。

第四節　「原子力ムラ」のフェミニズム

女性主体のPA活動

原発の政治エリートが「ニューウェーブ」の広報を分析する中で得られたもう一つの発見は、女性の参加者が多く、女性が運動を支えているということである。社会心理学者の田中靖政は、原子力安全委員会の専門委員や日本原子力産業会議の理事を務め、日本の原子力広報の草分け的存在であった。彼は、一九九〇年に書いた「反原発運動と「草の根」民主主義」という論考の中で、この点を強調している。「ヒロセ・タカシ現象」は、日本各地で生じている「地殻変動」を示す「微震」の一つである。「広瀬氏は「女性」という、今まで見逃されてきた豊富な金の鉱脈を発見し、掘り起こし、反原発運動に利用することに成功した最初の人だったのである」(田中一九九〇：六三)。多くの女性が生協運動に参加していることに示されるように、女性たちは食の安全を懸念しており、それが脱原発運動側の「放射能汚染食品」という訴えが支持を獲得した理由である。「反原発側は、多くの母親たち、あるいは未来の母親たちが抱く不安に対して、一応きちんと答えてきた」(田中一九九〇：六四)。このように田中は、女性たちの不安にどう応えるかが、原発をめぐるヘゲモニー争いの鍵という見方を示していた。

こうした見方を受け、先に言及したように、原子力PAの講師派遣制度は、女性を主たるターゲットにしていた。たとえば、原研(日本原子力研究所)[40]OBが中心のボランティア組織である「プラスネット(原子力の正しい理解を深める会)」は、一九八八年一〇月に発足、原子力PA活動を行ってきた。一九九四年一二月までに講演回数八六〇回、利用者は約四万四千人に達している。プラスネットは「オピニオンリーダー」をねらうという主旨のもと、ロータリークラブやライオンズクラブを訪問してきた。それと同時に、次世代対策として、幼稚園児を持つ母親の会(創価学会ヤングミセス、千葉市の幼稚園児を持つ母親の集まりなど)、消費者団体や生協グループ(中央目黒生活グループ、ちばコープネットサークルなど)、全国婦人会(足立法人会青年・婦人部、小田原省エネ研究会ほか)などにも出向いてきた。そこで、原子力の必要性と安全性、地球環境汚染問題とエネルギー、暮らしの中の放射線といったテーマについて講演している(村上一九九五：二二一―二二二)。

女性に対するPA活動を行う際に提唱されたのが、電力事業者の側に女性グループを組織することである。たとえば、日本原子力発電[41]では、一九九一年に女性だけのPAチームが組織された。チームを結成したきっかけは、反原発運動の広がりにある。「漠然とした不安」や「誤った情報」をもとに反対運動に参加している人も多く、「主婦やＯＬに、正確な情報を分かりやすく伝えることが、同性としての務め」という思いから、活動をスタートさせた。チームは、総務部や発電技術部、研究管理部など様々な部署の女性から構成され、東京の本店、茨城県の東海発電所、福井県の敦賀発電所の、チーム二〇人ほどの女性による自主的な組織である。「ソフトな当たりとキメの細かさで主婦層や青少年の理解を得るのが狙い」であり、電気や原子力の知識をＱ＆Ａ形式で紹介する小冊子をつくったり、原発見学会を行ったりした（「電気・原子力への疑問をソフトに説明――日本原電、女性だけのＰＡチーム」『科学技術ジャーナル』一九九五年一〇月号：六〇―六一）。

日本原子力産業会議の地方組織である関西原子力懇談会の「原子力広報女性アドバイザー」は、女性職員によるＰＡ活動の取り組みである。アドバイザーは、「これからの原子力には女性の力が不可欠」という展望のもと、一九八三年に組織された。主な構成員であったのは、美浜、高浜、大飯といった原発現地と大阪など電力消費地の女性である。一九八六年頃から自主活動が活発になり、アドバイザーは、発電所の見学会やセミナー、講演会などを企画し、講師や会場の手配を行ったりしていた（中尾二〇〇一：二二）。以上のように女性によるＰＡ活動は、各企業や各組織に女性グループを結成し、そのグループが担い手になって推進されることが多かったようである。ＰＡ活動はもちろん、業務の一環ではあるが、それにもかかわらず、女性による主体的な参加という点が強調された。

原子力産業の中の女性

ＰＡ活動の担い手として期待された女性は、原子力産業の中で、いかなる位置を占めていたのだろうか。まず確認すべきは、電力業界における女性労働者が、圧倒的な少数派であるという事実だ。東京電力のデータによれば、本書で論じてきたチェルノブイリ原発事故後において、女性社員の割合は、一一％程度である（**表6-1**）。この状況はその後も変わらず、「三・一一」直前の二〇〇九年にも、三万八〇三〇人の社員のうち、女性は四五九六人（約一二％）であり、女性管理職比率は、一・一％に過ぎない。さらに、原子力発電所の従業員の割合に限定した場合、女性の割合はもっと少なくなる。関西電力のデータによれば、チェルノブイリ原発事故後における原子力発電所の従業員に女性が占める割合は、三―四％程度であった（**表6-2**）。

原子力産業の中の女性が少数派であることの原因としては、まず、そもそも日本の工学系の大学が、男性多数であることが考えられる。理系は男性の学問という認識が広く浸透しており、女性は高等教育における選択で理系を回避する（ことを期待される）傾向がある（河野二〇一四）。また、発電所で技術者が勤務する場合、時に深夜に及ぶ保守業務を伴うが、当時は労働基準法の女性保護規定があったこと（一九九九年の改正労働基準法で規制緩和）、女性を採用しない口実として働いたと考えられる。その結果、原子力産業の女性の数は圧倒的に少なく、勤務する場合にも、総務課のような部署で事務的な仕事に従事するというのが一般的であった。

それでは、少数派である女性は、どう扱われていたのか。一九九〇年七月、東京電力の社報『とうでん』に掲載された「ＴＥＰＣＯレディー研究講座」の特集を見てみよう。ここでは、男性社員六〇

表 6-1　東京電力の従業員数と女性社員の割合

年	1985	1989	1990	1991	1992	1993
全社員数	39,058	39,404	39,640	40,081	40,789	41,967
女性社員	4,352	4,344	4,335	4,382	4,555	4,847
割合(%)	11.1	11.0	10.9	10.9	11.2	11.5

出所：「東京電力で働く女たち」『AERA』2009 年 6 月 29 日号：40.

表 6-2　関西電力管内の原子力発電所における女性従業員の割合

年	1986	1987	1988	1989	1990	1991	1992	1993
従業員数	1,397	1,383	1,364	1,367	1,381	1,424	1,428	1,435
うち女性	58	56	53	52	52	53	49	48
割合(%)	4.2	4.0	3.9	3.8	3.8	3.7	3.4	3.3

注：各年 3 月時点の在籍数.
出所：関西電力五十年史編纂事務局編 2002: 1094-1097.

人に対して、「女性社員が職場にいてよかったと感じる時」というアンケートを取っている。一位は、「お茶（コーヒー）を入れてもらう時」、二位は、「職場の雰囲気を和らげてくれたり、職場が華やかになる時」、三位は、「来客時に、すぐお茶を入れてくれた時」であった（「特集 TEPCOレディー研究講座」『とうでん』一九九〇年七月、四六八号：二一一三）。この結果から、電力会社（さらには原子力産業）における女性は、男性の仕事の補助という役割を付与され、「職場の花」として雰囲気を和らげることを期待されていたと考えられる。

少数派である原子力産業の中の女性たちは、政治エリートの期待も受けて、自分たちの組織を結成した。その一つが、WIN(Women in Nuclear)-Japanである。WIN-Globalは、チェルノブイリ原発事故後、ヨーロッパで原子力への反対運動が高まったことを受け、原子力に対する人びとの理解を促すため、一九九三年に創設された国際組織だ。こうした国際的な流れを受けて、WIN-Japanは、二〇〇〇年四月に設立された（小川二〇〇四ｂ：一九）。

WIN-Japanの活動内容は、次の三つからなる。第一に、女性や子どもたちに向けて、女性のアプローチで原子力に対する理解を促進する。第二に、原子力業界で働いている女性の資質を向上させ、職場や研究所に貢献できる実力と人脈を身につける。第三に、原子力業界で働く女性間の国際交流を行う。二〇〇四年の段階で会員数は一〇〇人を超えており、約四〇の企業や機関に所属する女性の多数は広報担当者から構成されていた（小川二〇〇四ｂ：二〇）。

小川順子は、世界各国のＷＩＮのネットワークであるWIN-Globalの会長を務めると同時に、WIN-Japanの設立に尽力したＷＩＮの中心的存在である。一九七五年三月に慶應義塾大学文学部西洋史学科を卒業した時は、石油危機後の不況の最中であった。四年制大卒の女性の就職は、一生ものではなく、腰掛に近いものと見なされており、大企業のほとんどが門戸を閉ざしていた時代である。出身地の横須賀で仕事を探したところ、日本ニュクリア・フュエル（ＪＮＦ）だけが四年制大卒女性を募集しているのを見つけた。ＪＮＦは、アメリカのＧＥ（ゼネラル・エレクトリック）が資本の四〇％を保有する外資系企業であったため、秘書業務を中心に英語の得意な女性を必要としていたのである。原子力業界を仕事に選んだのは、「そこしか選択の余地がなかった」からであった（小川二〇〇四ａ：三）。

最初は新人教育の一環として、品質保証の検査部に配属され、ウラン燃料棒の金属チューブを検査する現場を見た。その後は、アメリカ人と日本人の部長の秘書として事務所内勤務になる。部長の指令を伝えるという口実で現場に入り込み、関心を高め、学校の先生や地元の人たちが工場見学にやって来た時には、案内役を買って出た。これがきっかけで、チェルノブイリ原発事故後には、同社で初めてとなる顧客対応の担当者に抜擢される。小川によれば、原子力の現場の人たちは「ひたむきに頑張っている」が、自分たちのやっていることを他人にうまく伝える術がない。自分は、素人だけど、その都度現場の人に話を聞いて、それを理解してきた。その経験を生かし、「原子力エネルギーの素晴らし」さを一般の人びとに伝える仕事を担うことになる(小川二〇〇四a：四)。

一九九四年七月二一日の『原子力産業新聞』には、当時の小川の活動が取り上げられている。JNFの見学者は、一九八九年以降に急増し、年間五千人を超えるようになった。そこで各方面からの強い要請を受け、広報を強化した。専用の施設を設け、受け入れ態勢を整備した際に、小川はその中心的な担い手として活躍したのである(『原子力産業新聞』一九九四年七月二一日四面)。

同時期に設立されたWIN-Globalの国際会議に参加する中で、小川は、原子力大国の日本として、それにふさわしい国際貢献をしたいと考える。同じタイミングで日本原子力発電(以下、「原電」と略記)に声をかけられ、原電を足場に電力会社やメーカーの協力を仰ぎ、二〇〇〇年にはWIN-Japanの設立にこぎつけた。小川は会長に就任、その後、WIN-Globalの会長も歴任した(小川二〇〇四a：五)。

女性が「原子力ムラ」を変える

小川は、女性の視点から原子力産業の改革を唱えた。その論点は、次の三つから構成されている。第一に、原発の政治エリートの男性中心主義的な文化のいびつさを批判していることである。先に見てきたように、原子力産業で働いているのは、圧倒的に男性労働者が多い。そのことが弊害を引き起こしていると、小川は考えていた。彼女によれば、技術の難解さや政治的性格などから、原子力に不安を抱く割合は、女性の間に特に高い。それにもかかわらず、原子力業界で中心的な役割を担う人びとの圧倒的多数を男性が占めている現状では、「社会とのギャップ」はなかなか埋まらない(小川二〇〇四a:五)。

小川自身、原発の政治エリートの王道を歩んできたわけではない。就職活動時に女性であるがゆえに企業社会の壁に直面し、自分の能力に見合っていたとは言い難い、男性を補助する(秘書という)仕事に就いた。女性であるがゆえに周辺からスタートし、機会をつかみ、さらに女性の活躍の場を広げてきた。この点を考えれば、彼女の主張は、「原子力ムラ」のフェミニズムとでもいうべきものである。

第二に、女性的な徳を肯定的に評価していることである。小川は、原子力産業の男性中心主義を変え、原子力に対する社会の理解を促すのは、女性の役割であると考えていた。彼女によれば、それは、女性には男性技術者にない強みがあるからである。まず、原子力に不安を抱く女性にとって、相手が女性であることは、男性の場合よりも安心感がある。次に、女性は、家事育児の主たる担い手であることが多いため、共通の話題を持っている。「井戸端会議」に見られるように、女性は「おしゃべりが好き」で、「コミュニケーションの達人」であり、日常レベルでのネットワークづくりがうまい。これに対して、原子力の現場技術者(主に男性)は、自らのやっていることを他人に伝えるのに長けていない(小川二〇〇七:一二三)。以上のように、「おしゃべりが好き」のようなステレオタイプ化された女性的な徳を生かすことで、小川は、女性の活躍の場を拡大しようとした。

第三に、原発が女性＝母親の解放に寄与するということである。小川は、女性が原子力から恩恵を受けてきたという認識を持っていた。彼女は、一九九五年、スウェーデンでのWIN-Global の年次大会に参加した時、当時の会長が「エネルギーがつくられ、女性たちに自由ができた」という言葉を発したのを深く心に刻み込んできた。それ以前は、女性の生活と言えば育児と家事が中心だったが、今の日本ではエネルギーが行き渡っていて、家事、交通、通信などをエネルギーに委ね、女性が人生を自分で選択できる幅が広がっている。このように小川は、エネルギーが「平和」、「豊かさ」、そして「女性の人生の自由度の高さ」の源泉であると見たのだ（小川二〇〇七：一二二）。

原子力と女性解放とを接続する論理は、世界母親大会のそれの反復であり、決して新しいものではない。世界母親大会の呼びかけ人のウージェニー・コットンは、フランスの物理学者であり、キュリー夫人の弟子でもあった。一九五五年二月の準備会でコットンは、「原子力の平和利用」を訴えたが、それは、原子力で母親の毎日の仕事は楽になり、病気の治療や家族の幸福、芸術や科学の発展、生活の豊かさにつながると考えたからである。同じ年に初めて開かれた日本母親大会も、この「原子力の平和利用」の呼びかけに応える形でスタートしたのだった（加納（実）二〇一三：一六八）。

しかし、チェルノブイリ原発事故後、甘蔗珠恵子は『まだ、まにあうのなら』の中で、食の安全性という媒介項を設定して、「母」を原発から切り離し、代わりに「いのち」に結びつけた。こうして、「ニューウェーブ」の登場の後には、母親と脱原発との結合が支配的な言説となったのである。これに対して小川の議論は、「原子力の平和利用」による女性解放の言説を反復し、「母」と原発を再接続している。その際に、母親の立場に近い（時に自分自身も母親である）原子力産業で働く女性に、母親と原発との間にできた亀裂を修復する役割が付与された。

「原子力ムラ」のフェミニズムの限界

確かに「原子力ムラ」のフェミニズムは、原子力産業における男性中心主義を問題にしている。だが、それは、以下の二点からその根本的な変革には至らない構成になっている。一つ目は、性別役割分業の残存である。「原子力ムラ」のフェミニズムは、女性が活躍する場の拡大を目指しているが、それは、広報のような限定された領域にとどまっていた。広報は、小川が最初に務めた秘書のように、必ずしも男性上司を補助する仕事ではない。それにもかかわらず、女性のPA活動において女性的とされる徳を駆使することが前提とされている点を鑑みても、職場内における性別役割分業は、再生産されていると言える。女性はその徳を生かすことのできる限られた領域において活動を許されるが、それは男性中心主義を揺るがさない範囲内においてである。

二つ目は、原発と女性との調和的な関係についてである。第3章で指摘したように、脱原発運動は、原発の文化と女性との間の相容れなさを提起した。ここでいう原発の文化とは経済至上主義を指す。甘蔗珠恵子の議論を敷衍していうならば、それは、ケアワーク（育児や介護）が経済効率性と相容れないことに起因する。女性は、ケアワークの主たる担当者である限り、経済至上主義に基づく原子力産業において中心的な役割を果たすのは難しい。たとえケアワークを女性以外の誰かが担ったとしても、今度はその誰かが原子力産業から排除されることになる。結局、ケアワークが原子力文化とは相性が良くないというのは変わらない。これに対して小川は、女性がケアワークを抱えながら男性中心主義的な文化の原子力産業で活躍することを楽観的に見ている。「原子力ムラ」のフェミニズムは、脱原発運動の問題提起の根本的な部分を回避することで成立していたのである。

先の数値が示すように、「原子力ムラ」のフェミニズムを経ても、原子力産業における女性の割合は、大きく変わらなかった。当時は、男女雇用機会均等法(一九八五年制定、八六年施行)と男女共同参画社会基本法(一九九九年制定・施行)に挟まれた時期であり、女性の社会参加の推進、または労働力としての活用が議論として進んでいた。こうして、一部のエリート女性は、職場で男性に伍して働き、男性並みの責務を引き受けていった。だが、原子力産業におけるエリート女性の進出は、極めて限定的にしか起こらなかった。一九九〇年代の『原子力産業新聞』から原発の政治エリートの言葉を見ても、彼らは女性の参加という発想を持っていない。原子力産業内部の男性中心主義が温存される状況のもとで、小川は、原子力関連のシンポジウムにおける唯一の女性パネリストや司会として登用されることが多かった。本人の意図に関係なく、小川のような存在は、原子力産業における女性参画の、内実を伴わない象徴という意味合いを持ってしまったと言えよう。

最後に、「原子力ムラ」のフェミニズムの影響力について指摘しておこう。それが外部に強い影響を及ぼし、脱原発運動の主張を圧倒したとは言い難い。しかし、「原子力ムラ」のフェミニズムには、原子力産業の内部に対して確かな説得力を有していた。脱原発運動の波に直面した後、原子力産業の労働者は批判にさらされ、自らの仕事に対する自信を失いつつあった。とりわけ女性労働者に対する影響は、多くの女性が脱原発運動に参加していただけに、無視できないものがあった。「原子力ムラ」のフェミニズムは、このような「ムラ」内部の女性に自信を回復させ、相互の連帯を高め、原子力産業の求心力を回復するという効果を有していたのである。

本章で見てきたように、原発の政治エリートは、脱原発運動の盛り上がりに危機感を覚え、フェミニズムのような脱原発運動の中で共有された論理を流用しながら、新たな統治の論理を構築したのである。[42]

第7章

一九九〇年代の脱原発運動——「脱原発の暮らし」へ

一九八八年の路上における行動の高まりがおさまった後、脱原発運動は、いったい何を残したのだろうか。本章は、一九九〇年代のアクティヴィストの軌跡をたどりながら、その遺産を明らかにする。彼女たちは、運動との出会いを真剣に受け止め、そこで出てきた経済至上主義の文明に対する批判に向き合い、路上だけでなく生活にも変革の舞台を広げ、それぞれのやり方で行動した。それは、通常、デモのような華やかな行動よりも、はるかに目に見えづらい。しかし、そこには彼女たちの初発の問題意識の継続と深化を確かに見て取れる。

運動はどう生き続けているのか。私は、一人ひとりの軌跡を追いながら、その実践の間に共通する経験、価値意識、行動の特色を明らかにすることを目指した。この作業において、ベネディクト・アンダーソンが一九世紀末のフィリピン人の国境を越える運動を分析する際に使用した「政治の天文学」という言葉を意識している(Anderson 2005=2012: 2)。本章は、星と星(実践と実践)との間に働いていた引力を示しながら、異なる星(実践)を線で結び、星座を描き出していくことを目指す。

第一節では、一九九〇年代の脱原発運動にとって焦点の一つになった原発輸出問題に注目する。原発をめぐる課題がグローバルに広がっていく一方、彼女たちは、自己の日常と運動との距離が開いてしまうという問題を抱えた。そこで第二—四節では、三人のアクティヴィストを対象にし、彼女たちがいかにして暮らしに根ざした脱原発を実践していったのかを検討する。一九八八年にまかれた「生活の民主主義」の種は、どんな花を咲かせたのだろうか。

第一節　原発輸出とアジア

「アジアに原子力の友を」

前章で論じたように、一九八八年にピークに達した脱原発運動は、原子力政策の正統性を揺るがしたが、これに危機感を抱いた原発の政治エリートは、フェミニズムのような、社会運動が提唱した理念を流用して、運動の統治を試みた。このように運動から流用された言葉として、「女性の社会参加」以外に「国際貢献」を挙げることができる。「国際貢献」という言葉は、一九八七年以降、日本政府が「一国平和主義」という国際的な批判に対する応答として使うようになった（丸楠二〇一〇：二七〇―二七二）。特に一九九二年に国連平和維持活動（ＰＫＯ）協力法が成立し、自衛隊の海外派兵が実現した際には、この言葉が連日のように新聞紙上を賑わしている（丸楠二〇一〇：三二四）。自衛隊の存在の合法性、自衛隊の海外派遣に対する考え方に関して、立場はまったく異なるが、自民党から共産党までのあらゆる政党が「国際貢献」を唱えていた（丸楠二〇一〇：三六九）。

「国際貢献」を主流化させたのは、途上国支援のＮＧＯによる草の根の活動によるところも大きい。一九八〇年代、アフリカの貧困問題に対するキャンペーンが展開されるなど、各国間の貧富の格差は、グローバルな課題として認識されるようになった。日本でも、アジア諸国を中心に途上国に対する援助政策が進められ、一九九一年には、ＯＤＡ（政府開発援助）の額が世界一位に躍り出る。このように、一九九〇年代前半には、国際貢献や途上国支援は、様々な政治的立場の人びとが使用する言葉になっており、それが原発輸出の権威づけに流用されていった。

日本の原発輸出のプロジェクトが動き出したのは、一九八〇年代のことである。一九八二年の長計では、「原子力発電プラントの輸出」が明示されている。第1章で触れたように、長計は、原子力委員会が策定し、国の原子力政策の基本方針を定めている。原発輸出という言葉が長計に書き込まれたことは、この時期に原発輸出が官民一体で共有される目標となったことを意味する(鈴木〈真奈美〉二〇一四:五二)。この原発輸出の方針は「八七年長計」でも引き継がれ、とりわけチェルノブイリ原発事故後には原発輸出の流れが強まっていく。

その背景として、輸出先として想定されていたNICs(新興工業国)やASEAN(東南アジア諸国連合)の経済成長に伴う電力需要の増加が指摘できる。しかし原発推進には、アジア諸国側だけでなく、日本側の事情があった。日本国内での原発機器の受注額は、脱原発運動の台頭の時期に大幅に減少していた。それは、運動の参加者が急増し、世論に変化が生じる中、原発の新規立地が難しくなり、既設の原発を増設する以外に大幅な受注が見込めなくなっていたからである(宮嶋編著一九九六:一一六、鈴木〈真奈美〉二〇一四:六七)。こうした状況において、原子力産業が原発の技術や設備を売り出す市場として、北東・東南アジア諸国がターゲットとされたのだ。

原発輸出を進めるには、それに先立つ条件をクリアしていなくてはならない。まず、原子力が核兵器製造につながる技術であることから、原子力の「平和利用」を取り決めた二国間協定を締結しなくてはならない。また、輸出先の相手国が核拡散防止条約や包括的核実験禁止条約などの国際条約を締結し、IAEAの追加議定書(抜き打ち査察の受け入れなどが含まれている)を批准しなくてはならない(鈴木（真奈美）二〇一四：三〇）。以上の諸条件を満たす国々が、日本の輸出先に選ばれたのであった。

一九九四年一月五日、『原子力産業新聞』の新年号には、「展望」の箇所に「アジアに原子力の友を」というタイトルの論説が掲載されている。論説では、アジア諸国が経済成長を達成して国際社会における存在感を増す一方、エネルギー需要の増大や環境汚染といった問題への対応を抱えていると指摘されている。論説の筆者は、日本（の政府と原子力産業）に「友情」と「信頼」に基づく原子力開発の支援を行い、アジアに「原子力の友」をつくることを提案している（『原子力産業新聞』一九九四年一月五日号二面）。

原発輸出には、日本の原子力関係の企業で構成される日本原子力産業会議が中心的な役割を果たし、特に積極的に海外市場に乗り出したのは、プラントメーカーである。たとえば台湾の新北市貢寮区に建設された第四原子力発電所の場合、原子炉部分の事業は、アメリカのGE社が受注し、それを日立製作所と東芝が下請けとして製造した。さらに、タービン部分の事業は、三菱重工業が受注するなど、日本のメーカーが建設に関わっている。

民間企業の力だけでなく、日本政府のサポートも欠かせなかった。それは、「公的輸出信用」に象徴的に表れている。公的輸出信用とは、日本企業がモノやサービスを輸出する際、政府系の金融機関が引き受ける融資や保険を指し（鈴木（真奈美）二〇一四：一一九）、ジャワ島中央のムリヤ原発の建設に用いられた。スハルト体制下のインドネシアにおいて、ムリヤ原発の建設が計画され、国際入札の結果、一九九一年八月、関西電力の子会社である「ニュージェック（新日本技術コンサルタント）」が予備調査（フィージビリティ・スタディ）を受注した。ニュージェックは、通産省と大蔵省に輸出保険を求める申請を出し、まもなく許可を得、日本輸出入銀行に貸し付けの申請を出し、一九九三年七月、七億円近くの融資が決定された(宮嶋編著一九九六：二一九―二二〇)。こうした融資や保険は、建設のコストが高く事故のリスクをはらむ原発を輸出する際の強い後押しになったのだ。

さらに、日本政府は、原発に対して警戒心を持つアジア諸国に向けて、啓蒙活動を行ってきた。一九九〇年よりアジア太平洋諸国の原発・エネルギー関係閣僚を招いて「アジア地域原子力協力国際会議」を主催したり、「東南アジア原子力協力代表団」を毎年派遣したりしたのは、その例である(宮嶋編著一九九六：一七―一八)。アジア地域原子力協力国際会議には、日本以外にオーストラリア、中国、韓国、マレーシア、インドネシア、フィリピン、タイの代表が参加した。この参加リストに、ウラン輸出国であるオーストラリアを除き、台湾を加えれば、当時の日本の主な原発輸出先となる。

輸出されたのは、原発関連の技術や設備だけではなく、PAもそうである。韓国や台湾では、一九八〇年代の終わりから、民主化運動を背景にして、原発反対の世論が強くなっていた。このため、原発を推進していくには、立地住民への対策を行い、原発推進の世論づくりをすることが不可欠となった。日本政府は、繰り返し国際会議を開催し、PAの手法を教示している。その内容には、メディア向け広報、教師や学生への教育、反原発運動への対応などが含まれている(宮嶋編著一九九六：一四〇)。第6章で論じたように、PAが脱原発運動を統治する方法であることを考えれば、原発の政治エリートは、原発の技術だけでなく、運動の統治手法も一緒に輸出していたのだと言える。

「ノーニュークス・アジア・フォーラム(NNAF)」

こうしたアジアへの原発輸出の波に対して、国内の脱原発運動から反対の声が上がった[43]。まず、インドネシアのムリヤ原発の建設計画に対してである。浜朝子は、夫の転勤でインドネシアのジャカルタに在住していた時に、ムリヤ原発の計画を聞いた。彼女は、チェルノブイリ原発事故以前から西宮で核に関する勉強会に参加していたこともあって、その当時の仲間から甘蔗珠恵子『まだ、まにあうのなら』をインドネシアに送ってもらった。この本をインドネシアの知り合いに紹介したところ、一九八九年四月、子どもが通っていた幼稚園の園長先生が、『まだ、まにあうのなら』の英語版を参照してインドネシア語に翻訳した。当初は一〇部だけコピーしたものであったが、これがジャーナリストのモフタル・ルビスの目に留まり、彼が代表を務める出版社が一九九〇年四月に翻訳本を出版した（『朝日新聞』一九九〇年五月二八日夕刊西部二面）。その後、浜は、日本国内でムリヤ原発反対のグループ「無理ヤ原発の会」を組織している。

一九九〇年代前半は、一九八八年の運動が規模を縮小しながらもまだ続いていた時期であり、ムリヤ原発だけでなく、その他の国に対する原発輸出にも抗議が広がった。それが「ノーニュークス・アジア・フォーラム・ジャパン（ＮＮＡＦＪ）」の結成につながっていく。ＮＮＡＦは、アジア各地の反原発運動のネットワークである。その形成のきっかけは、一九八八年六月八―一二日、香港で開かれた「非核アジア太平洋会議」にたどることができる。香港の「環境保護協会」というＮＧＯが主催し、アジア太平洋諸国を中心に一二カ国の参加者が集まり、日本からは高木仁三郎が参加したが、その後、国際会議が開かれずにいた。

最初のＮＮＡＦの呼びかけは、このネットワークに向けてなされ、韓国、台湾、インドネシア、フィリピン、タイ、マレーシア、インドから三〇人ほどの反原発のアクティヴィストが日本にやって来た(ノーニュークス・アジアフォーラム日本一九九四：一〇)。会合は、一九九三年六月二六日から七月四日に開催されている。海外ゲストは、東京や大阪での集会に参加するだけでなく、六ヶ所村、東海村、浜岡、芦浜、美浜、女川、福島、伊方、串間などの原発現地を訪問して、地元の住民と交流した。海外ゲストの渡航や滞在の資金は、カンパを募って集められた。

いらない人びとや女たちのキャンプがそうであったように、原発現地は、脱原発運動において常に立ち返る原点であると見なされていた。原発輸出反対運動では、「受苦圏」である現地がアジアにまで拡大していった。これまでは都市と現地との関係に限定されていたものが、アジアへの原発輸出が進むにつれ、自分とアジアとの関係にまで視野が広がっていったのだ。

「いのちの風はアジアから」

NNAFのスローガンは、「いのちの風はアジアから」である。高松行動の後に「原発いらない、いのちが大事」という言葉が流行するなど、「いのち」という言葉は、脱原発運動の中で頻繁に使われている。経済至上主義の象徴が原発ならば、「いのち」は人の生命の再生産の営み(及びそれを支える人と人、人と自然とのつながり)を意味し、原発の対極に位置づけられた。「いのちの風はアジアから」というスローガンは、アジアからの脱原発の波を受けながら、原発なき日本とアジアをつくり出していくというNNAFJの志を示している。

一九九〇年代前半に国境を越える脱原発運動が広がった要因として、通信と移動の環境の整備が挙げられる。この時期には、様々なルートでアジア各国の原発輸出や現地の状況の情報が入ってくるようになっていた。それは、パソコン通信、九〇年代後半以降では電子メールのような通信手段の発達によるところが大きい。また、円の価値が上がり、格安航空券が普及したことも、多くの人が気軽に海外旅行に行く条件を整備した。ＮＮＡＦＪの初期の会報には、メンバーがインドネシア、フィリピン、韓国、台湾へのツアーを自分たちで企画し、現地の住民と交流してきたことが報告されている。最初のＮＮＡＦが開催される頃には、特別に海外事情通で外国語に堪能でなかったとしても、自分たちでアジアの原発現地に足を運び、実際に自分の目で原発の現実を見たり、聞いたりする環境が整いつつあった。

インフラの整備以外の大きな要因として、「グローバルな正義(global justice)」の思想の広がりが挙げられる。「グローバルな正義」とは、世界の不正義(貧困、環境破壊、人権侵害など)の存在を認識し、それを正す必要を説く思想を指す。日本の市民社会に「グローバルな正義」の思想が広がったのは、国内企業の海外進出が進んだ一九七〇年代以降である。それは、過去の植民地支配や企業の進出先とも関わって、特にアジア諸国との関係の中で形成された。この時期に日本政府による国内の環境規制が強化されたため、公害規制の緩い北東アジアや東南アジアの途上国に投資を増やし、国内の工場をアジア地域に移転する日本企業の数が急増した。これに対して、一九六〇年代後半のベトナム反戦運動や学生運動の流れを受けて、「公害輸出」に対する抗議行動が組織されている。アクティヴィストたちは、第二次世界大戦の終結以前の日本の軍事的な侵略から戦後の経済進出までの、日本とアジア諸国との歴史的なつながりを知り、自己とアジアとの間に存在する不正義を反省的に捉えていった

（安藤二〇一三：四章）。「グローバルな正義」は、日本のアジアに対する戦争と戦後の責任に関する議論の中で育まれ、原発輸出反対運動を支える思想的な資源となったのである。

「グローバルな正義」の思想を民主主義という観点から見てみよう。原発関連産業のようなグローバル企業の活動の影響は、その企業が帰属する国家の領域の枠を超えている。時にその活動は環境破壊や人権侵害のような不正義を外国において引き起こすこともある。しかし、近代の主権国家体制においては、各々の国家は領域外の不正義には介入しないという前提がある。そのために、各々の国家が対処しない、あるいは対処できないような構造的な不正義は、見逃されがちである（Young 2011=2014: Ch. 5）。「グローバルな正義」の思想は、こうした近代の制度的な民主主義の枠組みを批判的に捉える視点を提供する。それは、自国の企業が不正義を引き起こしたとしたら、その相手がたとえ自国の構成員以外だとしても、不正義を正さなくてはならないとする。主権国家を単位とする民主主義においては、統治者が被統治者の声に応答することが統治の正統性の根拠とされる。これに対して、「グローバルな正義」の思想は、自分の帰属する国民国家の外部の人びとの声にも応答するような民主主義のあり方を描き出しているのだ。

しかし、民主主義の実践の範囲が国境を越えて広がったことは、難題もはらんでいた。脱原発運動においては、原発という一見すると生活から遠く見えるイシューが、食を手がかりにしながら自分たちの日常生活に接続されていった。生活と原発の接続は、狭い意味での日常の範囲をはるかに超えて、アクティヴィストたちが六ヶ所村の核燃サイクル計画のような問題に関心を持つことを可能にした。一九九〇年代にイシューを捉える枠組みが国境を越え、課題がグローバルになっていったが、そのことは、他方で彼女たちの（狭義の）日常との距離を広げたことも否定できない。こうして彼女たちは、生活と原発とをいかに再接続するかという問いに直面した。

次節以降では、一九九〇年代以降、この問いに対する答えを探った三人に焦点をあてる。三人は、チェルノブイリ原発事故後に出された脱原発（原発に依存する社会から抜け出る）という課題に真剣に向き合い、それぞれの答えを出した。それゆえに、彼女たちは、ポストチェルノブイリの生き方を象徴する人物である（「象徴する」というのは、それぞれの生き方は唯一無二だが、その生き方の原則は、他のアクティヴィストにも共有されていたことを意味する）。そのライフコースに触れながら、それぞれの答え方を見ていこう。

第二節　自治のためのソーラーパネル

脱原発とソーラーパネル

桜井薫は、アジアへの原発輸出に大きな衝撃を受けた一人である。彼は、一九九四年、NNAFJのメンバーたちと一緒に、ムリヤ原発の建設に揺れるインドネシアを訪問、小型の太陽電池を持ち込み、地元の人びとに向けて携帯用の明かりを製作する講習を行った。当時はスハルト大統領独裁体制の時代であり、集会一つ開くにも許可が必要であった。桜井をはじめとする参加者たちは、キリスト教徒の巡礼隊の格好をして原発現地に入るなど、苦労しながら交流を行った（ソーラーネット二〇〇二：七九）。

この訪問は、桜井を憂鬱な気分にさせた。彼は、ジャカルタに滞在した際、日本で見かける高層ビルや小型車を目にし、まるで「リトル東京」であり、インドネシアも「エネルギー多消費の砂漠に映し出した蜃気楼の生活」を目指して歩み出したという感想を抱いている。こうして桜井は、近い将来、インドネシアが日本の突き当たった「袋小路」、すなわち、あふれ返った物、環境破壊、一極集中、過疎といった問題にぶつかると予想したのである。

滞在中、彼は、ジャカルタの駅で一人の老人に出会った。自分たちが日本から来たことを知ると、彼は敬礼して「君が代」を歌い出したのだ(ソーラーネット二〇〇二：七九)。本人たちは意識していないかもしれないが、桜井には、その姿が植民地支配の傷跡に見えた。その植民地支配は、現在進行形であり、過去と現在をつなぐのが、原発の存在である。桜井には、五〇年前、日本は三年間インドネシアを占領したが、今また「世界が見放しつつある死の技術」を売りつけようとして、「子供たちから未来をもぎ取ろうとしている」ように見えた(桜井(薫)一九九四：一七四―一七五)。

滞在を通して以上のような経験をし、原発輸出に反対する思いを固めた桜井だが、彼の場合、輸出反対の行動の仕方がユニークであった。インドネシアにソーラーパネルの技術を提供することに挑戦したのである。これには桜井の個人史が深く関わるので、述べておこう。一九五〇年生まれの桜井は、東北大学の学部生時代に原子核を専攻している。しかし、授業の実験で放射能の管理の困難さと杜撰さを目のあたりにし、放射能への恐怖を感じたため、原子力産業で働くという選択をせず、仙台で図書館の非常勤司書として働いた。彼は、一九八〇年に東京の国立市に引っ越し、チェルノブイリ原発事故の前から労働運動の一環として原発問題に取り組んでいたが、「ニューウェーブ」の広がりの中で地元の脱原発運動により深く関わっていった（桜井薫さんインタビュー）。

一九八九年頃、桜井が国立駅前で原発反対のビラを配っていると、通行人から「原発がいやならば、電気を使うな」という言葉を浴びせかけられ、強い衝撃を受けた。当時、脱原発運動において、大量生産と大量消費の生活を変えるというのが、一つの合言葉になっていた。だがどれだけ生活を変えても、エネルギー消費がゼロになることはないだろう。それゆえに、原発以外のエネルギーの創出の方法について考えなくてはならない。彼は、通行人から原発に依存する生活の問題を突きつけられ、その言葉を心に留めながら、自分の使うエネルギーを電力会社任せにせず、自分でつくり出す取り組みを始めた（桜井薫さんインタビュー）。

同じように「電気の恩恵を受けているのに、電力開発に反対するな」という批判に直面したのが、豊前発電所の反対運動に関わった松下竜一である。彼の答え方は、「暗闇の思想」、すなわち、当たり前のように浪費させられている電気を消すことであった。桜井は、「電気を使うな」という批判に対し、松下とは異なる応答をした。それは、自らの立場を電気の消費者から生産者に移し、原発とは違うやり方で電気を産出するというものだった。このようにして、桜井は、原発を稼働させるか、電気を使わないかという二者択一を拒否し、別の選択肢を創造したのである。

その後、彼は、当時は先駆的であった太陽光発電の技術的な知識を身につけていった。福島第一原発事故後とは異なり、チェルノブイリ原発事故後には、運動の中でも太陽光や風力発電を原発に取って替えるというアイディアが具体的に展開されることは多くはなかった。当時の技術や政府助成の状況では、自然エネルギーのコストは高額に過ぎたからである。それでも、探究心旺盛な実践者が各地に生まれつつあり、桜井はその中の一人であった。

こうした先駆的な探究者が一堂に会したのが、一九九一年八月二三―二五日、静岡県賀茂郡河津町の「エネルギー市民フォーラム」である。ここに、太陽光、バイオマス、小水力、風車などの実践者一〇〇人以上が参加した(『朝日新聞』一九九一年八月二七日大阪面)。このフォーラムをきっかけにして、太陽光発電の部会が結成されている(桜井(薫)二〇〇一:七四)。彼らは、大規模集中型から小規模分散型の社会システムに移行することが世界の趨勢であるという状況認識を持っていた。エネルギーに関しても、化石燃料を中心とする集中型の供給・消費システムを見直し、分散型の再生可能エネルギーに移行することを提案した。

ソーラーパネルと自治

この部会は、太陽光発電の政府助成を求め、国会や通産省にロビー活動を始めた。太陽光発電に対する日本政府の助成の歴史を振り返ると、最初の大きな動きは、通産省の工業技術院が「サンシャイン計画」と呼ばれるプロジェクトを立てたことにある。この太陽エネルギー開発計画は、第一次石油危機後の一九七四年度に、エネルギーの石油依存を見直す流れの中で予算化され、この時期に太陽光発電は国策に組み込まれる。一九七四年に成立した電源開発促進税法(電源三法の一つ)をもとに「電源多様化勘定」が予算化されたため、太陽光発電の開発には、安定した予算が供給されるようになった(木村(宰)二〇一一:六四―六六)。

しかし一九九〇年頃になると、太陽光発電には開発予算がついても実証試験以外の市場が存在しなかったため、大手メーカーは事業化の可能性が乏しいと見て、「サンシャイン計画」の委託研究から撤退を始めた。こうした状況が通産省の総合エネルギー調査会、石油代替エネルギー部会で共有され、太陽光発電を含む新エネルギー普及への支援制度が検討され始める。この時期に地球温暖化問題に注目が集まり、二酸化炭素の排出削減が国際的に議論されるようになったことも、太陽光発電の市場化の流れを後押しした(木村(宰)二〇一一：六六―六七)。こうして通産省は、一九九四年度から太陽光発電の導入補助事業を開始する。当初の予算額は二〇・三億円であり、約七〇〇軒の一般個人住宅にソーラーパネルの設置費用の半分を補助する制度としてスタートしている(木村(宰)二〇一一：六九)。

個人住宅用のソーラーパネルの設置が助成されるようになったことは、ロビー活動をしていた桜井たちにとっても驚きの展開であった(桜井(薫)二〇〇一：七四)。ところが、政府助成が決まった途端、これまで冷淡だった大企業がソーラーパネルの市場に参入するようになる。これに対して桜井は、太陽光発電がテレビや車と同じく、企業の売り出す商品の一つになってしまうのではないかという危機感を抱いた(桜井(薫)二〇〇一：七四―七五)。

太陽光発電の商品化は、桜井にソーラーパネルの使われ方に関する問題意識を抱かせた。彼は、人びとが自分の暮らしを管理する能力を奪われていることを問題にしており、その能力を取り戻すための道具としてソーラーパネルを見ていた。彼がこのように考えるようになったのは、一九九〇年代の初め、泊原発近くの北海道寿都(すっつ)町を訪問したのをきっかけにしている。この小さな町には、五基の風車が設置され、中学校の暖房の電力に利用されていたが、電気事業法の関係上、北海道電力がこの風車の電力を購入しないため、発電能力の一割も使うことができずにいた(桜井(薫)一九九二：二〇)。遊んだままになっている風車と、そのわずか二〇キロメートル先にある泊原発。地域のエネルギーを自分たちの力でつくり出そうという小さな町の試みが、巨大電力会社と政府によって妨げられる。この光景を目のあたりにした桜井は、ソーラーパネルが、自分の生活する地域社会の、さらには自分自身の暮らしを自分で管理することに役に立つという着想に至ったのである。その意味で、彼にとってのソーラーパネルは、本書でいう「自治」と深く関わっている。

桜井は次のようにいう。「私が太陽電池に手を出したのは「わが国のエネルギー問題を解決する」ためではない。石油の代替になると思って始めたわけではない。食べ物にしろ、住まいにしろ、本来自分がやる自分自身のための仕事を他人まかせにし、自分は金稼ぎのために誰のためとも知らぬ仕事に追いまくられている〜人まかせになっている生活を自分の手にとり戻したいという生き方の延長線上で、太陽電池と出会ったのである。自分の出したゴミを眼の前から消してしまえばそれで済みという生き方、数百キロ離れた「田舎」に原発を建て、勝手放題使って、残ったゴミ(きわめて危険でやっかいな代物)は又、田舎へ持っていって「処分」する……反原発の運動は単に原発を止める運動で終るのではなく、原発で象徴される空虚で抽象的な生活から脱却し、自分の身の丈に合った生活スタイルを造ってゆくものだと私は思っている」(桜井(薫)一九九二：二二四)。

以上のように、桜井にとってのソーラーパネルは、「エネルギー安全保障」という国策の道具でも、売電して金銭的な報酬を得るための道具でもない。エネルギーのような自分の生活の必需品が、どこかで誰かに生産され、その生産の過程で出る「ゴミ」を知らぬ間に誰かに押しつけている。ソーラーパネルは、そんな他人任せの(他人を踏みにじる)生活をやめて、自分たちのことを自分たちで行う、すなわち、「生活の民主主義」の力を取り戻していくのに役立つものと見られていたのだ。

アジアにソーラーパネルの友を

自治のためのソーラーパネルという位置づけは、インドネシアへの支援にも生かされている。一九九四年の訪問をきっかけに、桜井は、インドネシアに原発ではなく、太陽電池を送ることを考えついた。翌年、「ソーラーネット」というNGOを結成し、現地の受け入れ先としてヤヤサン・グニというインドネシアのNGOを選んだ。民主化運動に取り組む若いアクティヴィストからなるこのグループに、彼ら自身がソーラーパネルをつくり、設置し、メンテナンスできるようにするための技術支援を始めたのである（ソーラーネット二〇〇二：七九）。当時、太陽電池のメーカーで使用されているラミネーター（真空圧着機）は高額であったため、この機械をマニュアル化して小型化し、職業訓練校程度の加工技術があるところならば簡単に製作できるようにした（桜井（薫）二〇〇一：七二―七三）。

ソーラーネットのメンバーは、一九九六―九七年にかけて、何度かインドネシアを訪問したり、グニのメンバーを呼び寄せたりして、準備を重ねた。訪問のたびにパネルの材料を持ち、インドネシアで手に入る部材や機器を確認し、グニのメンバーに設置の仕方をレクチャーした。現地で組み立てに失敗しては、日本に戻って修正を重ねることを繰り返している（ソーラーネット二〇〇二：八〇）。

一九九七年九月二九日、グニのメンバーは、伝えた技術をもとに、とうとうソーラーパネルの製作に成功した。桜井は「二四ワットのソーラーパネルを組み立てることができました。夢じゃないです（We have succeeded in assembling 24W PV panel! It is real.）」というメールを受け取った記憶を鮮明に覚えている。その後、グニのメンバーは、未電化の島々の住民に、自分たちで組み立てた太陽電池とコントローラー、点灯用インバーターを送り、設置とメンテナンスの技術を伝える活動に取り組んだ（桜井（薫）二〇〇一：七二）。

桜井にとってソーラーパネルの支援は、単なる太陽光発電の普及活動ではない。エネルギーの生産と利用に関して、インドネシアの被支援者が自立するのが最終目標である。当初は太陽電池の完成品を送っていたが、現地の人びとは使い方がわからないので、結局埋もれてしまうという経験をした。しばらくして電池を作る技術を伝えることにしたのは、完成品を送っているままではインドネシアの人びとがいつまでも自分の手でエネルギーをつくり出すことができないからだ。彼は、それでは他人依存の技術になってしまい、原発と変わらないと考えた。桜井は、途上国支援の目標を被援助者の自立の力を取り戻すことに置いている。ソーラーパネルは、簡単な技術でできているので、世界中どこでも、必要な人が、必要なだけ電気をつくることができる。これに対して原発は、エネルギーを大量に生産するかもしれないが、商社や電力会社のような大企業が間に入るので、被援助者の自立にはつながらない（桜井薫さんインタビュー）。

桜井は、ソーラーパネルの小規模分散型の技術という性格に目を付けており、そこに可能性を見ていた。エルンスト・フリードリヒ・シューマッハの言葉を使えば、ソーラーパネルは、「中間技術」である。簡単でわかりやすく、状況の変化に対応しやすく、維持も現場での修理も可能であり、技術者の訓練も管理もずっと容易、思いがけない故障などで困ることも少ない（Schumacher 1973=1986: 236–238）。

太陽光発電がいつも「中間技術」的であるわけではない。たとえば、福島第一原発事故後、政府助成が増える中で、大企業が太陽光発電の事業に乗り出し、大規模な発電所であるメガソーラーを設置するというケースが見られた。メガソーラーでは、その運営や管理の権限がコミュニティではなく、企業のようなコミュニティ外部の行為者に握られることがあるので、太陽光発電がその利用者の自立の力を取り戻すことには必ずしもつながらない。

コミュニティにおける仕事の自治

桜井は、ソーラーパネルが、エネルギーの自治だけでなく、地域における仕事の創出を可能にするとも考えていた。彼は、一九九八年に埼玉県比企郡の小川町に移住している。移住当時の人口三万七千人ほど、有機農業が盛んなことで知られるこの小さな町を拠点にし、ソーラーパネルの技術を伝えることを通して、地域に生計の手段である仕事をつくろうとする人びとを支援してきた。

その一例が、山形県酒田市にある障がい者就労支援事業者NPOホールドに招かれ、ソーラーパネルのつくり方を伝える活動である。ホールドではこれまで知的障がい者の就労を支援してきたが、彼らが雇用先の経済状況の悪化によって、最初に雇い止めにあうことに頭を悩ませてきた。ソーラーパネルの製作の仕事は、企業に全面的に委ねるのではなく、自分たちの手で雇用をつくり出す可能性を広げることができる。ホールドのソーラーパネルの製作は、まだまだビジネスの段階にまで至っていない。しかしホールドでは、将来的には地域のソーラーパネルの需要を満たし、地球環境問題への取り組みに貢献しながら、障がい者の仕事をつくり出すことを展望している（池田幸機さんインタビュー）。

桜井にとってのソーラーパネルは、脱原発のエネルギーだけでなく、自分でコントロールできる仕事、すなわち、「仕事の自治」をつくり出すための手段である。第3章で示したように、仕事の自治は、「オルタナティブ」における焦眉の課題であったが、ソーラーパネルの製作を通して、桜井は、地域を基盤にした仕事の自治のあり方を具体的に示した。今日、「働く」と言えば、リクルートスーツを着て、就職活動をし、企業に雇われ、給料をもらうことをイメージするかもしれない。仕事の自治という考え方は、このような「雇われる生き方」から一線を画する。自治的な仕事は、中央政府や大企業のような大規模組織になればなるほど実現しにくいからである。それは、むしろ、コミュニティのような自分の手の届く範囲の小規模な組織において実現可能性が高まるものだ。

地域コミュニティに仕事を創出するというのは、今日、日本でも「地方創生」のかけ声のもと、政治的な課題である。第二次世界大戦後においては、中央政府の補助金を受けて公共事業を起こしたり、大企業を誘致したりして、この課題を解決するというのが一般的なやり方であり、原発の誘致はその一例であった。これは、中央の少数者の意思決定によってなされるので、仕事の自治を要さない。だが、近年では、国内外で中央政府や大企業に依存する仕事づくりの方法に対する疑問の声が出てきている。地域外の者に仕事の創出を依存してしまうと、中長期的に見るとコミュニティの持続的な発展につながりにくいという反省が広がっているからだ(Shuman 2000: 12-14, 矢作二〇〇五)。桜井は、中央政府の補助金や大企業の誘致に依存するのではなく、太陽光発電のような地域社会に根ざした自律性の高い仕事をつくり出すことを提案している。

コミュニティにおける仕事の自治について、以下の二点を付記しておこう。まず、その仕事を創出する組織がいかなる形態をとるかは、主たる問題ではない。小規模の営利組織である場合もあれば、地方自治体が所有する場合、コミュニティの人びとに所有される協同組合である場合もあろう。いずれにせよ、原則が重要である。その原則とは、ただひたすら利益を追求したり、中央の機関の指令通りに動いたりするのではなく、仕事に関する地域住民の決定の余地を確保し、住民の暮らしを継続的に支える決定をつくり出していくことだ。

次に、自律的な仕事を創出し、持続させるには、その舞台となるコミュニティの自治が欠かせない。小規模な有機農業を実践して「安全・安心」の農産物をつくったとしても、自治体がその周辺に原発を誘致してしまったら、消費者に「安全・安心」が疑われる。そうならないように、地域住民がコミュニティの方針決定に対して影響力を行使しなくてはならない。仕事の自治を実現するに際しても、その大枠を規定する地域の政治を無視することができないということだ。コミュニティの自治は、仕事の自治を可能にする条件である。

桜井は、自律的な仕事の創出が、コミュニティの自治を促す効果があることに注目していた。彼は、仙台で図書館の司書をしていた時、労働運動に関わっていたが、そこで「ピュアになる人」と「妥協する人」との間に対立が起きるのを見てきた。「ピュアになる人」は理念や原則に忠実に行動するが、「妥協する人」は様々な事情でそれについていけず、結果として両者に衝突が生まれる。桜井は、都市の住民とは対照的に、農民の場合、「協同」が暮らしに組み込まれているという。たとえば、用水路の管理のような共同作業は、考え方の合わない人とも、生産のために一緒にやらざるを得ないし、それをやらなければ生きていけない（桜井薫さんインタビュー）。

彼は、ソーラーパネルを介して生まれる地域の仕事が、協同のための「しばり」を人びとの間に生み出すことに期待を寄せている。たとえ太陽光発電の普及活動が社会運動的な性格を濃厚にしていたとしても、それが地域住民の仕事となって、人びとの仕事を支えるようになると、理念で多少の分岐が出たとしても、協同を放棄するわけにはいかなくなるからである。こうした「しばり」は、地域における人びとの中長期的な協同を実現し、それが基盤になって彼らが政治に関心を寄せ、参加し、自治をつくり出していく。

以上のように、桜井の事例では、アジアへの原発輸出反対がソーラーパネルの輸出を経由して、最終的にエネルギーや仕事、さらにはコミュニティの自治にたどり着いた。桜井の実践から、脱原発運動の中で始まった「生活の民主主義」の深化が確認できる。

第三節　地域を変える移住者

豊橋から六ヶ所、そして津南町へ

「生活の民主主義」の深化は、小木曽茂子にも見て取れる。第4章で触れたように、小木曽は、チェルノブイリ原発事故の前、愛知県豊橋市で友人二人と一緒に小さな宿泊所を営んでいた。この宿泊所を自然食レストランに変えた一九八六年、チェルノブイリの原発事故が起きた。自分の店で無農薬の食べ物を用意したとしても、放射能が広がっている以上、汚染から逃れることができない。このことにショックを受けて、彼女は、自分の店を利用して、原発や農薬についての学習会や読書会を企画した。広瀬隆の『危険な話』を貸し出すことを始めると、それを読んだ母親たちが「どうしましょう」と目をはらしてやって来ることが続いた。食の安全に関心を持つ地元の女性たちは、チェルノブイリ原発事故による食品汚染問題を知ることで絶望的な気分になり、小木曽の店に駆け込んだのである（小木曽茂子さんインタビュー）。

彼女は、地元の脱原発運動に関わりながら、「原発いらない人びと」を結成し、一九八九年七月の参議院議員選挙に打って出たが、議席を獲得することはできなかった。その後、青森県に長期滞在し、知事選の支援をしたり、六ヶ所村で女たちのキャンプを組織したりした後、一九九三年に開催されたNNAFの実行委員会の一員として、企画と運営に関わった。

一九九三年のNNAFの後、小木曽は、豊橋市からの移住を決める。女たちのキャンプの後、無理がたたったのか、体を壊して手術をした。手術した年の夏はとても暑かったが、原発で生産された電力であることを考えると、それを使ってクーラーを動かすのがためらわれた。そこで電気の利用を減らしても暮らせる方法を考え、冷房を使わずにすむ場所に移り住むことにした。自然食レストランを経営するくらいなので、以前から食の安全には関心があった。だが、ある時に生産者から無農薬有機栽培の食品を選択しながら水洗トイレを使っているのは矛盾しているという言葉をかけられた（小木曽茂子さんインタビュー）。化学肥料が普及する以前（日本の場合は高度経済成長期以前）、農民は人間の糞尿を使って畑の土を肥沃にしていたが、水洗トイレを使えば、貴重な資源であるはずのものを文字通り水に流すことになってしまう。

この生産者の言葉を心に留めながら、小木曽は、都会の中で自然食レストランをやることに矛盾を感じ、「この際、そういうことをすべてやり直したい」と考え、移住を決めた。「つれあい」は、「原発いらない人びと」で全国事務所の会計を担当するなど、小木曽と一緒に脱原発運動に関わってきたが、渓流釣りが好きだったこともあり、移住に賛成した(小木曽茂子さんインタビュー)。第3章で論じたように、「ニューウェーブ」のフレームは、主に都市住民に向けて原発事故による終末が接近している、あるいは自分たちがすでに事故の渦中にあると強調することで、彼らの当事者性を喚起するものであった。アクティヴィストたちは、原発推進の根拠となる経済至上主義に対する批判で終わらず、その文明を生きる自らの暮らしのあり方に対する問い直しに至った。一九九〇年代、メディア報道の後退もあって危機を喚起する言説が影響力を失った後にも、原発依存の生活を変えるという課題は残った。この課題に対して、小木曽が選んだのは、都市を離れて農山村に移住し、生活を再構築することであった。

一九九〇年代は、小木曽のような都市住民の農山村移住が増加し始めた時期であり、その移住は、「Uターン(都市での生活を経由して田舎に戻る)」や「Iターン(出身地とは別の田舎に定住する)」という言葉で呼ばれた。日本における都市住民の農山村移住は、一九七〇年代に本格的にスタートしている。学生運動の経験を経た人びとが、近代化・都市化された社会のあり方に根底的な疑問を突きつけ、農山村に共同体を構築した。その一例として、島根県浜田市の弥栄之郷(やさかのさと)共同体が挙げられる(今一九八七)。初期の農山村移住は、社会運動としての性格が色濃かった。一九九〇年代後半から二〇〇〇年代にかけては、主流メディアが農山村の魅力を伝える表象を生産した。人気アイドルグループＴＯＫＩＯのメンバーが出演する「ザ!鉄腕!ＤＡＳＨ!!」のようなテレビ番組は、「田舎暮らし」のイメージを大きく変え、社会運動組織に関わっていない人びとにも農山村移住の枠を広げた（嵩二〇一六：九〇）。チェルノブイリ原発事故後の農山村移住は、先の二つの時期の間に挟まれており、移住の形態自体は個人化し始めているが、社会運動としての性格はまだ残されている。

移住を決めたら、次は場所探しである。小木曽は、女たちのキャンプに関わってきたこともあって、「青森に住まなくてはならない」という思いを持っていた。しかし、最初に体調を崩したのが青森に長期滞在した後だったので、六ヶ所村で一緒に行動した仲間に「そんな無理してやることではない。青森に住んだら体が悪くなるなんて、青森の人に失礼だ」と言われ、場所探しを一から始めている（小木曽茂子さんインタビュー）。

原発いらない人びとの選挙の時に全国を回っていたので、脱原発運動に関わる知り合いは各地にいた。そこで車で知り合いを訪問した後、新潟県の南部、信濃川と山に囲まれた、移住当時、人口一万二千人ほどの津南町を新しい居住地に定めている。津南にはインドネシアへの原発輸出問題に関する報告会で来たことがあったが、その時に先に津南に移住して有機農業をしていた元東京在住の知人が地元との仲介役を担ってくれた。彼が隣の集落の友人に声をかけ、空き家を探してくれたことで、落ち着く先が決まった（小木曽茂子さんインタビュー）。実際に移住したのは、一九九五年のことである。小木曽は自然食品店を、「つれあい」は会社員を辞めた。古民家の茅を葺き直し、電気と風呂場を修理し、鍬や軽トラックなどを購入した（「田舎暮らしのススメ」『別冊アサヒ芸能』一九九八年九月一日号：一一五）。

移住と暮らしの自治

小木曽の移住による暮らし方の変革は、彼女のそれ以前の活動とどういうつながりがあるのだろうか。女たちのキャンプでは、座り込みで核燃サイクル計画をストップさせること以外に、既存の代表制とは異なる民主主義像を描き出すことがなされた。しかし、スーザン・クラークとウォーデン・ティーチアウトがいうように、非暴力直接行動に必要とされる集中的な関わりを、長期に渡って持続させるのは難しい。肉体的にも、精神的にも、経済的にも負担が大きいからだ。選挙や占拠の後には、すぐに通常の日々が戻ってくるので、「日常生活のペース」で民主主義的な関わりをする場がなければ、その実践は途絶えてしまう(Clark and Teachout 2012: 188)。

このように考えると、小木曽にとって移住による暮らし方の変革は、日常生活における民主主義の実践であったと言える。その実践には、生活における自律性を高めるというねらいを読み取れる。その舞台こそ、六ヶ所村から津南に変化しているが、自治という観点から見れば、両者は緩やかに連続している。

移住後、小木曽はいかなる暮らしを営んだのだろうか。当初、トイレをくみ取り式にして、少し離れた場所にブルドーザーで穴をあけて、そこに草を入れ、堆肥化しようとした。自分たちの糞尿もゴミにしないで、再利用することを試みたのである。しかし、この試みは、すぐに近所の住民から苦情を言われ、挫折した(小木曽茂子さんインタビュー)。頭で描いた暮らしを実現するのは、そんなに簡単なことではない。

エアコンに依存しない生活を目指して移住してきたこともあり、津南での暮らしは、エネルギーの自給度を高めるよう努めてきた。津南は夏こそ涼しいが、冬は降雪量の多い豪雪地帯であり、暖房として古い家に備えつけられた薪ストーブを使っている。山間の土地なので、薪になる資源は豊富である。近所で不要な木材が出た時、もらってきて使用している。地域の資源を効果的に利用することで、エネルギーの自給が可能になっている。当初は風呂の燃料もあえて薪にしていたが、養育里親を始め、おむつの必要な小さな子どもがやって来て、常に温水を準備しておく必要が出てきてから、ガスと併用にした(小木曽茂子さんインタビュー)。

エネルギーだけでなく、食の自給も試みた。自分の畑を持ち、日々の食卓に並ぶ野菜や米を無農薬有機栽培でつくる。食の自給というのは、「ニューウェーブ」における原発に対する依存を減らした暮らしの象徴の一つである。そのことは、漫画家のごとう和が「ニューウェーブ」の盛り上がりに影響を受けて描いた『六番目の虹』(講談社、一九九〇年)という作品に見て取れる。この作品は、「桜ヶ岡原子力発電所」という架空の原発の職員寮に住む主婦が主人公である。チェルノブイリ原発事故のニュースを耳にして、不安を感じながらも、彼女は夫と子ども二人と一緒に原発周辺の町に暮らしていた。しかし、夫の働く原発で事故が起こり、子ども二人を連れて命からがら逃げる。夫は事故で亡くなり、自分たちも被ばくしてしまう。彼女が子どもたちと一緒に北海道に移住して、電気を浪費する便利な生活から離れて、放射能汚染の少ない食べ物を自らつくり、子どもたちを守っていく決意をするところで終わる。このマンガのストーリーが示すように、脱原発の実践の一環として位置づけられていたのが、食べ物の自給であった。

放射能測定運動に見られるように、一九八八年頃の脱原発運動は、主に「製品の政治」、すなわち、食品選択の自己決定を目指す運動であった。しかし、一九九〇年代に、アクティヴィストたちは、単なる消費者であることをやめ、自分の生活に必要な物を自分で生産し消費する「生産消費者」(アルビン・トフラー)に変わっていった。その活動は、かつての消費部面に限定された自治の実践の枠をはるかに超えていたのだ。

小木曽の場合、有機栽培に使う堆肥としては、隣の家で飼っている牛の糞や草を使っている。最初は農作物を出荷して生計を立てることを考えていたが、実際にやってみて、それは難しいとすぐにわかった。それでも、自分で食べる分くらいならば、無理のない範囲でつくることができる。農業収入は微々たるものなので、移住の初期には「つれあい」が学習塾講師を始めたり、小木曽がホームヘルパーをしたりした(小木曽茂子さんインタビュー)。彼女たちの暮らし方は、専業農家という形ではなく、自給プラスアルファの農を営む一方、地域の仕事を請け負って現金収入を稼ぐスタイルである。自給は、都市化と市場化を邁進してきた日本の近代史において、抜け出すべき貧しい生活として低く評価されてきた。だが、一九九〇年代の脱原発運動においては、それは、脱原発の実践の一部として再評価されている。このように小木曽は、農山村移住を通して仕事、エネルギー、食の自治を実現していったのだ。

移住者の力

小木曽は、移住後、地域に根ざした暮らしを実践してきた。津南の暮らしが都市部と大きく違うのは、濃密な人間関係の存在である。彼女の在住する相吉(あいよし)の集落では、共同作業が月一、二回程度あり、水路、道路、里山、墓の管理を行っている。こうした地域の付き合いには制約もあり、時間とお金もかかるが、彼女にとっては必ずしもやっかいなことばかりでもなく、学ぶことも多い。

農業経験がまったくない状況で移住したので、当初は失敗を繰り返していた。種を雑然と植えてしまい、ゴボウがまとめてグニャグニャして出てきてしまったとか、大根と人参の種を交ぜてしまい、芽が一緒に出てきてしまったなどの失敗談には事欠かない。小木曽は、農作業でどうするかを迷った時には、農業の入門書を見るよりも、近所の人に聞くのが一番であるという。彼らは、本に載っている一般的な知識ではなく、地域の事情に合わせた知識を教えてくれるからである。たとえば、城原（じょうはら）の祭りが終わったらこの種をまく、相吉の祭りが終わったらこの種をまくというように、彼らの知識体系においては、地域行事に合わせて作業がスケジュール化されているのだ（小木曽茂子さんインタビュー）。

このような「ローカルの知[44]」を獲得するには、知識の生産と交流のネットワーク内に入ることが不可欠である。小木曽は、移住先で生きていくための秘訣として、地域の人たちと基本的な信頼関係を築くことの重要性を強調する。彼女は、移住当初から、朝早く起きて、用事がなくても外に出るなどして、地元の人の生活スタイルに合わせた。地域の婦人会長や民生委員といった役職も経験した。コミュニティで信頼関係を獲得することで初めて、「ローカルの知」の網の中に入ることが可能になる。

しかし、「ローカルの知」の網に入ることは、必ずしも地元の文化に対する無条件の受け入れを意味するわけではない。小木曽は、都市部でチラシ撒きやアピールをした時に、「水が砂漠に吸い込まれるような反応のなさ」を感じていた。これとは対照的に、津南のような小さな町では、過剰に反応される。移住した直後、集落の誓約書に署名することを要求され、許可なしでチラシを撒いたり、集会を開いたりすることに釘を刺されるという経験をした(小木曽茂子さんインタビュー)。このように、農山村は原発依存の暮らしを抜け出るのに必要な資源を提供してくれる場ではあるが、原発のない暮らしを地域に広めようとする際には、壁に直面する。そこは、決してユートピアではないのだ。この壁を打破していこうとする時、コミュニティの政治と文化の変革という課題が浮上する。

小木曽は、二〇〇三年一〇月には津南町の町議会選挙に出馬した。それは、彼女のコミュニティにおける政治と文化の変革の方法である。津南の町議選は、「地域意識が表面に出た選挙戦」であり、出身地区からの票がベースになる(『津南新聞』二〇〇三年一〇月二四日一面)。それゆえに、地区からは代表を一人選んで、その代表に票を集中させるのが一般的であり、同じ地区からの複数出馬はタブーであった。小木曽はこのタブーを破り、同じ地区から出ていた現職の町議をさし措いて、立候補してしまう。

彼女は、商店街の活性化のために貸店舗料の補助、年金生活者でも暮らせる老人施設の建設、町や農協の新人採用人事や公共工事の発注の透明化といった政策項目を並べた。さらに、いらない人びとの経験を生かし、選挙キャンペーンには祝祭的な感覚を出し、津南出身の歌手志望の女性がイメージソング「妻有賛歌」を歌ったり、町内五〇カ所余りで街頭に立ったりした(写真)。

町議選への挑戦は、地元紙の『津南新聞』をはじめ、住民の一部からは好意的に受け止められた。しかし立候補の締め切り直前、小木曽の当選を阻むべく、同じ地区内からもう一人が立候補した。この第三の候補者の票はすべての候補者の中で最低数であったが、地区内の現職に対する批判票が小木曽と第三候補の間で割れてしまう。結局、小木曽は当選まで一八票足りず、落選という結果に終わった。

　小木曽の出馬は、移住者が地域社会に及ぼす影響について考えさせられる。移住者は、よそ者であるがゆえに、外部の文化を持ち込み、移住先のコミュニティの文化にある暗黙の合意に対して批判的な視点を持ち、その文化の構成員たちの間に波紋を広げることができる。コミュニティにおいて当たり前になっている(不合理な)慣習を疑っていくことは、コミュニティの自治に不可欠なプロセスであり、そこに移住者の役割がある。

写真　小木曽茂子の選挙活動(津南町の町議会選挙.『津南新聞』2003年10月27日2面)

　しかし、町議会議員選挙の例が示すように、小木曽にとってのコミュニティの自治は、彼女自身の仕事、エネルギー、食の自治ほど成功したとは言い難い。どれほど情熱的で行動的であっても、移住者が一人で変えられるほどコミュニティの自治は簡単な仕事ではない。それは、地域を基盤に「生活の民主主義」を実践する人びとが、点としてではなく面をなすまでに広がり、彼らが自治の担い手になっていった時に、初めて実現する。

　近年、特に三・一一以後、農山村移住の波が高まっている(小田切二〇一四：v章)。映画『風の波紋』(小林茂監督、二〇一六年)が示すように、新たな移住の波は、越後妻有においても例外ではない。二〇年以上前の小木曽がそうであったのだが、彼らも、都市から離れて越後妻有に移住し、資本主義に対する依存を減じた生活を模索している。彼らの中からコミュニティの自治の担い手になっていく人びとが生まれるだろうか。その時に、彼らが小木曽の実践から(うまくいったこともそうでないことも含めて)学ぶべきことは少なくないはずである。

第四節　「生かされ方」としての自然農

生活クラブ・チェルノブイリ・「原発離婚」

最後に見ていくのは、北村みどりの事例である。北村は、チェルノブイリ原発事故の頃、生活クラブ神奈川の組合員であり、第2章で論じた放射能測定運動の先駆者であった(当時の苗字は福山)。東京生まれの東京育ちで、マクドナルド、ミスタードーナツ、ケンタッキーフライドチキン、サーティワンアイスクリームなどファストフードが大好き、添加物も気にしない食生活だったという。大学を卒業した後の数年間は、自動車会社の営業所のショールームで車の説明をして働いた。

その後、結婚して主婦になり、子どもが生まれた後、雑誌『クロワッサン』の情報で高温殺菌牛乳や食品添加物の危険性を学ぶ。「食べ物の中に食べ物じゃない物がたくさん入っている」と感じるようになって、近所にあるスーパーでは食品を購入できなくなってしまう。当時は周囲に自然食品店が少なく、どこで食品を購入すればよいか頭を悩ませていた時、生活クラブのチラシを手にし、加入した。居住していた団地は川崎市にあったが、横浜市に隣接していたため、横浜のブロックに入った（北村みどりさんインタビュー）。

生活クラブでは、勉強会や試食会や委員会の誘いを受け、積極的に活動に参加し、加入して三年経ったくらいで支部委員になる。支部委員の時には、せっけん運動に関わったり、生活クラブを基盤に組織された地域政党である生活者ネットワークの選挙を経験したりした。このように彼女は、生活クラブの活動に関わる中で、食の安全だけでなく、様々な社会問題についての学びの機会を得た。彼女にとってもう一つの学びの場は、横浜市の市ケ尾にあった学校協同組合「共学舎」である。特にチェルノブイリ原発事故後、生活クラブが測定に乗り出す前に、彼女は共学舎で放射能や原発についての知識を得た（北村みどりさんインタビュー）。

こうして、事故前は北村は原発問題についてほとんど何も知らない状態であったが、事故後に急速に知識を深め、食品の放射能測定を先導するようになる。彼女は、放射能の危険性を学べば学ぶほど絶望してしまい、三歳になりかけた息子の寝顔を見ながら、ボロボロと涙を流すこともあったという（北村みどりさんインタビュー）。北村もまた、原発事故が接近している、あるいはすでに渦中にあるという不安から絶望し、当事者意識の獲得を行動の力に変えるというプロセスを経験した。

この時期に、当時の結婚相手と離婚した。生活クラブに入る前の北村自身がそうであったように、彼は、食の安全性のような問題に関心があるわけではなかった。北村が生活クラブと出会い、さらにチェルノブイリ原発事故に大きな衝撃を受ける中で、二人の考え方に違いが生じる。北村は、休日にもイベントに行くことが増え、子どもを連れていったり、預けたりしていた。このことに当時の結婚相手から不満を表明されて、二人の間の溝は、だんだん深まっていく。当時は専業主婦だったので、その後の生活に不安はあったが、経済的な理由で結婚を続けるという選択をせず、一九八九年、正式に離婚し、北村という旧姓に戻った。仕事として労働組合の事務をすることになったが、この仕事は、放射能測定運動の関係者に紹介してもらっている(北村みどりさんインタビュー)。

当時、妻が脱原発運動に関わる中で変わっていき、夫との間にすれ違いが生まれ、離婚に至ることは、決して珍しくはなかった(当時の言葉で「原発離婚」、または「伊方離婚」)。第3章で見たように、脱原発運動においては、アクティヴィストに暮らしの見直しを求めるがゆえに、運動に関わった女性たちと、暮らしを共にする家族、特に夫との関係に変化が生じることもあった。

何より脱原発運動に関わる女性たちにとって問題であったのは、夜に開かれる脱原発の学習会や講演会などに出かけていくことに対して、原発問題に関心を持たない夫から不平不満の声が出ることであった。また、女性が経済至上主義的な考え方から距離をとる一方で、男性がその考え方に固執したままの場合、両者の間に溝ができることは避けられない。それゆえに、彼女たちにとって脱原発とは、自分のパートナーとの関係を変えることを伴ったのである。脱原発運動において、エネルギー政策のような政治領域だけでなく、ライフスタイルや生き方といった生活の領域までも問われたがゆえに、パートナーの男性との関係性も例外ではなかった。その波に乗った者とそうでない者の間には、たとえ夫婦であろうとも、日常に深い溝が生じてしまったことを、北村の事例は示している。

離婚の少し前から、北村は、原発が必要な社会から抜け出る暮らしを目指すようになっていた。彼女は、路上で反対を唱える行動よりも、自分の生き方を「脱原発の暮らし」にシフトさせることに興味を持つようになったのである（北村みどりさんインタビュー）。

北村によれば、原発は、大量生産、大量消費、エネルギーを浪費する生活を象徴する。これに対して、「脱原発の暮らし」とは、命の世界で生かされる暮らしを意味する。それは、土から出たものをいただき、季節に即しながら生きていくような暮らしである（北村みどりさんインタビュー）。「脱原発の暮らし」の軸には、命の糧である食べ物を生み出す営み、農がある。当時、北村は、「いつ終わるかわからない、たった一度の人生。それなら納得のいく最もエコロジカルな仕事を自分の生業にしたい」（北村二〇〇五：三〇）と考えていた。

その頃、チェルノブイリ原発事故の前に生まれた子どもと新たな「つれあい」と共同生活をするようになる。「つれあい」は、食の安全性の問題に関心があり、市民農園で無農薬の野菜を育てており、「百姓になりたい」という希望を持っていた（北村二〇〇五：三〇）。そしてこの「つれあい」から、川口由一『妙なる畑に立ちて』（野草社、一九九〇年）という本を紹介され、「自然農」の世界に心魅かれていく。自然農では、人間が土地を耕したり、除草したり、肥料を加えたりすることをまったくしないか、最小限にとどめる。川口は、この自然農の世界では名の知られている、先駆者の一人である。北村は、川口の著作に触れた後、奈良にある彼の田畑の見学会に家族そろって出かけたりもした。

このように自然農を学ぶ一方、彼女は、一九九二年、半年かかって見つけた土地に移住した。場所は、宮城県の最南端の丸森町。移住当時の人口は、一万九千人ほど。北村によれば、「里山があって、田んぼがあって、丸い森がポコポコあるような可愛らしい町」である。

一九九〇年代には、日本全国に有機農業や自然農の実践者が広がっていた。日本は高度経済成長期、急速な工業化を進めてきたが、そこでは、人間が自然をコントロールできるという工業社会に特徴的な考え方を前提にしていた。生産活動が気候や天候に大きな影響を受けてきた農耕社会とは違い、工業社会では、自然環境に左右されず効率的に製品の大量生産を行うことを目指している。この考え方を農業に適用し、農作物を工業的につくることで、効率的な大量生産が可能になった。自然条件の影響を受けない生産を行うには、農薬で虫を殺し、化学肥料で足りない栄養を補うことが不可避になってくる。しかし、農作物を工業型で生産することは、土の疲弊や環境破壊のような、無視できない副作用を引き起こした。有機農業や自然農は、こうした工業社会のあり方に違和感を覚えた人びとが、それとは異なる人間と自然、人間と人間との関わり方を模索する中から生まれたのだ(安藤二〇一五)。

一九八〇年代に北村が関わっていた生活クラブは、主婦が中心の運動であり、先行研究は、主婦による消費領域を中心とする活動の限界を指摘してきた。第3章で言及したように、生活者ネットワークの研究者であるロビン・ルブランは、主婦というアイデンティティが、女性たちを連帯させる政治的な資源であると同時に、拘束にもなるという。主婦たちは、家事、育児、介護といった主婦に固有と見なされる仕事を引き受けるため、地域を長時間離れるような活動をためらうからである(LeBlanc 1999=2012: 93–94)。

「ニューウェーブ」が主婦の運動であることの限界は、当時、アクティヴィストの間でも指摘されていた。たとえば、第5章で登場した谷百合子は、札幌の脱原発運動の仲間たちとの座談会で、次のように言っている。「主婦という言葉を使うこと自体が、主婦的状況を蔓延させていくことになり、それが企業戦士の男たちを後で支えることになり、企業や体制にとって都合のいい状態をつくり出している事をもっと語り合わなければ、企業がやっている原発産業を止めることは出来ないと思う」(清水ほか一九九〇：七八)。

しかし、一九九〇年代の脱原発運動は、暮らしの変革を徹底させ、生産の領域に乗り出した。小木曽の事例もそうであったが、運動の中に残存していた性別役割分業は、そこでは変化している。女性は、もはや単なる消費者として運動に関わるのではなく、かといって男性と同じような生産者の位置に「上昇」したわけでもない。彼女たちは、自分の仕事、エネルギー、食などを自ら選び、つくり出す生産者でもあり、消費者でもあるような存在である。こうしたDIY(do it yourself)的な行動の背景には、人びとから暮らしを営んでいく力を奪う社会に対する批判的な視点があり、その社会を象徴するのが原発の存在である。このように、脱原発運動は、主婦であることから出発し、最終的には主婦の枠組みを超えて、社会のあり方を根底から問い直すような営みを生み出したのである。

有機農法から自然農への転換

北村のいう「脱原発の暮らし」は、本書でいう「生活の民主主義」の一形態であり、桜井や小木曽と比較すると、北村の実践は、農により強く力点を置いているところに特徴がある。彼女は、農に対する憧れのような思いがあり、移住先では農を軸にした暮らしをしたいと考えていたが、まず、土地を借りるのが一苦労であった。町役場は無農薬で農業をすると聞くと、相手にしてくれなかったのだ。

しかし農業委員会の事務員が父親名義の畑を貸してくれて、田畑合わせて五反（約五〇アール）を確保できた。こうして田んぼは土地を耕さない自然農、畑は有機農法で農業生活をスタートさせた。畑を耕作することにしたのは、直接農作物を購入してくれる消費者との「産直」を軌道に乗せたかったからである（北村みどりさんインタビュー）。

だが北村は、耕運機に乗って畑を耕す時に、違和感を覚えた。軽油の排ガスのにおい、切れて飛び出すジャガイモ、逃げまどうカエル。これは、自分の目指している農的な暮らしではないという思いから、自然農に切り替えたいという希望を表明したところ、まず無農薬でしっかりと野菜づくりをし、町の人にわかってもらうのが先であると「つれあい」に説得された（北村二〇〇五：三二一―三二二）。

二〇〇二年、「つれあい」が「産直」から撤退し、「農村民泊を兼ねたフリースペース」づくりに集中することになった。それは、農業の労働力が一人減ることを意味し、手間のかかる「産直」を継続できるかどうかの岐路に立たされた。大量の植物性堆肥をつくり、切り返し、散布するという有機農法のプロセスを一人で行うのは、肉体的に困難である。岐路に立たされて、北村は、これまで保留してきた自然農への転換を行ったうえ、「産直」を続けることを決めた。トラクター、ミニローダー、堆肥運搬機、ビニールマルチ、ハウス、微生物資材を使用しないことにしたのである（北村二〇〇五：三二二）。

「産直」の野菜セットの発送は、二〇〇五年の時点で、週二回、首都圏を中心に仙台から大阪まで発送している。毎週一回、隔週一回、月一回と各家庭それぞれだが、合わせて二八軒。自然農は環境負荷が少なく、大量生産・消費・廃棄の流れから抜け出した農の形であり、その農産物の背景にどれだけたくさんの生命を育んでいるかを、「やさいの気持ち」という毎月の通信で伝える。紙おむつ用の段ボール箱で出す場合もあれば、端境期にはお休みもある。大きさも形もいろいろであるが、北村は、調理に手間のかかる野菜を食べてくれる消費者に支えられているという（北村二〇〇五：三五—三六）。

農を始めてからの失敗談には事欠かない。その一つが「米ヌカ事件」である。「早く結果を出したい」という思いから、大量（反当たり五〇〇キログラム）の米ヌカを冬、自然農の畑にまいた。雪の上にまいたため、そのまま固まり、ハタネズミの餌になってしまった。ネズミはそのまま繁殖し、夏にはナスやトマトの根や茎までかじる。その後、二、三年は、シンクイムシなどの虫害に悩まされることになった。こうして北村は、次のことを学ぶ。「その場で生きる「者」たちの生活を乱すほどたくさんやらず、補うくらいに施して、それで育たない畝（うね）には違う作物を植えるほうが畑はずっと早く良くなる」（北村二〇〇五：三四）。

北村は、多くの農家が使用するハウスに関しては、苗をつくる小さなものを持っているが、大きなものはない。また、土を耕した場合、肥料を入れないと痩せていくので、耕さない。それは、今の主流の工業化した農業とは対照的である。なぜ、耕さないのだろうか。北村によれば、肥料を土にすき込むには、トラクターを使わなくてはならず、それには、軽油が必要である。エネルギーの浪費というだけでなく、耕してしまうことで、土の中にある命の循環を断ち切ることになる。耕すのは、畑を自分の道具のように考えているからである。これに対して、彼女は、人間が土をつくることはできないと考える。土は自律した自然界の中に存在しており、人間も作物も同じようにそこで生きていくのだ。彼女によれば、自分が農をやめても、自然は変わらず自律している。経済的には耕して肥料をすき込んだ方が収量は上がるかもしれないけど、それは北村の目指している暮らしの形ではないの（北村みどりさんインタビュー）。

自然の中に「生かされる」

自然農は、作物の収量を自然の許容量内に限定している。なぜ、北村は、自然農にこだわるのだろうか。彼女は、「自分を解放すること」を、自然農の効果として挙げている（北村二〇〇五：二三二）。生育を良くしたい、収量を増やしたい、そのために耕運機を使いたい、もっとたくさんの肥料をあげたい。いくら移住して農業を始めても、このような執着から離れるのは難しい。しかし自然農は、そもそも大量生産したり、利益を上げたりすることには向かない（資本主義と相性が悪い）ので、執着から離れざるを得ない。このように見ていくと、彼女にとっての自然農は、単なる栽培法の一つではないのだ。「米ヌカ事件」では、早く結果を出したいという思いから、自然の許容量以上に収穫を出そうとして、自然からのしっぺ返しを食らった。自然は、自分の欲やとらわれの存在を教えてくれ、それらを肩から下ろすように背中を押してくれた。自然農は、彼女自身を「解放」するものだったのである。

北村は、自然農の生活を、次のようにいう。「以前は耕して裸だった畑は、たくさんの草々や生き物たちの暮らす場へと変わり、作物が育っていてもいなくても、「ふふっ」と微笑みたくなるような生命（いのち）豊かな田畑に育ちつつありました。「愛しい」という気持ちを思い出したなら、「ここ」はいつも、私を受け入れ、見守ってくれていたのだと気づきます」（北村二〇〇五：五〇）。この言葉に見て取れるように、自然農は、一人の人間の生き方、より正確に言えば、人間が自然の中で「生かされる」方法として捉えられている。もちろん「農」なので、作物の収穫を無視することはできないが、あくまで収穫は自然に「生かされ」たことの結果に過ぎない。北村は、「人がよけいなことをしなければその場所に応じて生命はバランスをとりながら増え、豊かな方向に向かっていく」（北村二〇〇五：二三二）という。

北村において、「生活の民主主義」は、自然農を基盤に構成されており、そこに彼女の実践の個性を見て取れる。桜井や小木曽と同じように、「脱原発の暮らし」を可能にする条件である地域社会に対する視点も見て取れるが、その主たる焦点は、コミュニティを生きる自然と人間との関係に向けられている。北村は、人間以外の生き物の存在を「いのちの世界の一員」として位置づけている。自然農の実践を通して、彼女は、自己の声を聞き、人間以外の生き物の声を聞く。このように、北村もまた、食や仕事の自治のような「生活の民主主義」の実践を追求するその先に、その実践を可能にするコミュニティの役割を発見したが、そこでのコミュニティは、構成員が人間だけに限定されず、人間と人間以外の生き物との相互作用の場と見なされていたのだ。

第8章

脱原発運動の遺産

第一節　脱原発運動は、どこから来て、何を残したのか

脱原発運動の来歴

本書は、チェルノブイリ原発事故後の脱原発運動について考察してきた。冒頭で設定された問いは、それがいかなる運動であるかというものであった。「ニューウェーブ」と呼ばれた運動は、どこから来て、どんな変化を引き起こしたのだろうか。本書で論じたように、その中心は、「オルタナティブ」と呼ばれる食、農、環境、職の領域で活動する地域組織を基盤にし、放射能測定運動を介して形成された。一九八六年に開かれた「ばななぼうと」というイベントや『もうひとつの日本地図』という本が触媒になって、この地域組織は緩やかではあるが、全国的なネットワークを構築していた。

「オルタナティブ」の出現は、当時の日本社会の構造的な変化に起因している。高度経済成長の時代には、便利で豊かな生活のために競争して長時間労働するような生き方に対する疑問が広く共有されることはなかった。しかし、一九七〇年代以降、公害に象徴される自然や生活環境の破壊、エネルギーの浪費、「過労死」、グローバルな貧富の格差など、それ以前には光があてられてこなかった（資本主義と官僚主義の引き起こす）諸問題に社会的な注目が集まるようになっていた。このような時代状況の中で、高度経済成長の時代の生き方に疑問を抱く人びとが増加し、彼らが「オルタナティブ」の担い手になったのである（以上、第3章）。

メディア報道は、「ニューウェーブ」の「新しさ」を強調してきた。だが、運動はその呼称が示すように新しいとは言えない。それは、「オルタナティブ」のように、一九七〇年代以降に地域に根を張った社会運動の思想とネットワークの連続面において捉えられるべきである。脱原発運動は、突如として現れて、消えていったわけではなく、確かな基盤を有していたのである。

「オルタナティブ」を構成する諸グループは、必ずしも原発問題に取り組んでいたわけではない。そのため、一九八六年四月にチェルノブイリ原発事故が起きた後にも、彼女たちは、すぐに脱原発の行動に乗り出したわけではなかった。脱原発運動につながるきっかけになったのは、一九八六年終わりから八七年にかけての食品の放射能汚染を測定する取り組みである。

従来の研究ではさほど注目されてこなかったが、放射能測定運動は、「オルタナティブ」を脱原発に接続する役割を果たしており、「ニューウェーブ」の来歴を考えるうえで見逃せない。それは、見えない、匂いもしない放射能汚染を数値で示し、人びとの不安の根拠を提示するとともに、汚染を管理する政治的な責任を追及した。「オルタナティブ」の中では、食の安全、健康、環境汚染に対する関心が高かったために、測定によって食品の放射能汚染の存在が可視化されると、人びとはそれに敏感に反応した。こうして、測定運動と「オルタナティブ」との間に化学反応が生じ、それが一九八八年の運動の波を生み出したのである。

脱原発運動の担い手になったのは、都市部在住の三〇―四〇代の女性(主に主婦)である。地域の小グループを基盤にして、放射能汚染に関する集まり(学習会、読書会、上映会など)が組織されていた。同じ団地やマンションで暮らしたり、住宅街の近隣に住んでいたりする年齢の近い、家族構成も似た女性たちが、ちょっとした会話をしたり、互いの家を行き来したりしていた。都市部の住宅地で、農村部のように近隣住民と頻繁に交流する環境が存在していたことが運動の広がりを支えていたのである。

彼女たちは、脱原発知識人の講演会や学習会に参加し、原発への違和感や放射能への恐怖心に対する確信を強め、得られた知識を地域の友人のところに運んでいった(以上、第2章)。政党のような集権的な組織と比較すると、脱原発運動の組織はネットワーク的、分権的である。しかし、放射能測定運動の広がりの源泉は、今日のインターネットを介した個人化された関係性とは異なっている。それは、地域に根を張るグループでの日常的で対面的な交流を基盤にしていた。

一九八七年末に大分の反原発グループが呼びかけた、伊方原発出力調整実験に反対する署名集めの爆発的な広がりに始まり、一九八八年一、二月の二度に渡る抗議行動(「いかたのたたかい」)が象徴的なイベントとなり、その後、運動の波は、各地に波及していった。第3章で指摘したように、チェルノブイリ原発事故後の脱原発運動は、「オルタナティブ」周辺のグループだけで構成されていたわけではなく、他にも、たとえば、サブカルチャーを愛好する青少年も含んでいた。しかし、食、農、環境、職の領域のグループの活動は、その中でも目立つものであった。それは、彼女たちが都市部の地域を基盤にしていたがゆえに、従来の反原発運動とは比較にならないほど広範な都市住民を巻き込むことに成功したからだ。

原発問題に関しては、反対運動が原発現地に限定される「モグラたたきの構造」が常態化していたが、チェルノブイリ原発事故後の脱原発運動は、この構造を揺るがし、都市部に運動を波及させるという変化を引き起こした。そして運動は、世論を変えた。世論の原発に対する疑念を受けて、一九九〇年代以降、新規の立地点に原発を建設することが困難になるという政治的な成果も生んでいる。脱原発運動は、市民社会に確かな変化をもたらしたのだ。

脱原発運動のゆくえ

「ニューウェーブ」が確固とした基盤のもとに現れたものであるならば、それが路上の行動の参加者が減少した後に、そのまま消えてしまったというのも考えづらい。一九八八年の波の後、運動は、どこに行ったのだろうか。第7章では、運動に関わった三人の軌跡をたどったが、彼女たちの軌跡に明らかなように、脱原発運動は、一九九〇年代には「脱原発の暮らし」を残した。

「脱原発の暮らし」においては、エネルギーや食べ物のような自分たちの生活に必要な物を、金銭で購入するのではなく、自分たちの手でつくり出すことを志向していた。その意味で、「脱原発の暮らし」の根底には、「生活の民主主義」の思想が流れている。初期の放射能測定運動では、食べ物の選択が自治の対象であったが、「脱原発の暮らし」では、食べ物だけでなく生きていくのに必要な他の物にまで自治の範囲が拡大している。しかも、それを単に選ぶのではなく、自分でつくり出すという形で自治の手法が変化している。

アクティヴィストは、「脱原発の暮らし」を面倒に思ったり、不便に感じたりするのではなく、「自分でつくること」の喜びを見出していった。ここには、一九五〇年代から原子力産業が宣伝してきた電化製品の明かりに囲まれる便利な暮らしとは違う「幸福」の生活イメージが運動の中から提示されている。脱原発運動は、原発に象徴される経済至上主義とは違う「文化」、すなわち、価値とそれを表現する行為の束を創出したのである。

こうした理解は、ポストチェルノブイリの脱原発運動に対する従来の見方に修正を迫る。第1章で述べたように、その見方によれば、運動は放射能汚染の危険を「消費」したに過ぎないということになるが、私は、以下の二点に関して、その見方が必ずしも妥当ではないと考えている。一つ目は、彼女たちの活動の公共性である。「消費」という言葉は、私事化された行為を想像させる。しかし、そもそも放射能測定運動がそうであったように、彼女たちは、測定を他の地域住民と協同で実践し、その結果を広く公表し、時には測定の環境の整備を自治体に求めることもあった。自分(と家族)の個人的な利害だけを考えていたら、このような労力のかかる行動に至ることは決してない。以上の点を鑑みれば、脱原発運動は、一人ひとりが商品を選択する「消費者」としてというよりも、問題を公共圏に訴えかけていく「市民」としての性格を色濃くした営みであった。このように、一九八〇年代の「消費文化」の時代に、消費からスタートしながらも政治や社会の変革を志向するに至る運動が存在していたのである。

二つ目は、一九九〇年代における運動のゆくえに関わる。確かに「いかたのたたかい」の時期、運動にはメディア報道に依拠して原発や放射能の危険性を強調し、それをもって参加者の拡大につなげていくという側面があった。だが、一九九〇年代に「脱原発の暮らし」へと移行していくプロセスにおいて、彼女たちは、初期の問題意識に真剣に向き合いながら、地域で「脱原発の暮らし」を具体的に実践していった。このように、一九九〇年代にアクティヴィストたちは、原発の危険性を唱えるだけでなく、危険な原発に依存せずに生きる方法をつくり出す、暮らしの創造者へと姿を変えたのである。

「脱原発の暮らし」には、いかなる今日的な意義があるだろうか。私は、それが、原発、及び（それを支える）資本主義に対する依存を減じるような仕事づくりを提案している点を強調したい。現代日本、それもとりわけ都市生活に典型的に見られるように、企業での雇用は、正社員の場合、自分の時間とエネルギーの大部分を仕事に費やし、非正社員の場合、自らの労働だけで生活に必要な報酬を得るのが困難である。これらの仕事は、人びとに十分な余暇時間、あるいは生計の安定を与えていない。これに対して「脱原発の暮らし」は、自分で働き方をコントロールしながら、食べることや住むことといった生活における最低限の基盤を確保する。[45] その自由と安定が資本主義への依存を減じさせ、人びとに原発のような自分と地域や社会に関わる問題に対する学習、討論、行動の（時間と心の）余裕を与えることにつながる。

このように、アクティヴィストたちは、革命のような政治体制の転換を引き起こすのでも政策や法律を変更するのでもなく、自律的な生き方を創造するというやり方をもって、原発に依存する社会を抜け出る展望を示した。「脱原発の暮らし」は、原発と資本主義にがんじがらめにされている人びとに向けて、来るべき社会の生き方のモデルを提案している。

第二節　脱原発運動は、いかなる民主主義を描き出したのか

民主主義の刷新

本書は、チェルノブイリ原発事故後の脱原発運動を考察するに際して、民主主義という観点からアプローチしてきた。アクティヴィストたちは、原発問題がどんなエネルギー政策を選択すべきかということのみならず、誰が方針を決定し、誰がそこから利益を得ていて、誰の手でそれを管理すべきかという、いわば、あるべき政治社会をいかにして実現していくかに関わる問題と見ていた。このような運動のスローガンとして明示されてはいなかったが、必ず経由しなければならないプロセスとして捉えられていた原則を、私は民主主義という言葉を使って論じてきた。したがって、第7章に登場した桜井薫がそうであったように、たとえ原発から太陽光発電へのエネルギー転換が生じたとしても、それが人びとの間の学習や討論の成果に基づくのではなく、政治エリートの一方的な決定によって進むのであれば、必ずしも歓迎されなかったのである。

改めて確認するならば、彼女たちが目指していたのは、政治制度における代表の選出としての民主主義ではなかった。原子力政治に顕著なように、官僚制や議会は、政治的資源を有する人びとに支配される傾向があるため、それに欠ける彼女たちには縁遠いものであったからである。放射能測定運動から「脱原発の暮らし」までの様々な行動を読み解いていくと、その行動には、自治、それも市民社会における自治の原則を見て取れる。すなわち、脱原発運動において目指されたのは、公式の政治制

度には収まりきらない、市民社会の自治としての民主主義と見るべきだ。

だが、第1章で論じたように、資金、組織、地位、名声といった政治的資源を備える人びとに支配されてきた歴史は、市民社会の自治においても無縁ではない。アクティヴィストたちのユニークさは、次の三点で自治を刷新したことにある。

第一の刷新は、公的な問題の再定義である。政治エリートは、議会や官僚制のような公式の政治制度においてすでに論じられている事柄に、公的な問題の範囲を限定しようとする。だが、放射能測定運動がそうであったように、彼女たちは、食の選択のような私的とされている事柄においても、公的に議論されるべき問題が潜んでいるとした。食品の放射能汚染に対する不安は、ともすれば個人的な事柄として見過ごされがちである。彼女たちもチェルノブイリ原発事故後、周囲の人びとに不安を受け止めてもらえず、「気になるならば、自分で気にならない物を買いなさい」と言われる経験をしてきた。それでは、不安の解消が一人ひとりの自助努力によることになり、問題は私事化される。

これに対して、アクティヴィストたちは、食品の測定を通して放射能汚染を可視化し、何を食べるのかを共に話し合い、決めていった。それは、安全な物と危険な物とを仕分けるためだけになされたのではない。放射能汚染の測定を通して、彼女たちは、食品、放射能汚染、原発の問題に対する理解を深めていった。測定は、学びのプロセスそのものであった。このように、彼女たちは、公私の境界線を引き直しながら、食品の放射能汚染を公的な問題として提示したのだ(第2章)。

第二の刷新は、市民像の書き換えである。脱原発運動は、相互に支え合う市民像を描き出した。これは、自律的個人という古典的な市民像とは対照的である。政治思想家たちは、精神的、経済的に他者に依存していない、理性的に物事を考えられる個人を民主主義の担い手として想定してきた。これに対して、彼女たちは、まず自分が「弱さ」を抱える、誰かに頼らずには生きていけない人間であることを受け止め、そうであるからこそ互いに支え合い、気づかうような市民のあり方を描き出したのである(第5章)。本書の冒頭で言及した「強さ」と「やわらかさ」を備えたアクティヴィストの姿は、運動の中で描かれた相互に支え合う市民像の一つの表れと言えよう。

市民づくりの手法

第三の刷新は、市民づくりの手法の創出である。初期に創出された手法は、次の三つに区分できる。一つ目の手法は、放射能汚染の測定の結果をもとに都市住民に原発事故に対する不安を喚起することであった。不安を喚起するフレームは、彼女たちが、他人任せになった原発、さらにはそれに依存する暮らしを自分の問題として引き受けることを可能にした。二つ目は、女性=母親に向けて呼びかけることであった。「母親として子どもを守ろう」という呼びかけは、彼女たちが原発を自分(と家族)に関わる問題であると感じさせるのに役立った。さらに、女性=母親というラベルは、日常的に子どもと接する機会の多い女性こそ、男性よりも脱原発の担い手としてふさわしいという自負も生み出した。三つ目は、日常生活の視点から政治問題を見ることであった。日本の、経済を優先させる政策が人びとの生活やそれを支える自然環境を脅かしているとして、暮らしの観点から原子力と「幸福」な未来の結びつきを切り離した。原発を難解なエネルギー政策としてではなく、人びとの日常から見るアプローチは、彼女たちがその問題を理解し、関わるうえでの導きの糸になった(第3章)。

一九八九年以降、路上行動の参加者は減少したが、市民づくりの手法はさらなる深まりを見せ、六ヶ所村女たちのキャンプでは、三つの技法と呼べるようなものに進化している。それらの技法は、いずれも話し合いを通して一人ひとりに力を与え、勇気を育むものであった。一つ目の技法は、「友情」である。相互の親密さの存在は、安心して話したり、聞いたりすることを促す。キャンプでは、共感にあふれ、本音を言いやすい雰囲気をつくり出すことが意識された。二つ目は、「一人ひとりの尊重」である。一般的に運動の会合でもっぱら話されるのは、イシュー、戦略、運営などについてであり、一人ひとりの参加の理由にはさして関心が寄せられない。これに対してキャンプでは、「私」はなぜ、いかにして参加するかを問われ、そのことが自分の選択した行動に対するコミットメントを強める結果を生んだ。三つ目は、「傾聴」である。彼女たちは、一緒にいる仲間にどんな支えが必要であるかを知るため、相手の話に耳を傾けることを重視した。それによって、スピーチが苦手な人も、言葉を発して参加することが可能になった(第５章)。

第１章で指摘したように、市民の存在は、民主主義の思想家たちの暗黙のうちの前提であり続けてきた。彼らが市民の創出を楽観視できたのは、政治的資源のある人びとを市民として暗に想定していたからである。これに対して、脱原発運動には、放射能測定運動から「脱原発の暮らし」に至るまで、市民を生み出すための知恵と工夫に溢れている。こうした市民づくりの技法の創出にこそ、ポストチェルノブイリの脱原発運動の本領が表れている。

本書の冒頭の問いに立ち返っていうならば、チェルノブイリ原発事故後の脱原発運動は、代表制度のもとで見失われてきた「自治」という民主主義のあるべき姿を日々の生活の中で実践的に提示する運動であった。とりわけアクティヴィストたちは、公式の政治制度よりも市民社会における自治の可能性を追求した。だが、社会階層やジェンダーの不平等を考慮すれば、市民社会における自治は、彼女たちには無条件に受け入れられるものではなかったため、その前提に自らで修正を加えていった。彼女たちは、自分たちが政治的資源を欠く、周縁化された存在であったからこそ、既存の民主主義の限界を認識し、改善していくための手法を生んだのだ。

私がこれまで述べてきたように、民主主義は、無条件に「善き政治社会」を実現するわけではない。その実現には条件が必要である。彼女たちが加えた修正なしには、民主主義が「善き政治社会」をつくるという訴えは、単なる題目に終わってしまう。手放しに礼賛するのでも、あきらめて放棄するのでもなく、条件に修正を加えながら民主主義を刷新していこうとする時、チェルノブイリ原発事故後の脱原発運動は、私たちに手がかりを与えてくれる。

第三節　それでもなぜ、原発政策を変更できなかったのか

不安の喚起の無効化

本書では、ポストチェルノブイリの脱原発運動のゆくえをたどっていったが、運動が何を達成できなかったのかというのも、遺産を考えるうえで見逃せない論点である。達成できなかったのは、脱原発の道筋を具体的に立てることだ。アクティヴィストは、民主主義の来るべきモデルの創出という豊

かな成果を残したけれども、原子力の政治エリートを十分に規制することができなかった。欧米諸国では、すでに一九八〇年代後半から原子力開発利用が停滞状態にあり、発電用原子炉の新規建設がほとんどなくなる一方、老朽化した原子炉の廃炉が始まっていた（吉岡一九九九ａ：二四六）。一九九八年には、世界的に「脱原子力社会」に向けた流れが明確になっていたにもかかわらず（長谷川一九九九：二八七）、日本はその流れから取り残されてしまった。

先に述べたように、脱原発運動は、世論の変更には成功している。だが、すでに承認されたり、運転したりしている原発を廃炉にするまでには至らなかった。原発の規制を妨げた要因の一つは、関係官庁や原子力業界の政治エリートによる統治である。一九八八年の脱原発運動の波は、エリートに危機感を抱かせた。彼らは、テレビや新聞のスポンサーになり、情報をコントロールすることで、運動を抑え込もうとしたのである。政府と原子力産業の資金力がこうした力技の広報活動を可能にしたことは、改めて強調しておこう。

従来通りの資金力にものを言わせたやり方だけでなく、政治エリートは、二つの統治の手法をつくり出した。一つは、運動による原発の危険性の訴えを無効化するメディア戦略である。彼らは、一方で、原子力広報に明快さやわかりやすさを追求するようになった。放射能のようなリスクが全面化する時代に、専門家だけで科学的な知識を独占することの不可能性を受け入れたのだ。科学的な知の社会化の潮流は、一九九〇年代にさらに進展する。一九九五年の高速増殖炉もんじゅの事故後には、反対派も含めた幅広い市民の意見を参照する仕組みが整備される（吉岡二〇一一：二五六）。科学の社会化は、エリートによる統治をかつてないほど不安定なものにした。原発推進の大枠こそ維持できていたものの、その論理は常に厳しい批判にさらされることになった。

しかし、政治エリートは、ただ黙って脱原発運動の攻勢を受け入れたわけではない。彼らは、広瀬隆の著作のような、運動の中で生産された原子力の知に対して、専門家の観点から細かく訂正を入れることで、その主張を無効化しようとした。脱原発運動においては、原発を科学というより、政治の問題としてフレーム化したのに対して、政治エリート側の広報では、この科学を社会に開くという流れに対応しながら、あくまで専門家の手に主導権をとどめようとしたのである。こうして、政治エリートと脱原発運動との間の科学的な知をめぐるヘゲモニー争いが膠着状態に陥った。その結果、既存原発はそのまま稼働、新規原発の建設は停滞の現状維持に落ち着いたのである。

チェルノブイリ原発事故後に東京都国立市で地域の脱原発運動に関わり、『サヨナラ原発ガイドブック』という本を記した有紀恵美は、運動の盛り上がりの中、次のような危惧を示していた。「私たちは一旦立ちあがったからには、原発を止める日まで何とか運動を続けていきたいと思う。そのためには、何がしかの展望を持った方がいいだろう。ただやみくもに「原発いらん、いのちが大事！」と言って運動を続けていられる間はいいが、半年たち、一年たちする間に、仲間の中にも嫌気がさす人が出ないとも限らない。明日にでも原発の事故が起きるようなことを言っていたけれど何(ママ)まだ起きないじゃないの。この分なら当分大丈夫じゃないかしら、と考える人も出てくるだろう」(有紀一九八八：九〇)。

有紀の危惧は、現実のものになったと言えよう。「ニューウェーブ」は、放射能汚染に対する不安から始まった運動である。しかし不安と行動の結びつきは、そんなに長続きはしなかった。食品の放射能汚染は、チェルノブイリ原発事故の当初こそ高い数値を示したが、イタリア産のスパゲティやマカロニ、ヨーロッパから輸入したローリエやヘーゼルナッツのような限られた食品を除けば、セシウムの検出限界（小金井市の測定器の場合、一〇ベクレル）以下を示すのがほとんどであった。これらの食品は、日本における一般的な食卓では避けることも可能であった。測定によって「N.D.」（検出なし）が続くことで、人びとは次第に恐怖を忘れていった。

また、政治エリートのメディア戦略は必ずしも思い通りの成功を収めたわけではないが、不安を原動力にする運動の拡大に歯止めをかけるには十分であった。さらに、運動による都市住民に対する不安の喚起は、メディアに依存するところが大きかったので、その報道の傾向が変化すると、それがそのまま運動の参加者数に影響してしまうというもろさも抱えていた。こうして人びとは、原発や放射能汚染に対する不安を心の奥にしまい込み、運動の参加者は減少した。もともと、広範な個人の献身によって成立していた運動なので、いったん参加者が減少すると、資金難に陥り、活動も尻つぼみになるという悪循環に陥った。

女性＝母親というステレオタイプの利用が、参加者減少の一因であった点も否定できない。それは、既存の性別役割分業を問題にすることなく、女性が育児のようなケアワークの担い手という立場から公的に発言することを可能にした。しかし、一九九〇年代以降、男性稼得者の賃金が低下するにつれて、女性も労働市場に引き込まれていく。ケアワークを抱えながらの労働は、彼女たちから比較的自由のきく時間を奪い、その結果として運動に参加する時間の捻出が困難になった。男性稼得者が仕事の都合で転勤する際に、女性も居住地からの移動を強いられることになり、地域活動から離脱することもあった。私の取材対象においても、一九九〇年代に継続的に運動に参加していた者は、育児や介護の負担が少ないとか、パートナーがケアワークを引き受けるなど、その負担の比較的軽い者が多いという傾向が見て取れる。

フェミニズムの流用

統治の手法のもう一つは、女性のエンパワーメントの流用である。原発の政治エリートは、脱原発運動の動員の中心が都市部の女性であることを認識し、女性向けの広報活動に取り組んだ。特に原子力産業の中に女性のグループを組織し、女性が取り組みの主体になることに力点を置いた。この「原子力ムラ」のフェミニズムには、「原子力ムラ」の男性中心主義に対する批判の意味合いが込められていたが、脱原発運動のそれとは明確な違いが見て取れる。後者の場合、「原子力ムラ」の文化への批判が原発の拒否に結びついていたのに対して、前者では、あくまで原発の存在を前提とし、その中で女性の役割の向上が目指されたのだ。この統治の手法は、フェミニズムのような社会運動の言葉を流用し、統治の論理に組み込んだという点で重要である。女性のエンパワーメントや未来世代への責任といった運動の側から生まれた理念が、本来の含意を奪われ、矛盾をはらみながら、統治の手法の刷新に用いられた。

ジェームズ・ジャスパーは、チェルノブイリ原発事故前のフランス、アメリカ、スウェーデンにおける反原発運動を比較しながら、反原発運動のアクティヴィストが、「コスト」や「テクノロジー」ではなく、自然の法則や未来世代に対する憂慮のような「道徳」的な訴えを掲げると主張した

(Jasper 1990: 32)。ジャスパーの図式では、原発の推進者は経済的費用や科学技術の有用性に焦点を絞って議論するのに対して、「道徳」は反対者の関心事ということになる。しかし、日本の政治エリートによる対応を見ると、主としてチェルノブイリ原発事故の前の状況をもとにしたジャスパーの図式には、一定の修正を要することがわかる。彼らは、原子力と女性のエンパワーメントを結びつけたり、未来世代への責任を放射性廃棄物という資源の再利用として読みかえたり、原発を新たに地球温暖化対策と位置づけたりして、原発こそ道徳的という「政策スタイル」をつくり出してきたからだ。

もちろん、運動から出てきた道徳的な訴えのすべてがうまく流用されたわけではない。相異なる政治的立場の人びとの言葉を流用することは、無理を伴っており、それもまた原子力統治の不安定さにつながっていた。こうした限界にもかかわらず、統治の手法の刷新は、重要な意味を有していた。それが運動による「道徳」の独占を妨げることになったからである。

以上の議論から、今日においても有用と思われる含意を引き出してみよう。脱原発運動における女性＝母親（今風に言えば「ママ」）への呼びかけは、チェルノブイリ原発事故から三〇年以上が経過した今日においても、その効果が失われたわけではない。日本の経済至上主義を支えているのが男性中心主義的な企業文化であることに変わりはなく（福島第一原発事故後、記者会見に出てくる東電幹部はことごとく男性であった）、したがって、今日においても女性のエンパワーメントが不要になってはいないからだ。実際、福島第一原発事故後も、「女」や「ママ」という接頭辞のつく集まりが開催され、それは、脱原発の思いを持つ多くの人びとの集いの場になっている。

他方、女性の生き方が多様化すると同時に、分断されている現状も無視できない。女性の多くが

「母親」であった時代は過ぎ去り、「主婦」が減少する中、その活動に支えられていた生協の班組織の運営が難しくなっている。[46] 女性の一部には日本の企業社会を支えるエリート層も出てきており、こうした状況の変化に合わせて、政治エリートは統治の論理を刷新し、(エリート)女性が主体となって原発を推進するという論理を打ち出している。こうして「女性であること」は、必ずしも経済至上主義の批判と脱原発に結びつくわけではなくなった。

今日、「女性であること」と脱原発を結びつける際には、一人ひとりの生き方の多様性に配慮したやり方が求められる。非正規雇用が増加し、性別役割分業の形が変化する中で、企業社会の周縁部に置かれ、家事、育児、介護のような「いのち」を育む仕事に従事する層には、男性も含まれる。[47] 暮らしとケアの担い手の観点から脱原発を引き出すという論理構成を残しながら、女性＝主婦＝母親(ママ)という限定を超えて、その市民像を豊かにすることが求められている。

脱原発政党の不在

原発の政治エリートによる統治術は、第二節で挙げた脱原発運動の市民づくりの手法のうち、不安の喚起と、女性＝主婦に対する呼びかけという最初の二つの効果を減じた。残されたのは、三つ目の生活と原発の接続であるが、これは一九九〇年代に「脱原発の暮らし」へと展開していった。しかし、「脱原発の暮らし」は、十分な政治変革を伴わなかった。

政治的な影響力の弱さは、運動が政治エリートを十分に規制できなかった原因の一つである。アクティヴィストたちは、脱原発の実現のために、世論の変更だけでなく、公式の政治過程を開く必要性を痛感した。そこで彼女たちは、地方政治と国政の両方で議会政治に関わった。地方政治では一定の成果を収め、「生活の民主主義」を志す多くの議員を輩出した。生活クラブ相模原の組合員が地域に生活者ネットワークを結成して、議員を市議会に送り込んだのは、その一例である(48)。しかし、原発に関する意思決定の権限がない、原発現地以外の地方自治体としてできることは限られていたので、脱原発には国政の変革が不可欠であった。

脱原発運動の国政に対する挑戦は大きく二つに分けられ、いずれも一九八九年がそのピークであった。一つ目は、脱原発法の署名運動のような、法律の制定を求める動きである。この動きは、既存政党間の力関係の壁に阻まれ、政治的議題になることなく挫折した。もう一つが、脱原発政党を組織して国政に進出することであった。

しかし、「原発いらない人びと」をはじめとする脱原発政党は、国政で議席を獲得することができなかった。運動にとって外在的な失敗の要因は、日本社会党の存在である。社会党は、労働組合を支持基盤とし、ソ連型の社会主義をモデルとする勢力が党内に影響力を有していた点で、古典的な革新政党の性格を持っていたにもかかわらず、反原発の立場を明確にするという点で特徴的であった。ドイツやスウェーデンの社会民主党は、原発推進の立場であったので、運動が脱原発を制度政治に反映させるには、革新政党の外部に政治勢力を結集させる他なかった。これに対して日本の場合、反原発を掲げる社会党の存在が運動内の政党支持に関する判断を分岐させ、緑の党のような脱原発政党に票が結集するのを妨げたのである。

運動内在的な失敗の要因は、脱原発運動の文化にある。一つは、選挙キャンペーンのプロセスで、慣習的なやり方や参加者同士の関係性を点検し、「予示的政治」を実現しようとしたことだ。選挙のプロセスの自治は、票の効率的な獲得とは必ずしも調和せず、いらない人びとでは前者が優先されていった。もう一つは、自分たちの代表を自分たちで選びたいという願いの強さが、他の政党の候補者との相乗りの拒否につながったことである。いずれも、運動の原則に徹することを優先させ、多数の票を獲得することを犠牲にした(以上、第4章)。

とりわけ高松行動後、アクティヴィストたちは「私」の「思い」を原動力に、行動に参加してきた。だが、一人ひとりの「思い」は、そのままでは公共圏で目に見えるようにはならない。脱原発運動には、持ち寄られた「思い」を(まるでレオ・レオニの絵本に出てくる黒い魚「スイミー」がやったように)一つのまとまった政治的な訴えに見せるためのコーディネートが欠けていた。

いらない人びとの事例は、多数を形成して政治変革を目指す志向性の弱さという脱原発運動の一側面を表している。二〇一四年の東京都知事選で、細川護熙(もりひろ)候補が脱原発を前面に押し出した選挙戦を行い、同じく脱原発を打ち出していた宇都宮健児候補と票を争ったことが思い出される。運動の原則に基づくことと多数を獲得することとのジレンマは、今日においても課題であり続けている。

「モグラたたきの構造」の残存

以上のように、ポストチェルノブイリの脱原発運動は、原発問題を全国メディアのイシューにすることには一定の成功を収めたが、それを国政のイシューにして、政治的な亀裂をつくり出すには至らなかった。第2章では西ドイツのヴィールの事例を出したが、他の国でも、原発問題が国政の議題として光をあてられた事例には事欠かない。スウェーデンでは、チェルノブイリ原発事故前の一九八〇年三月二三日、スリーマイル島事故の衝撃を受けて、原発に関する国民投票が行われた（渡辺（博）二〇一四：一七九）。イタリアでは、チェルノブイリ原発事故後の一九八七年一一月八—九日に国民投票が行われた（高橋二〇一四：一九九）。いずれも、すべての原発を即廃炉というわけにはいかなかったが、原発問題をめぐって既存の政党に圧力をかけ、態度決定を迫ったという点で、政党政治の次元でその問題を全国化した。

日本では、公害反対運動がイシューを全国化する時に、公式の政治ルートではなく、世論を通して政治家や官僚に圧力をかけ、法律や政策の制定につなげるというパターンが一九七〇年代から続いていた。公害のような地方で起きた自然環境の破壊の問題を全国化し、制度政治の議題にして、規制の立法に導いたのは、メディアの報道であった。環境問題を政治化する回路としてメディアに過度に依存することは、メディア報道が減少すると、その問題の政治化の手段を奪われるという問題をはらんでいた（Broadbent 1998）。一九七〇年代の公害反対運動と同じ構図が、脱原発運動においても反復されてしまったのである。

結局、脱原発運動が盛り上がりを見せた後でも、「受苦圏」と「受益圏」との間の溝は、埋まらなかった。「女たちのキャンプ」の少し前から六ヶ所村に移り、そこに長く在住した島田恵は、核燃の賛否をめぐって村が割れ、住民が苦悩していく姿を目のあたりにしてきた。彼女は、次のように言っている。「選挙や安全協定の締結など、核燃が進行していく上で、村はこれまでさまざまな重要な局面を経てきた。そのつど、六ヶ所村の人たちは、衆目のもと批判や攻撃にさらされ、あるいは多大な期待を背負わされ、その重圧に苦しみ、悩んできた。現在の選択の結果を、私は正しかったとは思わないが、わずか一万二千の村人たちの肩に、これほどの重大問題の決定を背負わせる今の制度自体に、私は無理と矛盾があるのではないかと考えている。核燃は全国民の課題だ」(島田二〇〇一：一四六)。現地が原発問題の重荷を一手に引き受け、原発の存在によって生まれる複雑な問題に直面を迫られるというのは、変わらないままであった。このようにして、「モグラたたきの構造」は、そのまま残されたのである。

確かに議会政治と脱原発運動は、相性が良いとは言えない。一方は、政治的資源を有するエリートの支配になりがちであるし、他方は、主にその資源に欠ける人びとから構成される。それだからと言って、議会政治における変革を放置しておいては、脱原発の未来はおぼつかない。「脱原発の暮らし」が原発依存の生活を導く政策や法律を変えるという志向性を失った場合、その実践者は、運動のネットワークにアクセスできる者に限定されてしまう。

それでは、いかなる条件のもとで、脱原発政党は出現するのだろうか。本書の知見をもとに考察してみよう。まず、脱原発をシングルイシューとして打ち出す政党が多数を獲得するというのは、容易ではない。いくら原発が多岐に渡るイシューだからと言って、有権者がそれだけで政党を選ぶのはまれだからである。福祉、教育、雇用などの領域に関しても、有権者の疑問に的確に答えることができなくては、彼らからの支持を得るのは難しい。

このことを踏まえたうえで、脱原発政党の出現の条件について、以下の三点を指摘しておこう。一つ目は、政党のイデオロギー配置に空白があることである。革新政党が原発反対を明示的に打ち出している場合、独自の政党が入り込める余地は少ない。二つ目は、組織のあり方である。選挙のプロセスにおいて、「予示的政治」を体現しながらも、有権者からの票の獲得を追求する組織の構築が求められる。ただし、効率と自治とはジレンマを伴うので、両者のどこに着地点を見出すかが問われる。三つ目は、リーダーとフォロワーの関係である。フォロワーは、リーダーを信頼し、委任する。リーダーは、信頼に背かない決定を重ねながらも、時に組織の中で意見が割れるような戦略的決定をする。彼らは、組織の原則に基づき、その決定について丁寧に説明する責任がある。両者の合意は、定期的に更新されなくてはならない。

特に三点目に関連して、代表に対する考え方を見直すことが鍵になる。代表が有権者の意見、利害、世界観を完璧に反映することはあり得ない。代表はあくまで他者であり、有権者そのものではないからだ。アイリス・マリオン・ヤングは、代表を一定の時間に生じるプロセスにおいて捉えることを提案する(Young 2000: 129)。代表は、有権者からは切り離されており、時にその意思を代表し損ねることもある。重要なのは、有権者との間に「つながり(connection)」を有していることだ(Young 2000: 128)。

ヤングの言葉を敷衍して言えば、次のようになるだろう。代表の選出を通しての自治は、投票の瞬間ですべてが終わるわけではない。いかなる代表を選んでも、その代表に自分たちの要求をインプットするプロセスは続く。代表の選択の基準として、投票後にも「つながり」を保てるかどうかという観点は、大事である。たとえ自分たちのお気に入りの代表が当選したとしても、「つながり」が切れてしまったら元も子もない。こう考えると、代表と有権者とを同一とする見方から距離を取ることができるし、選挙の局面やその後にも政治的影響力の観点からの効果的な選択が可能になる。

代表を選出する選挙は、脱原発を実行する手段の一つに過ぎない。本書で見てきたように、非暴力直接行動から生活の変革に至るまで、他にも政治行動の方法は数多く存在する。それらの方法は、必ずしも代表の選出と齟齬を生み出すものではなく、補完する場合もある。代表に過剰な期待をかけるのでも、一切をあきらめてしまうのでもなく、脱原発のための政治行動の一つとして位置づけ直すというのが、ポストチェルノブイリの脱原発運動から得られる教訓であろう。

第四節　「三・一一」の後に

最後に、二〇一一年三月一一日の後についてである。福島第一原発事故の後で、日本の脱原発運動には大きな変化が生じた。一九八八年以来と言える、広範な都市住民による運動への参加が、過去をはるかに上回る規模で現れたのである。とりわけ広く知られているのは、二〇一二年夏にかけての、大飯原発の再稼働に反対する首相官邸前行動であろう。「三・一一」後の脱原発運動については、当事者の記録や研究者の調査も出ており（小熊編著二〇一二、町村・佐藤編二〇一六、Kimura 2016、佐藤ほか二〇一八）、本書の直接の対象からは外れるので、言及は控える。もちろん、ここまでに登場してきた脱原発運動の担い手たちにとっても、「三・一一」は衝撃的な出来事だった。彼女たちがそれをどう受け止め、その後の喧騒をどう生きているのかについて記しておこう。

私は、「三・一一」後の取材で、彼女たちから悔恨の思いを聞いた。六ヶ所村にUターンし、「女た

ちの キャンプ」をはじめとする、様々な活動に関わってきた菊川慶子は、自分にできることを精一杯やってきたけれども、それが「甘い考え」であると思い知らされたと語った。もっといろいろ働きかけることもできたのではないか、手の届く範囲でしか活動してこなかったのではないかと考え、落ち込んだという(菊川慶子さんインタビュー)。

当時、神奈川の生活クラブの組合員であり、脱原発の地域グループ「コア・ら」を組織していた大河原さきも、原発事故が日本でも起きると言っていながら、日本で、福島で実際に事故が起きたことに、福島の人だけでなく、子どもたちに対して、「すごく申し訳ない気持ち」を抱いたという。チェルノブイリ原発事故後の一時期、活動をしていたが、その後は「忘れていたかのように」生活していたことに対する「申し訳なさ」である。大河原は、福島の船引町で有機農業をやっている弟のことが気にかかっていたこともあり、定年退職を機に高校まで過ごした三春町に住まいを移すことにした(大河原さきさんインタビュー)。

本書で見てきたように、アクティヴィストたちは、一九八八年の後も原発問題を「忘れていた」わけではない。誰よりも原発の危険性について警告を発してきたし、その知識を自分だけにとどめず、広く共有するように力を注いでいた。その後、活動の形を変えたり、仕事や家族のことでチェルノブイリ原発事故後の一時期ほどに時間を割くことができなかったりしても、彼女たちが自戒の念に駆られることはないように思われる。原発事故に関して、もっと反省して、責任を引き受けるべき人びとは、たくさんいるはずだ。彼女たちは、誰よりも未来が見えていたからこそ、このような悔恨の思いを抱いてしまうのだろう。やはり、原発事故は理不尽である。

だが、彼女たちは、そこで立ち止まっているような人たちではない。「三・一一」を受けて、それぞれの活動を続けている。一九九〇年に六ヶ所村に移住した写真家の島田恵は、『福島 六ヶ所 未来への伝言』という映画をつくった。彼女は、二〇〇二年に六ヶ所村を離れたものの、その後も、村民との付き合いは続いた。核燃サイクル計画が進み、現地の反対運動が困難な状況に陥っていたが、「関わってしまった」者として、「責任」とまでいかなくても、このまま「ハイ、サヨナラ」ということにはならないという気持ちから、「記録者」としての関わりを続けたのである(島田恵さんインタビュー)。都市に生きる自分が原発現地とどうつながれるのかという問題関心を持続させながらも、表現の仕方に変化が生じている。島田は、それ以前、六ヶ所村や原発についての写真展を全国各地でやっていたが、見に来てくれるのがすでに関心のある人びとに限られてしまうことに、ジレンマを感じていた。そこで、原発問題に関心のない人にもより伝わりやすいような方法として、映画を選んだのである。

島田が監督した映画は、震災の直前にクランクインし、二〇一三年に公開された(その後、二作目の映画『チャルカ——未来を紡ぐ糸車』も公開)。鎌仲ひとみ監督『六ヶ所村ラプソディー』(二〇〇六年公開)や纐纈(はなぶさ)あや監督『祝(ほうり)の島』(二〇一〇年公開)のように、震災の前から原発を主題にした映画が製作され、話題を呼ぶことはあったが、それは「三・一一」後に爆発的に増えた。これらの映画は、各地で小さな自主上映会が企画され、さながら「上映会運動」の様子を呈している。島田の映画の上映会も原発問題に関心を持つ人びととの出会いの場となり、彼女たちの学びを促してきた。

小金井市放射能測定器運営連絡協議会のメンバーたちは、一九九〇年代半ば以降、汚染の高い数値が出ない中、週に一回の放射能測定を続けた。測定の継続は、決して順風満帆ではなかった。彼女たちが子育て、介護、仕事などで多忙を極めたり、自治体が財政支出を削減するため、測定器のメンテナンス費用を減らそうとしたりしたためである。原発問題に対する人びとの関心が薄れていく状況にあっても、彼女たちは、自治体に購入を求めたことへの責任感から、チェルノブイリ原発事故を忘れないという気持ちから、測定を続けた。「三・一一」後、小さな子どもに与える食品の放射能汚染を懸念した小金井市の親たちは、自分の町に測定器があることを知り、協議会のメンバーと一緒に測定するようになった。新しいメンバーを加え、協議会は、今も同じ場所で放射能測定を続けている。

チェルノブイリの時とは正反対の位置に立たされたのは、宮城県丸森町に移住し、自然農を始めた北村みどりである。彼女は、神奈川県で放射能測定運動を牽引していたが、震災後も再び測定をすることになった。当時は「消費者」として食品を測定していたのに対し、今度は、農薬と化学肥料を使わない食べ物の「生産者」としての測定である。丸森町は、宮城県に属するが、福島との県境で、放射性物質にさらされた。当初は再移住も視野に入れていたが、家族と話し合い、丸森町に残ることに決める。福島県では公的機関が測定の体制を整えたが、丸森町は宮城県に含まれるため測定の対象外とされてしまった。そこで近隣の農家とともに自分たちで放射能測定室をつくり、それに「てとてと」という名前を付けた。幸いカンパをしてくれる人も出てきて、測定器を揃えることが可能になった。「てとてと」は、現在も北村たちが自主運営している（北村みどりさんインタビュー）。

震災後、北村の野菜の購入者は、出荷箱数で約四分の一にまで減った。主に首都圏に在住している彼女の野菜の購入者は、食の安全に対する意識の高い人びとだったからこそ、放射性物質の問題にも敏感に反応した。彼女は、手間をかけて、こだわってつくっている野菜だけに、それがスーパーで売られている農薬を使った遠方産の野菜に劣るとは思っていない。それでも、自分が都市の消費者だったことがあるからこそ、福島第一原発に近い場所で生産された野菜を避ける人びとの気持ちもわかる。ジレンマに苦しみ、彼女は、放射性物質にさらされた現状の中で生きていく方法を見つけるしかないと考えるようになった（北村みどりさんインタビュー）。北村が長い時間かけて丹精込めてつくり上げた「脱原発の暮らし」は、危機にさらされている。原発依存から抜け出るために築いてきた生き方が、原発に脅かされるとは、なんという皮肉であろう。同様の苦悩を抱えている有機栽培や自然栽培の農家は、彼女だけでない。土と自然に生かされてきた人びとにとって、放射性物質にさらされたとしても、そう簡単に移住することはできないのだ。

食品の放射能汚染は、チェルノブイリ原発事故後にも現れていた問題である。しかし、当時、遠く離れた場所で起きた原発事故であったこともあり、食べ物の生産者への影響をそれほど深刻に考える必要に迫られなかった。例外と言えるのは、第2章で取り上げた三重県のわたらい茶の生産者であり、生活クラブの組合員の中には、生産者を訪問する人びとも現れた。それでも、こうした例外を除けば、当時、こと放射能汚染に関しては、生産者と消費者の提携がどれだけの内実を伴うものであったのかを問わざるを得ない。

これに対して福島第一原発事故後は、厳しい基準値が国内の生産者に及ぼす影響を無視できなくなったため、国内の生協は、より苦しい選択を迫られた。チェルノブイリ原発事故当時の放射能測定運動における自治は、主に消費者の間でなされていて、食品を選ぶ理由の中で生産者の利害が十分に考慮されていたとは言えない。彼女たちは、当時にも存在はしていたのだが、はっきりとは見えていなかった問題に直面している。

「脱原発の暮らし」が脅かされているのは、福島県三春町在住の武藤類子も同じである。三春は、梅、桃、桜の三つの花が同時に咲くことから名づけられた。この穏やかな町にも、「三・一一」後、放射性物質が降り注いだ。武藤は、雑木の森を開墾して、里山喫茶「燦（きらら）」を営んでいた。よしずやすだれで夏の日差しをさえぎり、太陽熱温水器やソーラークッカーを使って水を温めたり、簡単な調理をしたりする。蒸しかまどでご飯を炊き、薪ストーブで暖をとる（武藤二〇一二：五四）。彼女の「脱原発の暮らし」を体現した喫茶店は、「三・一一」後、休業することになった。放射性物質が、里山の山菜、桑の実、ドングリ、薪にも広がったからである。武藤は、二〇一一年九月、東京の明治公園で開かれた「さようなら原発五万人集会」で、「静かに怒りを燃やす東北の鬼」という言葉で原発事故に対する怒りを訴え、その名前が広く知られるようになった。それは、築きあげてきた「脱原発の暮らし」が奪われたことに対する怒りである。

彼女を取り巻く周囲の状況は変わったものの、その活動の原点は、女たちのキャンプにある。二〇一二年九月二日、武藤は、カルチュラル・スタディーズ学会が主催したミニシンポに、講師として招かれた。二〇人ほどの参加者と一緒に、最初、会津地方に伝わる「かんしょ踊り」をし、踊りが一段落し、場が和んだ頃に、「お互いの気持ちを聞き合う時間」が始まった。二人組になって、相手に触れる距離まで近づく。最初の一分間、話し役と聞き役を分け、次の一分間は役割を交代する。話を聞く側は、絶対に相手の話に口を挟んではいけない。

彼女がこのようなワークショップを行ったのは、発言の時間が本当に平等なのか、疑問に感じてきたからだ。会議の時には建前上は誰もが発言してよいことになっているが、実際にはずっとしゃべり続けている人がいる一方で、逆にずっと聞き続けている人がいるというのは、よく見る風景である。「でも、基本的にはやっぱり話したり聞いたりというのを繰り返すなかではじめてコミュニケーションがうまれてくるものだと思うので、時には意図的に時間を平等に分け与える、時間を平等に使うという試みもあっていいかなと思うんですね」(山本(敦)二〇一二:一二五)。私は、このワークショップに参加したが、それは、さながら女たちのキャンプの疑似体験であった。傾聴は、女たちのキャンプから生まれた市民をつくり出す技法である。武藤は、弱い者にも開かれた民主主義という関心を変わらず持ち続けている。

最後に、小木曽茂子である。彼女は、米や野菜づくりを続けながら、里親としての子育てにも忙しい。福島第一原発事故後も、子どもを連れて都市部の集会に参加したり、原発現地を訪れたりしている。地元の仲間と「劇団ハイロ」を結成し、手作りの衣装で新潟のシンボルであるトキに扮し、反原発を訴える寸劇を披露することもある。この寸劇は、白雪姫に出てくる「ハイ・ホー」の歌詞を「ハイロ、ハイロ、原発ハイロ」に変えた、なんとも印象的な歌から始まる。最近では、柏崎刈羽原発の再稼働に反対する米山隆一や池田千賀子の選挙キャンペーンをサポートし[49]、二〇一八年六月の津南町議補欠選挙には自ら立候補し、二八八票差で惜しくも落選した。小木曽も、他の仲間と同じように、「三・一一」後も変わらず精力的で、それは私が最初に会った時の印象と同じである。

しかし、今では私は、少し違った見方をするようにもなった。彼女たちは、決して揺らぐことのない、パワフルな「活動家の英雄」ではない。本書の最初に「ウツ状態」になった仲間の話を書いたが、心が折れてしまいかねない危うい橋を渡りながら、脱原発運動を続けてきた。そんな経験をしてきたからこそ、自分が折れてしまわないための知恵や工夫を凝らしてきたのだ。知恵や工夫には、互いの話を聞き合ったり、信頼を深めたりすることが含まれるが、それこそ、市民をつくり出すための技法である。先の武藤のワークショップは、積み重ねた技法の結晶と言える。脱原発運動の宝箱を開くと、その中には民主主義の技法が溢れていた。

彼女たちがこの技法に関心を寄せていたのは、どこかに自分たちが「弱い」存在であるという自覚があったからだろう。だが、「弱さ」を抱えているのは、彼女たちだけではないはずだ。政治的資源に溢れ、揺るぎない気持ちで自己の利害や社会の正義を訴え続ける人びとの方が、実は少数かもしれない。仕事が忙しい、小さい子どもや病気の家族を抱えているといった生活の問題や、体調がすぐれない、自信が持てない、気持ちが落ち込んでしまうといった心身の問題。私たちは、日々、たくさんの問題を抱えており、それが公共圏に一歩を踏み出すことをためらわせてしまう。脱原発運動の宝箱は、そんな悩みを抱える圧倒的多数の人びとを民主主義の舞台に連れ出す力を与えてくれるものである。

注

(1) 日本の原発反対運動の研究の多くが社会学者によってなされてきたが、その例外が政治学者の本田宏の研究である(本田二〇〇五)。この研究は、原子力政治と反原発運動との関係を分析の対象にし、高度経済成長期から二〇〇〇年代における運動の変化を示している。本書においても、チェルノブイリ原発事故後の脱原発運動の歴史的位置を理解する際に本田の研究を参照している。

(2) 市民社会とは、政府、市場、親密圏(家族、恋人、親友関係など)という三つのセクター以外の社会活動領域である。その領域においては、非政府的、非営利的、(人間関係が)公式的という三つの基準を満たす社会活動が行われる(坂本二〇一七:二)。それは、人びとが生活を送る場であり、(政府や市場における制約からより自由に)共同の問題を解決する場でもある(Dryzek 2002: 10)。ジョン・エーレンベルグは、市民社会を非市場と非国家の自律的な領域として描き出すだけでは不十分であるという(Ehrenberg 1999: 235)。市民社会は、市場の規範や政府の権威に影響を受けると同時に、それらが規範を形成したり正統性を獲得したりする時に資源を提供することもあるのだ。本書で見ていく脱原発運動の主たる活動の領域は、市民社会の中に位置づけられる。その活動は、政府、市場、家族から切り離された場で繰り広げられているが、その三つのセクターと相互作用を及ぼすような関係にもある。

(3) 「自立(independence)」は、身体的、精神的、経済的に他者に依存しないことを指し、「自律(autonomy)」は、自ら定めたルールに自ら従うことを意味する(自己決定という意味を含む)。伝統的なリベラリズムにおいては、自立が自律の条件であると考えられていたが、フェミニズムにおいて、相互依存のもとでの自律もあり得るとして、自立と自律が切り離されており、そこでは自律は必ずしも自立を前提としていない。

(4) 一九九〇年代末時点の原子力産業グループは、三菱、東京原子力、日本原子力、第一原子力、住友から構成されている(原子力資料情報室編二〇一四:三一七)。各グループには、主に旧財閥系の大企業の名前が連なる。

(5) 国内政治の議論の前提として、原発には国際的な管理体制が存在しており、各国の原子力政策が、この体制に有機的に統合されているという点を指摘しておこう。この体制は、核兵器軍備管理に関する国際条約・協定と核兵器不拡散に関する国際条約・協定という二本柱からなり、核保有国と非核保有国との間の核戦力に関する秩序維持を目的としている(吉岡一九九九a：一〇)。一国の原子力政策に関する決定は、この体制に大きな影響を受けている。国際的な管理体制は、各国の自律的な決定に大きな枠をはめてきた。特に日本の場合、アメリカの核政策への追随が原子力政策の決定における裁量を制限している(吉岡一九九九a：一九)。日本政府の原子力政策の大枠がグローバル政治の中に埋め込まれているという側面は無視できない。

(6) 原発誘致を通した利益誘導を促したのは、一九七四年六月の「電源三法」(発電用施設周辺地域整備法、電源開発促進税法、電源開発促進対策特別会計法)の制定である。それは、一般電気事業者(電力会社)から販売電力に応じて一定額の電源開発促進税を徴収することを定めている。その予算のもとに、発電所を立地する自治体に対して「電源立地促進対策交付金」が支払われる。こうして原発政策の予算規模が拡大し、原発現地に支払うことのできる金額が大きくなった(吉岡一九九九a：一四四)。電源三法交付金は、原発現地の住民にとって、原発の利益を可視化する効果を有していた。道路整備、学校、公民館、体育施設などの公共用施設整備、産業基盤の整備、ハコモノ施設が建設され、これに関連して首都圏のゼネコンの下請け・孫請けの形で地元の中小の土木・建設業者が仕事を請け負う。交付金は、立地市町村に半額が、残り半額が隣接市町村に案分して交付される(長谷川二〇一一：五二)。

(7) 長計はほぼ五年ごとに改定され、そこで次の期間までの原子力開発利用の基本方針が定められた。省庁改編後、長計は「原子力政策大綱」として引き継がれたが、「科学技術庁グループ」は、「電力・通産連合」との力関係で、その影響力を弱めることとなった(伴二〇〇六：二一八)。

(8) 二〇〇一年には、総合資源エネルギー調査会が設置されている。これ以降、二〇〇二年に成立した「エネルギー政策基本法」をもとに「エネルギー基本計画」が策定され、これが「見通し」の上位に位置づけられるようになるという形で変更が生じている。

(9) 原発訴訟は、原告、すなわち、反対運動の側に不利な判決が出ることが多かった。このことを象徴的に示すのが、「伊方訴訟」である。四国電力伊方発電所は、一九七二年一一月に設置が許可された。伊方原発建設反対八西連絡協議会のメンバーは、許可の取り消しを求めて松山地方裁判所に行政訴訟を起こし、この訴訟は、日本初の原発立地裁判として注目された。一九七八年四月二五日、松山地裁は、原子炉設置が政府の裁量であるとして、原告の請求を却下した。原告側は、まず、政府の安全審査の妥当性を争ったが、判決では、「高度の政策的判断」を要するがゆえに、「被告の裁量処分」とされた（阿部（泰）一九七八：一九）。次に、原告側は、行政の安全審査の杜撰さ（委員の欠席や代理の多さ、議事録の欠落など）を問題にしたが、これも退けられた（阿部（泰）一九七八：二一）。さらに、温排水の環境に与える影響、核燃料運搬の安全性、放射性廃棄物の処理は、裁判所が問題にすらしなかった。このように、原発の設置許可をめぐる訴訟では、裁判所が判断を保留するか、行政の判断に追随し、審査対象の範囲を狭く限定することが慣例となっていったのだ。

(10) 政治的機会構造に関する定義は様々であるが、いずれの定義も制度政治の開放性（あるいは閉鎖性）や国家が運動を弾圧する能力など、社会運動と国家との関係に焦点をあてている点で共通している（McAdam, McCarthy and Zald 1996：27）。政治的機会構造は、社会運動がどのタイミングで盛り上がったり衰えたりするかに影響を与える。

(11) 地元の承認を得る上で重要なのは、電調審（電源開発調整審議会）の役割である。それは、電源開発促進法に基づいて一九五二年八月に発足（二〇〇一年の省庁再編で廃止）。審議会は総理府に置かれ、議長のほか、一六人の委員で構成される。関係各省庁、特に通産省との協議の上、電源開発基本計画を審議し、答申を出す。この答申に基づいて首相が電源開発基本計画を決定すると、個別発電所建設計画の着手が国策としての承認を受ける。電調審の審議は、原発建設のプロセスにおいて重要な意思決定の段階になされる。この段階に向けて、環境審査や公開ヒアリングが進められてきた（本田二〇〇五：五九）。反対運動の側からすれば、環境審査や公開ヒアリングを止めれば、建設を止められるので、電調審に答申が出される前に、現地では推進派と反対派との間に激しい争いが起きることが多かった。

(12) 本書では、特に第6章で「統治」という言葉を多用するが、私は、この言葉を、次のように理解している。第一に、統治に関わる政治的行為者は、政府に限定されず、市民社会の行為者も含む。第二に、しかし、統治に強い影響力を及ぼす行為者は存在する。それは、政治家、官僚、企業家、メディアなどの政治エリートである。統治に関わる影響力は、平等でない。第三に、それでも、統治は読みかえに開かれている。いかなる統治であろうとも、非政治エリートの合意を獲得することなく、それが安定することはない。言い換えれば、統治には、ヘゲモニー争いが常にある。この点が「支配」や「管理」といった言葉との違いである。非エリートがエリートの統治を読みかえ、自分たちに関わる問題を自分たちで統御する営みを、私は「自治」と呼んでいる。

(13) 「正統性(legitimacy)」とは、人びとが政治エリートの支配を正しいと承認し、受け入れている状態を指す。マックス・ウェーバーが指摘するように、近代における正統性の主たる判断基準は、合法性、すなわち、法の手続きに忠実であるかどうかに置かれている(Weber 1956=1970)。その一方で、カール・シュミットの主張のように、民主主義国家における正統性は、合法性に還元できないという見解も根強く存在し続けた(Schmitt 1926=2000)。ユルゲン・ハーバーマスは、シュミットと同様に民主主義国家における正統性と合法性を峻別した上で、市民社会における「妥当了解」という合意形成の手続きをその正統性の基準として重視している(Habermas 1992=2002-2003)。本書においても、原子力政治の正統性を単なる法的な手続きの適正さに限定していない。私は、エリートが人びとを説得しようと試み、それに市民が異議申し立てをし、さらにエリートが対応するプロセスの中に正統性をめぐる争いを見ている。

(14) 「フレーム(frame)」とは、解釈の図式である。それは、諸個人が出来事を自らの生活空間や世界全体の中に位置づけ、知覚し、認識し、レッテル貼りすることを可能にする(della Porta and Diani 1999: 69)。

(15) 「レパートリー(repertoire)」とは、集会、デモンストレーション、ストライキなど、人びとが自分の要求や主張などを、公共的に表現する方法である。

(16) 三七〇ベクレルに設定されたのは、次のような根拠からである。(平均的な)日本人の食卓に輸入食品が占める割合は、三分の一である。その三分の一の輸入食品に三七〇ベクレル/キログラムが入っていたとして、それを一年間食べ続けたら、実効線量当量は一七〇ミリレム(一・七ミリシーベルト)になる。ICRP(国際放射線防護委員会)による一般人の被ばく許容限度が五〇〇ミリレムであることを鑑みると、その三分の一なので安全と見なされた。一九九〇年のICRP勧告で一般人の被ばく許容基準は一〇〇ミリレム(一ミリシーベルト)に変更されたにもかかわらず、日本政府は三七〇ベクレルという数値を変更せず、そのまま据え置いた(天笠二〇一四:四九)。

(17) 大阪府内に住む三五歳の主婦が、自分の母乳の検査を京都大学原子炉実験所に依頼したところ、ヨウ素131が一リットルあたり三〇ピコ(約一・一一ベクレル)含まれていたというニュース(『毎日新聞』一九八六年五月二一日三面)。

(18) 日本で育児休業が最初に法的に定められたのは、一九七〇年代のことである。一九六五年六月、ILO(国際労働機関)の総会は、女性労働者が出産休暇後にも育児などのために休暇を延長する措置を講ずるよう加盟国に求めた。これをきっかけにして西欧諸国で育児休業制度の法制化が進み、日本でも一九七二年、勤労婦人福祉法が制定され、その一一条で育児休業が規定される。一九八六年、男女雇用機会均等法が施行されると、勤労婦人福祉法一一条が移し替えられたが、それは事業主に対する「努力義務」に過ぎなかった(藤井(龍)一九九二:二九―三二)。育児休業法は、こうした経過を経て一九九一年五月に成立し、一九九二年四月一日より施行。小規模の事業所にも育児休業の制度を義務づけられることになる。

(19) 文部科学省『学校基本調査』によれば、一九五五年生まれの子どもの多数が中学を卒業する一九七〇年の女性の高校進学率は、八二・七%、高校を卒業する一九七三年の女性の大学進学率は、二七・〇%(四年制大学一〇・六%、短期大学一六・四%)である。

(20) 都市部の地域組織の代表的存在は、町内会や自治会である。戦前に起源を持つこれらの組織では、男性がリーダーの地位にあることが多く、女性が主体性を発揮できる場とは言い難かった。これに対して、戦後の民主化運動の中で生まれた地域組織は、より女性に開かれたものであった。一九六〇年安保闘争後には、都市部の団地のような集合住宅圏に、生活環境の改善を目指す地域組織のネットワークが構築された(原編二〇一二)。生活クラブのような地域組織は、先行する地域組織と重なりながらも、ポスト高度経済成長期に都市部に定着した住民を中心に生まれ、独自のネットワークを構築した。それは、食や環境といった戦後革新の地域組織では十分に光をあてられてこなかったイシューに取り組むという点に特徴があった。

(21) 脱原発知識人の中には、高木仁三郎、藤田祐幸、小出裕章のように、一九六〇年代後半のニューレフト運動の問題提起を受けて、自己の学問のあり方や社会との関わり方を規定し直した者が少なくない(高木一九九九:五章、福岡二〇一四:二八―三一、細見二〇一三:四三―四四)。全共闘運動においては、戦争や公害を生み出し、人びとの苦しみを助長してしまう学問の存在意義が問われたが、彼らは、当時の学生よりは年長であったものの、若い世代からの問いかけを真剣に受け止めた。こうして彼らは、近代科学に対する盲目的な信仰を捨て、その最先端の成果である原発の負の影響に向き合った。科学と政治との関係を反省的に捉えながらも、政府や企業の論拠とは違う科学的な知見を提示する「批判的科学者」、あるいは「市民科学者」というスタンスを確立していった。

(22) 共学舎は、一九八六年五月、「新しい生き方を求める人びとの〝もう一つの〟大学」を標榜し、協同組合方式で横浜市に設立された。チェルノブイリ原発事故後、横浜市で有機農業に取り組んでいた学生がガイガーカウンターを必要としていたことをきっかけに測定を開始する。全造船労組(全日本造船機械労働組合)の東芝アンペックス分会に属する都筑建やその他の技術者たち、槌田敦、藤田祐幸らが中心になって、放射能検知器の開発に取り組んだ。二カ月半後の一九八六年八月六日、検知器が完成している。この機械を使って、原発や核燃工場や原子力潜水艦などの事故による放射能災害を検知する活動は、「R-DAN(Radiation Disaster Alert Network、放射線災害警報ネットワーク)運動」と呼ばれた(都筑一九八八:七七)。R-DAN運動は、放射能測定運動の重要な一部を担った。ただ、R-DANは測定器ではないので、放射能汚染の厳密な数値を把握できるわけではなく、放射線値が異常に上がる非常事態を把握し、原発事故に備えるために使われる。運動の担い手たちが発行する『R-DAN通信』で検知器の全国配置図を見ると、一九八七年初頭には六七基だったのが、一九八七年一一月三〇日には一八〇基、一九八九年一〇月二〇日には五〇八基まで増設されており、運動の広がりを感じさせる。

(23) 測定の動きは、生活クラブに始まり、日本生活協同組合連合会(日生協)に加盟する組合に広がっている。一九八八年九月の時点で、市民生協(札幌)、東都生協(東京)、かながわ生協(横浜)、名古屋勤労市民生協(名古屋)、灘神戸生協(神戸)、コープせいきょう(船橋)、ちば市民生協(千葉)が検査装置を導入したか、近く導入を終えることになっていた。これは、測定運動が少数派の生協の枠を超えて、広く影響を及ぼしたことを示している(『朝日新聞』一九八八年九月一七日一九面)。

(24) 一九八九年に結成。都労連(東京都労働組合連合会)のメンバーが中心になって組織。都庁職員の組合の連合会。チェルノブイリ原発事故後に測定器を自前で購入しており、測定運動の一部を担った(柳田二〇一一)。

(25) 科学者(専門家)が科学技術に関する物事の決定を独占することが困難になっているのには、次の背景がある。第一に、科学の不確実性が増大していることである。そもそも、科学的な知識には、「状況依存性」がつきまとう。その正しさや確かさは、特定の理論的な前提や実験や観測の条件のもとで成り立つものだからだ（平川（秀）二〇一〇：一一六、Morris-Suzuki 2014: 342-343）。科学的知識を社会や環境の関係がより複雑な現実世界に応用した場合、狭い範囲に限定した実験の段階では予想もしなかった影響を及ぼすことがある（平川（秀）二〇一〇：一一九）。不確実性は、科学に内在する問題であるが、知識が政策決定の根拠に使われ、その影響が大きくなるにつれ、不確実性の引き起こす帰結が深刻になっていく。第二に、科学だけでは解けない問題が出てきていることである。これは、科学や技術が社会の中の利害関係や価値観の対立と深く関わるようになったために生じている。遺伝子組み換えのリスクに関して、人びとの間で問われているのは、安全かどうかという科学的な争点に限定されない。リスクを誰が評価するのか、政府はいかにして管理するのか、意思決定をどう構築するのか、問題が起きた時にいかに対処するのかといった、政治や法にも関わるより広い問題を含んでいるのだ（平川（秀）二〇一〇：一六一）。

（26）「プレス・オールターナティブ（ＰＡ）」は、当時の「草の根ビジネス」の代表的な存在の一つである。ＰＡは、一九八五年一二月、資本金五〇〇万円、メンバーが全員株主という形でスタートした。最初は機関誌の発行が中心だったが、食品や雑貨のフェアトレード、パソコン通信などに取り組む「第三世界ショップ」ができると、事業は急速に拡大し、二年後にはスタッフ数が一七人に達した。ＰＡの会議は全員参加である。各自が組織の歯車ではなく、組織に対する相応の責任を引き受けることを原則としていた（片岡一九八七：六―七）。創設者の片岡勝は、銀行でのサラリーマン生活をしながら、余暇を使って市川房枝や菅直人の市民参加型の選挙運動に関わったりもしていた。だが、彼は、こうした生活を二〇年近く続けて、壁にぶつかってしまう。企業で働きながら活動を続けるのは、時間的な困難を伴ったからである。カンパとボランティアだけで運営していくことには限界があって、彼の言葉を使えば、「志があっても、食うということに負けていってしま」った。そこで片岡は、組織に頼らない個人が楽しみながら仕事をし、しかも生活していくことを目指して、ＰＡを創設している（ばななぼうと実行委員会編一九八六：二一〇）。

（27）当時の「草の根ビジネス」は、しばしば生産協同組合の形態を取り、組織の構成員間の平等をうたった。生活クラブ生協のデポー（組合員のための店舗）の仕事を主婦が担うことからスタートした「ワーカーズ・コレクティブ」（石見編著一九八六)、一九七一年に、失業した労働者に仕事を創出する事業からスタートした「ワーカーズコープ」(広井編著二〇一一)は、生産協同組合の一例である。

(28)「体と精神と気」に関わる活動は、「オルタナティブ」の一部を構成していた。ヨガのように体を使って心身を統一したり、自分と自然との調和をはかったりする活動は、エコロジーや農的生活、さらには脱原発と共通の問題関心を有しており、緩やかなつながりのもとにあったのである。それらの活動は、新新宗教の教団の一部のような脱世俗的なもののばかりではなかったが、それでも今日のエクササイズ化したヨガに比べれば、はるかに強い宗教性や霊性を帯びるものであった。

(29)「ばななぼうと」のきっかけは、一九七六年、奄美群島の一つであり、鹿児島県に属する徳之島に放射性廃棄物処理場を建設する計画が明らかになったが、この計画に対する地元住民の反対運動を支援したことにある(徳之島の核燃料再処理工場立地計画、通称、「MA-T計画」に関しては、[樫本二〇一一]を参照のこと)。当初、地元の抗議者から支援者に対して徳之島産のジャガイモを購入してほしいという依頼があったが、ジャガイモは全国どこでも生産できるので、目新しさがない。しかも、徳之島から購入すると、輸送費がかかるので、費用が高くつく。そこで、ジャガイモではなく、バナナに注目した。バナナは当時、鶴見良行たちが製作した『人を喰うバナナ』(アジア太平洋資料センター制作)というスライドが評判を呼んでいて、フィリピンの農園労働者が農薬を大量に使用して生産していることが広く知られていた。農薬まみれのバナナの代案を求める声が高まっていたので、奄美で実験的に栽培してみた(西川榮郎さんインタビュー)。これが、新聞で紹介され、現地を実際に見てみたい、応援することはないかという問い合わせが多数来た。そこで、船を出して現地を見に行こうということになった(ばななぼうと実行委員会編一九八六:四)。ツアーは、一〇月五日、船で神戸を出発、七日に石垣島白保、八日に徳之島、九日に加計呂麻島に寄港、一〇日に再び神戸に戻るという日程で行われた。それぞれの島では、現地の「島おこし」に取り組む住民と交流し、船上ではワークショップを開催した。

(30)チェルノブイリ原発事故後にできた脱原発グループのネットワークである「原発とめよう!東京行動」の主催。このネットワークには、一九八八年一月の時点で、日本消費者連盟、大地を守る会、プルトニウム研究会、反核パシフィックセンター東京が参加しており(『原発とめよう! 東京行動ネットワーキング・ニュース』一九八八年一月一八日号:一)、その多くがチェルノブイリ原発事故以前から公害や環境問題で活動的であったグループである。

(31) 伊藤書佳(ふみか)は、当時、脱原発運動のデモに小中学生が自分の意志でやって来たり、一〇代の子どもが集まって署名をしたりすることがあったという(伊藤(書)一九八九:一八)。伊藤自身がそうであったように、「超ウルトラ原発子ども」の中には同時代の反管理教育運動の担い手が含まれていた(外山二〇一八:九八—九九)。

(32) 絓秀実や山本昭宏が指摘しているように、サブカル青少年と脱原発の媒介役を果たしたのは、雑誌『宝島』(宝島社)である。『宝島』は、一九七三年に創刊され、当初はアメリカのサブカルチャーを紹介する雑誌であった。一九八〇年代に入ると、ライブ、イベント、ビデオ、映画、テレビ、ゲーム、ファッションなどの総合情報誌に様変わりしていく(絓二〇一二:五章、山本(昭)二〇一二a:三五—三六)。特にチェルノブイリ原発事故後、『宝島』には、文化人や芸能人が原発について語る記事がしばしば掲載されるようになる。一九八八年六月号では、「ATOMS OR DEATH」というタイトルで原発問題について特集している。特集では、国内、さらには海外の反核、反原発ミュージシャンが紹介され、浜田省吾、RCサクセション(忌野(いまわの)清志郎がボーカルのロックバンド)などの名前が挙げられている。

(33) 松下竜一は、当時の佐藤栄作首相が「電気の恩恵を受けながら発電所建設に反対するのはけしからん」と言ったことを受けて、「暗闇の思想」を提唱した。彼が「電力文化」と呼ぶ暮らしは、電気を湯水のように使うことを組み込まれた現代生活である。それは、「公害による人身被害、精神荒廃、国土破壊に目をつぶり、ただひたすらに物、物、物の生産に驀進して行」く。彼は、経済成長を抑制し、自身の生活に対する厳しい反省をすることの重要性を説く。「暗闇の思想」は、「電力文化」を拒否するのだ(松下二〇一二:一二四—一二六)。

(34) 名古屋を中心に活動している反原発グループ。一九七八年に発足。主な活動は、原発問題についての学習会や講演会の企画であった。一九八四年頃から中部電力芦浜原発の現地である紀勢町の住民との交流が始まる。生協を介して紀勢町の鮮魚や干魚を産直し、地元の漁民を支える活動なども行っていた(中川一九八八)。

(35) 「ニュー・ポリティクス(new politics)」とは、北西欧や北米の工業化を達成した社会において生じた政治変動である。一九六〇—七〇年代以降、これらの社会では飢餓のような経済問題の重要性が二次的なものになる一方で、環境破壊のような工業化の負の側面が顕在化する。それに伴い、従来は注目されなかった政治的争点に光があてられるが、それらの争点には、伝統的な左派が問題にする富の再分配だけでなく、エコロジーや環境保護、リバータリアニズム(個人の自由の拡大。女性や同性愛者の権利がここに関係する)、多文化主義(移民や難民、異なる文化的背景を持つ人びととの共生)、平和主義(軍縮)が含まれる(安藤二〇一三:二〇一―二〇二)。比較研究の知見によれば、日本では、エコロジーや反原発のような「新しい社会運動」の政治的な影響力が弱く(Schreurs 2002, Barrett 2005)、一九八九年の参院選の時点においても、その運動の制度化は狭く限定されたものであった。

(36) RCサクセションのような「脱原発ミュージシャン」たちが集う場になったのが、「アトミック・カフェ・フェスティバル(ACF)」である。これは、『アトミック・カフェ』というアメリカの反核映画(第二次大戦直後の軍のPRフィルムなどで構成された映画)を自主上映したことを発端にして生まれた。上映会の運営スタッフに音楽関係者が多かったこともあって、次には音楽で反核をアピールすることを決める。こうして、アトミック・カフェ・フェスティバルが結成され、ミュージシャンを集めて反核を訴えるライブを開催した。一九八四年には、東京の日比谷野外音楽堂で二〇〇〇人が集まるコンサートを開き、その後も、よみうりランドEASTなどで大規模イベント、都内のライブハウスや映画館などで小規模イベントを繰り返してきた。チェルノブイリ原発事故後の一九八七、八八年には、反原発のトーク・ライブを行い、『危険な話'88 広瀬隆トーク・ライブ』のビデオを自主制作した(杉本一九八八:八六)。また、ザ・ブルーハーツも原発問題を歌にしている。ブルーハーツは、甲本ヒロトと真島昌利を中心に一九八五年二月に結成されたロックバンドである。社会の風潮に疑問を投げかけながらも未来志向の言葉を発する独自のスタイルを確立し、「リンダリンダ」や「TRAIN-TRAIN」などの大ヒット曲を生み出した(『別冊宝島 音楽誌が書かないJポップ批評20 ブルーハーツと日本のパンク』二〇〇二年:一六)。ブルーハーツは、メジャーデビュー後の一九八八年七月、「チェルノブイリ」という曲を所属事務所の自主制作版として発売している。一九八八年二月一二日、ブルーハーツにとって初の日本武道館でのコンサートのMCで、ボーカルの甲本ヒロトは、同じ日に四国で伊方原発の出力調整実験が行われていることを暗示した後、「チェルノブイリ」を歌った(『別冊宝島 音楽誌が書かないJポップ批評20 ブルーハーツと日本のパンク』二〇〇二年:八)。

(37) 日本の原子力関連企業を中心に構成されていた団体。一九五六年に原子力の開発と平和利用の推進を目的に発足。二〇〇六年の改組で「日本原子力産業協会」に名称変更。

(38) 財団法人日本原子力文化振興財団は、一九六九年に設立。もとは一九六五年に茨城県知事の認可で東海村に設立された財団法人日本原子力普及センターであったが、内閣総理大臣と通商産業大臣のもとに移管され、「原子力の平和利用」の知識を啓発普及する活動を担った(日本原子力文化振興財団編一九九四：二三一―二三二)。具体的な活動内容は、学校教育、マスコミ、地域住民などへの啓発活動と、雑誌『原子力文化』などの広報資料の作成に及ぶ。

(39) レトリックは、フレームを構成する修辞技法である。それは、必ずしも民主主義に反するものではない。通常、議会のような公共圏での政治的論争は、普遍的、非感情的、文化的に中立とされる方法でなされる。これに対して、レトリックは、路上でのパフォーマンスのように、人びとの心を動かしたり、想像力をかき立てたりする方法を含む(Young 2000: 62-65)。レトリックは、そうでなければ周縁化されたり、排除されたりするような政治的な表現の形態を許容するので、開かれた公共圏の創出に寄与し、それが自治としての民主主義の実現につながる可能性を持つ。したがって、レトリックそれ自体は、民主主義を促すことにも、妨げることにも、どちらにも作用し得るのだ。

(40) 茨城県東海村に設置された原子力に関する研究機関。一九五六年に特殊法人として設立され、二〇〇五年に解散。独立行政法人日本原子力研究開発機構と形を変えた。

(41) 一九五七年に設立の民間の原子力発電の専業会社。茨城県東海村と福井県敦賀市に原発を持つ卸電気事業者。

(42) 原発の政治エリートによる運動の論理の流用は、「未来世代への責任」というエコロジー的な理念においても見ることができる。第3章で論じたように、甘蔗珠恵子は、『まだ、まにあうのなら』の中で、原発が自分たちの暮らしだけでなく、未来世代の選択肢を脅かすと主張した。アクティヴィストは、「未来世代への責任」というエコロジーの原則から原発を批判した。これに対して、原発の政治エリートたちは、エコロジーを原発と結びつけた。この結びつきは、彼らが「ニューウェーブ」に直面を余儀なくされた後に見られるようになる。それがもっとも象徴的に表れるのは、原子力は二酸化炭素の排出量の少ないエネルギー源であると強調し、地球温暖化問題の解決策として原発を位置づけることである。グローバルな動きに示唆を受けながら、原子力委員会は、一九九四年六月二四日にまとめた長計の中で地球温暖化対策としての原発という位置づけを示している。「未来世代に対する責任」は、天然資源の減少や廃棄物の増大に直面した工業社会のエコロジー運動の中で、一九七〇年代以降に形成された理念である。この理念は、現在世代が自分たちの利便性のために天然資源を使い尽くし、物質的豊かさを享受することで、将来世代の選択肢を奪ったり、将来世代に廃棄物処理を委ねたりしないよう求めた。このエコロジーの理念が、原発の政治エリートに流用されたのだ。

(43) 一九九〇年代の脱原発運動における国際連帯としては、もう一つ、チェルノブイリ救援運動を挙げることができる。全国各地の救援グループは、チェルノブイリの被ばく者、特に子どもたちに医療支援や保養の機会を提供した(笹本一九九九：二八五―二八七)。

(44) ジェームズ・スコットは、ギリシア神話の知恵を意味する「メーティス(mētis)」に触れながら、「ローカルの知(local knowledge)」を説明している。それは、「常に変化する自然と人間の環境に対応する際の一連の実践的技術と獲得された知」を指す(Scott 1998: 313)。メーティスは、一般化された経験則が、どのようにして、いつ具体的な状況に適用するかに関わる。たとえば、大きな貨物船や客船を港につけて停泊させる時、その船のキャプテンは、地元の案内人にコントロールを任せる。外洋での航海はより一般化された技術が必要だが、特定の港で運行するのはそこに即した技術が求められる。海岸や河口沿いの波や潮流、移り変わる砂州、標のない礁、他の船の運行状況、日々の気まぐれな風などについて知らなくてはならない。これこそが「ローカルで状況づけられた知」である(Scott 1998: 316-317)。

(45) 近年、独立自営の小規模生産という生計の立て方が再評価され、特に「三・一一」以後には「半農半X」、「小商い」、「ナリワイ」といった言葉が静かに広まっている(塩見二〇一四、平川(克)二〇一二、伊藤(洋)二〇一二)。それが雇用される生き方に取って代わるとは言わないが(依然として社会保障制度は人びとを「雇われる生き方」に誘導している)、日本においては、会社員以外の仕事の選択肢の乏しさが、生き方の多様性を減じ、鬱々とした雰囲気、閉塞感の原因の一つになっている。私は、独立自営の小規模生産にはこの状況に風穴を開ける意義があると考えている。

(46) 生活クラブ神奈川は、一九九一年が班別予約共同購入の組合員数のピークであり、一九九三年が供給高のピークであった。それ以降は減少の一途をたどり、放射能測定運動の基盤になっていた地域の小グループには、大きな変化が生じている(柳下二〇一〇：一九)。

(47) 私は、今日でも「子どもを守る」という訴えかけが、脱原発運動において無効になったわけではないと考えている。柏原登希子は、「子どもを守る」ことは、自らが母親になった人びとの特権ではないという。放射能汚染から守るべき子どもは、「自分の子ども」に限られないからだ(柏原二〇一三：一六二)。将来、自分たちの生きる社会を支えてくれる存在であるが、今は脆弱な生き物である子どもを守るというのは、潜在的にはすべての人びとに関わる事柄だ。したがって、たとえ自分が誰かの親でなくても、「子どもを守る」ために脱原発を選択するという論理は、十分に成立する。

(48) 自民党、社会党、共産党、公明党、民社党のような大政党に属さない地方議会の議員は、「市民派」と呼ばれた。松谷清によれば、この言葉が使われるようになったのは、一九七〇年代以降である。ベ平連に連動しながら、政党に属さない議員が出現した(松谷一九九八：二〇〇)。無所属であるが、革新政党に近いスタンスをとる議員は、「革新無所属」と呼ばれたり、自称したりした(宮本(な)二〇〇八)。一九八〇年代に入ると、「生活派」と呼ばれる女性議員が登場する。彼女たちは、自然と生活環境を守ることをイシューとして打ち出したが、とりわけ、生活クラブによる「代理人運動」は注目を集めた(松谷一九九八：二〇一)。市民派議員は、世話役活動よりも政策立案活動に重点を置き、環境や女性といった従来の地方議会では取り上げられることのなかったイシューを提示した点で特徴的である(市川一九九五：二二一)。その意味で、市民派議員は、地方政治の文化の変革に貢献したと言える。だが、議員は各地に点在し、点と点がつながって、「地方議員政策研究会(一九九三年に結成した政策グループ)」のようなネットワークを構築することはあるが、それが地域において面となって、地方政治を大きく変革するということにはならなかった。

(49) 福島第一原発事故後、新潟県知事の泉田裕彦は、事故の検証なしに柏崎刈羽原発を再稼働することはできないとして、再稼働を急ぐ東京電力に一貫して批判的であった。彼が二〇一六年一〇月の知事選に不出馬を表明すると、県内の市民グループのネットワークである「市民連合@新潟」を媒介にして、共産、社民、自由などの野党が「泉田路線」の継承を掲げる米山隆一を推薦した。米山は当初の予想を覆し、自民、公明の両党と連合新潟の支援を受けた森民夫らを破り、知事に就任する。二〇一八年六月、米山が辞職した後の知事選では、柏崎刈羽原発の再稼働反対を掲げる池田千賀子が立候補した。池田は、立憲民主、国民民主、共産、社民、自由党らの「野党統一候補」として推薦されるものの、約三万七千票の差で自公の支持を受けた花角英世に敗れる。市民グループが媒介役を務めて現在の与党の路線に批判的な野党の力を結集し「野党統一候補」として推薦するスタイルは、二〇一六年七月の参議院議員選挙の時に生まれ（新潟県選挙区は森裕子が推薦されて当選）、今では全国に広がっている。新潟の野党共闘の経緯に関しては、［佐々木二〇一七］を参照のこと。

参考文献

【日本語文献】

青木聡子、二〇一三『ドイツにおける原子力施設反対運動の展開――環境志向型社会へのイニシアティヴ』ミネルヴァ書房。

明石昇二郎、一九九一『六ヶ所「核燃」村長選――村民は〝選択〟をしたのか』新泉社。

阿木幸男、一九八四『非暴力トレーニング――社会を自分をひらくために』野草社。

阿木幸男、二〇〇〇『非暴力トレーニングの思想――共生社会へ向けての手法』論創社。

朝日新聞社原発問題取材班、一九八七『地球被曝――チェルノブイリ事故と日本』朝日新聞社。

安達生恒、一九八三『日本農業の選択――農と食をつなぐ文化の再生』有斐閣。

阿部道子・岩崎民子・久保寺昭子・東畑朝子・柳瀬丈子、一九八八「座談会　今、原子力は。――女性の目から見た原子力」『プロメテウス』一一―五：四四―五五。

阿部泰隆、一九七八「原発訴訟をめぐる法律上の論点」『ジュリスト』六六八：一六―二一。

天笠啓祐、二〇一四『放射能汚染とリスクコミュニケーション』萌文社。

天野雅智、一九九一「非暴力直接行動の画期としての九月二七日」『六ヶ所村にウランが入った日――北海道から行った座ったトレーラー止めた』六ヶ所村を考える札幌の会：一三―一五。

荒井潤、一九八九「扉を開こう――脱原発社会の政治を」『月刊ちいきとうそう』二二一：三四―三九。

荒木由季子、一九九二「原子力広報と原子力ＰＡ」『日本原子力学会誌』三四―一一：三九―四二。

有馬哲夫、二〇〇八『原発・正力・ＣＩＡ――機密文書で読む昭和裏面史』新潮新書。

安藤丈将、二〇一〇「社会運動は公共性を開く」、齋藤純一編『公共性の政治理論』ナカニシヤ出版：二二三―二四一。

安藤丈将、二〇一二「社会運動のレパートリーと公共性の複数化の関係――「社会運動社会」の考察を通して」『相関社会科学』二三：三―二一。

安藤丈将、二〇一三『ニューレフト運動と市民社会――「六〇年代」の思想のゆくえ』世界思想社。

安藤丈将、二〇一五「ネオリベの時代に「新農本主義」を求めて」『現代思想　総特集　宇沢弘文』四三―四：二一四―二二七。

飯塚繁太郎編、一九七四『連合政権――綱領と論争』現代史出版会。

石川真澄、一九九五『戦後政治史』岩波新書。

市川虎彦、一九九五「市民派議員〜社会的背景とその活動――東京都多摩地方の市議会議員を例に」、地域社会学会編『地域社会学の新争点』時潮社：二〇七―二二九。

伊藤洋志、二〇一二『ナリワイをつくる――人生を盗まれない働き方』東京書籍。

伊藤書佳、一九八九『超ウルトラ原発子ども――ゲンパツは止められるよ』ジャパンマシニスト社。

伊藤守・渡辺登・松井克浩・杉原名穂子、二〇〇五『デモクラシー・リフレクション――巻町住民投票の社会学』リベルタ出版。

猪瀬浩平、二〇一五『むらと原発――窪川原発計画をもみ消した四万十の人びと』農山漁村文化協会。

岩崎民子・小林健介・三島毅・藤田明博、一九九一「原子力ＰＡ講師派遣二〇〇回を迎えて」『プロメテウス』一五―一：三三―三九。

岩垂弘、一九八二『核兵器廃絶のうねり――ドキュメント原水禁運動』連合出版。

石見尚編著、一九八六『日本のワーカーズ・コレクティブ――新しい働き方が社会を変える』学陽書房。

おおえ・浜田・樵夫、一九八九「脱原発派合流・公開討論会の呼びかけ　経過報告」『なまえのないしんぶん』五：一。

岡倉伸治、一九九二「原子力ＰＡの基本的な考え方」『電機』五三一：二〇―二四。

岡野八代、二〇一二『フェミニズムの政治学――ケアの倫理をグローバル社会へ』みすず書房。

小川順子、二〇〇四ａ「この人に聞く　ＷＩＮの連帯感を一歩先のステージへ――WIN-Global/WIN-Japan 会長　小川順子氏」五〇―八：三―五。

小川順子、二〇〇四b「女性の視点から考えた原子力」『電気協会報』九五九：一八―二一。

小川順子、二〇〇七「原子力理解についての最新状況・女性の視点から」『エネルギー・資源』二八―五：二二一―二二六。

小熊英二編著、二〇一二『原発を止める人々――三・一一から官邸前まで』文藝春秋。

小田切徳美、二〇一四『農山村は消滅しない』岩波新書。

小塚尚男、一九八〇「合成洗剤追放直接請求の思想と運動――神奈川県の直接請求運動の現場から」『技術と人間』九―一〇：九二―一〇三。

小野一、二〇一四「連立と競争――ドイツ」、本田宏・堀江孝司編著『脱原発の比較政治学』法政大学出版局：一五二―一七〇。

小原良子、一九八八a「あの大きなうねりは、こうして始まった」『草の根通信』一八六：一〇―一三。

小原良子、一九八八b「私的反原発思い出し日記」、中島真一郎・角野弘幸編『原発やめて、ええじゃないか――実録いかたのたたかい』ホープ印刷出版部：一七―四二。

小原良子・日高六郎・柳田耕一、一九八八『こみち通信臨時増刊　原発ありがとう！』径書房。

海渡雄一編、二〇一四『反原発へのいやがらせ全記録――原子力ムラの品性を嗤う』明石書店。

嵩和雄、二〇一六「農山村への移住の歴史」、小田切徳美・筒井一伸編著『田園回帰の過去・現在・未来――移住者と創る新しい農山村』農山漁村文化協会：八六―九七。

笠井章弘、一九七八「PA対策――新しい電源立地構想」『原子力工業』二四―一一：七二―八一。

樫本喜一、二〇一一「徳之島の核燃料再処理工場立地計画と住民による反対運動の形成過程について――「MA-T計画」と「死の灰から生命を守る町民会議」」『人間社会学研究集録』六：二三七―二五九。

柏原登希子、二〇一三「生まれたての赤子を抱えての放射能対策とフェミが嫌いになった日々」『インパクション』一九〇：一六〇―一六三。

片岡勝、一九八七「ワーカーズ・コレクティブの時代を拓く」『現代の理論』二四―九：五―一六。

加藤哲郎、二〇一三『日本の社会主義――原爆反対・原発推進の論理』岩波書店。

加納時男、一九九三「〝共感からの出発〟」『原子力工業』三九―一：一六。

加納実紀代、二〇一三『ヒロシマとフクシマのあいだ――ジェンダーの視点から』インパクト出版会。

河野銀子、二〇一四「高校における文理選択」、河野銀子・藤田由美子編著『教育社会とジェンダー』学文社：一〇七―一二二。

関西電力五十年史編纂事務局編、二〇〇二『関西電力五十年史』関西電力。

甘蔗珠恵子、一九八七＝二〇〇六『まだ、まにあうのなら――私の書いたいちばん長い手紙』地湧社。

甘蔗珠恵子、一九八八「チェルノブイリ前夜の日本」、中島真一郎・角野弘幸編『原発やめて、ええじゃないか――実録いかたのたたかい』ホープ印刷出版部：一六九―一七九。

紀尾井書房編集部監修、一九八九『つくられた恐怖――『危険な話』の誤り』紀尾井書房。

菊川慶子、一九九一「女たちは歌いながら座りこんだ」『反原発新聞』一六三：一。

菊川慶子、二〇一〇『六ヶ所村　ふるさとを吹く風』影書房。

北村みどり、二〇〇五「生業としての自然農をめざして」、川口由一編『自然農への道』創森社：二九―五〇。

橘川武郎、二〇一一『通商産業政策史10　資源エネルギー政策　一九八〇―二〇〇〇』経済産業調査会。

木村宰、二〇一一「太陽光発電技術の開発・普及に対する支援政策の歴史」『電気学会論文誌A（基礎・材料・共通部門誌）』一三一―二：六三―七〇。

木村京子、一九八九「反原発運動の現在――九州・福岡から（下）」『インパクション』五七：七八―八八。

木村結、二〇一五「脱原発は女の闘い」『女たちの二一世紀』八二：三三―三六。

木村良一、一九九八『青森県知事選挙』北方新社。

国広陽子、二〇〇一『主婦とジェンダー――現代的主婦像の解明と展望』尚学社。

熊沢誠、一九九三『新編　日本の労働者像』ちくま学芸文庫。

熊沢誠、一九九七『能力主義と企業社会』岩波新書。

熊沢誠、二〇〇〇『女性労働と企業社会』岩波新書。

警察庁編、一九九〇『警察白書 平成元年版』大蔵省印刷局。

Kぷろじぇくと、一九八九『国会に原発を!』社会評論社。

原子力資料情報室、一九九五『脱原発の二〇年――原子力資料情報室と日本・世界の歩み』原子力資料情報室。

原子力資料情報室編、二〇一四『原子力市民年鑑二〇一四』七つ森書館。

原子力PA問題研究会、一九八九「原子力情報とPA――原子力論争を考える」『原子力工業』三五―一一:五―一五。

小池信守、一九九三「信頼関係の確立がPAの土台」『原子力工業』三九―一:二〇。

今防人、一九八七『コミューンを生きる若者たち』新曜社。

斎藤美奈子・成田龍一編著、二〇一六『一九八〇年代』河出書房新社。

さいどまさのり、一九九一「雪の中の二つの選挙――反核燃・津軽のたたかい!」『月刊ちいきとうそう』二四四:一九―二一。

斉間満、二〇〇二『原発の来た町――原発はこうして建てられた 伊方原発の三〇年』南海日日新聞社。

酒井精治郎、一九九〇「反原発ステッカーで軽犯罪法違反――主婦たちの運動のなかで」社会評論社編集部編『気にいらぬ奴は逮捕しろ! 警察官の人権感覚』社会評論社:一二四―一三二。

酒井隆史、二〇一三「Notes on the Snake Dance/Zigzag Demonstration」、天田城介・角崎洋平・櫻井悟史編『体制の歴史――時代の線を引き直す』洛北出版:三六三―四二七。

坂本治也、二〇一七「市民社会論の現在――なぜ市民社会が重要なのか」、坂本治也編『市民社会論――理論と実証の最前線』法律文化社:一―一八。

桜井薫、一九九二「分散型小規模エネルギー社会への一歩」『話の特集』三一三:二〇―三六。

桜井薫、一九九四「原発を輸出してはならない」『すばる』一六―六:一七四―一七六。

桜井薫、二〇〇一「自然エネルギーを市民の手に――「草の根のエネルギー屋」をめざして」『月刊社会民主』五五〇:七二―七七。

桜井淳、一九八八「広瀬隆著『危険な話』の危険部分」『諸君!』二〇―五:九八―一〇九。

佐々木寛、二〇一七『市民政治の育てかた――新潟が吹かせたデモクラシーの風』大月書店。

笹本征男、一九九九「チェルノブイリ原発事故と日本への影響」、中山茂・後藤邦夫・吉岡斉責任編集『〔通史〕日本の科学技術 第五巻Ⅰ』学陽書房：二七九―二九一。

佐藤圭一・原田峻・永吉希久子・松谷満・樋口直人・大畑裕嗣、二〇一八「三・一一後の運動参加――反・脱原発運動と反安保法制運動への参加を中心に」『徳島大学社会科学研究』三二：一―八四。

佐藤慶幸編著、一九八八『女性たちの生活ネットワーク――生活クラブに集う人びと』文眞堂。

佐藤嘉幸・田口卓臣、二〇一六『脱原発の哲学』人文書院。

椎名公三、一九九〇「放射能汚染脱脂粉乳に対する生活クラブ連合の対応」『測定室だより』七・八：一七―一九。

塩見直紀、二〇一四『半農半Xという生き方〔決定版〕』ちくま文庫。

『自然生活』編集部編、一九九二『もうひとつの日本地図 一九九二→一九九三 いのちのネットワーク』野草社。

柴田鐵治・友清裕昭、一九九九『原発国民世論――世論調査にみる原子力意識の変遷』ＥＲＣ出版。

島京子、一九九三「中野 放射能測定室利用者連絡会の現状とこれから」『測定室だより』一八：六―七。

島田恵、二〇〇一『六ヶ所村――核燃基地のある村と人々』高文研。

清水慎三、一九六六『戦後革新勢力――史的過程の分析』青木書店。

清水秀美・高橋芳恵・谷百合子・細田英理子・餅田裕子、一九九〇「反原発運動の現在 座談会 反原発から考えた女と男のいい関係」『インパクション』六三：七四―八一。

清水正登、一九八九ａ「農業者に拡がる〝核燃施設反対〟」『技術と人間』一八―一一：四〇―四七。

清水正登、一九八九ｂ「ドキュメント・「反核燃の日」」『技術と人間』一八―五：五二―六一。

新川敏光、一九九九『戦後日本政治と社会民主主義――社会党・総評ブロックの興亡』法律文化社。

絓秀実、二〇一二『反原発の思想史――冷戦からフクシマへ』筑摩書房。

菅原順子、一九八九「藤沢市での測定器設置運動の経過」『測定室だより』四：六―八。

杉本政光、一九八八「アトミック・カフェは、反核個人の集合体だ」『月刊社会教育』三二―八：八五―八九。

鈴木しょうじ、一九八四「電力労連 原子力発電推進を公然と主張」『労働運動』二二七：二一二―二一五。

鈴木真奈美、二〇一四『日本はなぜ原発を輸出するのか』平凡社新書。

生活クラブ神奈川ねえきいてきいて編集委員会編、一九八九『ねえきいてきいて――生活者トーク』生活クラブ神奈川。

生活クラブ神奈川〝自分史〟編集委員会編、一九八一『生き方を変える女たち』新泉社。

「生活クラブ二〇年史」編集委員会編、一九九一『生き活きオルタナティブ――生活クラブ神奈川二〇年のあゆみ』生活クラブ生活協同組合。

関義辰、一九九三「原子力PAに必要なことは何か?」『原子力工業』三九―一：二七。

関根秀夫、一九九一「厚い熱い七日間の六ヶ所村のまつり」『げんこくだん』一九：九―一一。

創価学会婦人平和委員会編、一九八九『女性と平和を考える』第三文明社。

ソーラーネット、二〇〇二『手づくり太陽電池』ソーラーネット。

高木仁三郎、一九八九「反原発から脱原発へ――市民運動から「脱原発法」の制定へ」『経済セミナー』四〇八：九―一八。

高木仁三郎、一九九九『市民科学者として生きる』岩波新書。

高木仁三郎監修、反原発出前のお店編、二〇一一『反原発、出前します――原発・事故・影響そして未来を考える 高木仁三郎講義録』七つ森書館。

高木仁三郎・渡辺美紀子、二〇一一『新装版 食卓にあがった放射能』七つ森書館。

高杉晋吾、一九八八『主婦が変われば社会が変わる――ルポ・生活クラブ生協』海鳴社。

高田昭彦、一九九〇「反原発運動ニューウェーブの研究」『成蹊大学文学部紀要』二六：一三一―一八八。

高橋進、二〇一四「国民投票――イタリア」、本田宏・堀江孝司編著『脱原発の比較政治学』法政大学出版局：一九〇―二〇九。

脱原発法全国ネットワーク・脱原発社会のエネルギープロジェクト編、一九八九『私たちのスタート台――脱原発の視点からエネルギーを考える』脱原発法全国ネットワーク。

脱原発法全国ネットワーク・法律プロジェクト編、一九八九『どうつくる脱原発法』脱原発法全国ネットワーク。

田中靖政、一九九〇「反原発運動と「草の根」民主主義」、原子力問題を考える会編著『原発・不安の構図』電力新報社：四五―九二。

谷百合子、一九九一「こないでウラン！ 核燃いらない！ 女たちのキャンプ参加記」『六ヶ所村にウランが入った日――北海道から行った 座った トレーラー止めた』六ヶ所村を考える札幌の会：四―九。

田村哲樹、二〇〇八『熟議の理由――民主主義の政治理論』勁草書房。

田村譲、一九九一「ビラ張りと表現の自由――反原発ステッカー事件松山簡易裁判所判決を素材として」『松山大学論集』三―五：九五―一二二。

都筑建、一九八八「放射能災害警報ネットワークづくり」『賃金と社会保障』九九四：七五―八一。

津村浩介、一九九一「九一年青森県知事選を考える――社会党青森県本部は本当に核燃を止めるつもりがあるのか?!」『技術と人間』二〇―四：三〇―四六。

寺井拓也、二〇一二「五カ所の原発計画と反対運動」、「脱原発わかやま」編集委員会編『原発を拒み続けた和歌山の記録』寿郎社：四一―一四一。

寺島東洋三・市川龍資編著、一九八九『チェルノブイリの放射能と日本――原子炉事故の教訓と対策』東海大学出版会。

土井淑平、一九八八「右であれ左であれわがふるさと――地域の論理が中央の論理を超えるとき」『現代農業 九月増刊号 反核 反原発 ふるさと便り――土と潮の声を聞け』一四九―一五九。

東京護憲弁護団編、一九六七『公安条例――その弾圧立法としての実態』三一書房。

外山恒一、二〇一八『全共闘以後』イースト・プレス。

中尾佳世子、二〇〇一「女性から見た原子力広報――電源立地と消費地の女性たちが結ぶネットワーク」『原子力eye』四七―一、二二―二五。

中川徹、一九八八「反原発運動、いま、むかし――名古屋と芦浜をむすぶ一〇余年をふりかえる」『技術と人間』一七―四：七二―八三。

中澤秀雄、二〇〇五『住民投票運動とローカルレジーム――新潟県巻町と根源的民主主義の細道 一九九四―二〇〇四』ハーベスト社。

中澤満正、二〇一一『これから生協はどうなる――私にとってのパルシステム』社会評論社。

七沢潔、一九八八『チェルノブイリ食糧汚染』講談社。

西尾漠、二〇一一「運動を歴史的に振り返る――原子力資料情報室とのかかわり」『インパクション』一八一：六二―七三。

西川栄郎、一九八八「原発サラバ記念日」、中島真一郎・角野弘幸編『原発やめて、ええじゃないか――実録いかたのたたかい』ホープ印刷出版部：八一―九〇。

西田慎、二〇〇九『ドイツ・エコロジー政党の誕生――「六八年運動」から緑の党へ』昭和堂。

日本原子力産業会議編、一九八九『原子力年鑑 一九八八年版』日本原子力産業会議。

日本原子力文化振興財団編、一九九四『原子力文化をめざして――二五年のあゆみ』日本原子力文化振興財団。

野口邦和、一九八八a、「広瀬隆『危険な話』の危険なウソ」『文化評論』三二九：一一四―一四七。

野口邦和、一九八八b、「デタラメだらけの広瀬隆『危険な話』」『文藝春秋』六六―九：二六二―二八三。

ノーニュークス・アジアフォーラム日本、一九九四『いのちの風はアジアから――ノーニュークス・アジアフォーラム'93報告集』ノーニュークス・アジアフォーラム日本。

橋場弦、二〇一六『民主主義の源流――古代アテネの実験』講談社学術文庫。

長谷川公一、一九九一「反原子力運動における女性の位置――ポスト・チェルノブイリの「新しい社会運動」」『レヴァイアサン』八：四一―五八。

長谷川公一、一九九九「原子力発電をめぐる日本の政治・経済・社会」、坂本義和編『核と人間Ⅰ 核と対決する二〇世紀』岩波書店：二八一―三三七。

長谷川公一、二〇一一『脱原子力社会へ――電力をグリーン化する』岩波新書。

ばななぼうと実行委員会編、一九八六『ばななぼうと――いのち・自然・くらし もうひとつの生活を創るネットワーカーズの舟出』ほんの木。

早川タダノリ、二〇一四『原発ユートピア日本』合同出版。

林秀彦、一九八五「「原発」に立往生したニュー社会党」『諸君!』一七―四:一九八―二〇五。

原日出夫編、二〇一二『紀伊半島にはなぜ原発がないのか――日置川原発反対運動の記録』紀伊民報社。

反原発出前のお店(関東)、一九九〇「いろんな人から「元気」をもらって、増殖中」、三輪妙子・大沢統子編『原発をとめる女たち――ネットワークの現場から』社会思想社。

伴英幸、二〇〇六『原子力政策大綱批判――策定会議の現場から』七つ森書館。

平川克美、二〇一二『小商いのすすめ――「経済成長」から「縮小均衡」の時代へ』ミシマ社。

平川秀幸、二〇一〇『科学は誰のものか――社会の側から問い直す』NHK出版。

広井良典編著、二〇一一『協同で仕事をおこす――社会を変える生き方・働き方』コモンズ。

広瀬隆、一九八七『危険な話――チェルノブイリと日本の運命』八月書館。

広瀬隆、一九八六『東京に原発を!』集英社文庫。

兵藤釗、一九八二「職場の労使関係と労働組合」、清水慎三編著『戦後労働組合運動史論――企業社会超克の視座』日本評論社:二二六―二五八。

福岡賢正、二〇一四『「修羅」から「地人」へ――物理学者・藤田祐幸の選択』南方新社。

藤井克彦、一九九〇「脱原発派・素人市民と政治、そしてわたし」『原発いらない人びと・あいち』二一:二一―二三。

藤井達夫、二〇一四「どのようにして行政権力を民主的にコントロールするのか――民主主義理論から見たポルト・アレグレ市の参加型予算の意義」『武蔵野法学』一:一四一―一八一。

藤井龍子、一九九二「育児休業法制定の背景とその概要」『季刊労働法』一六三:二九―四四。

藤田和芳、二〇〇五『ダイコン一本からの革命――環境NGOが歩んだ三〇年』工作舎。

藤田祐幸、一九八七「R-DAN運動はどこに向かおうとしているか――荻野氏の批判に答えて」『科学・社会・人間』二二:三〇―三五。

伏屋弓子、一九九一「私たちのデコボコ道——小金井市に放射能測定器がやってくるまで」『測定室だより』一一：四—六。

船橋晴俊・長谷川公一・飯島伸子編、一九九八『巨大地域開発の構想と帰結——むつ小川原開発と核燃料サイクル施設』東京大学出版会。

船橋晴俊・長谷川公一・飯島伸子、二〇一二『核燃料サイクル施設の社会学——青森県六ヶ所村』有斐閣。

細見周、二〇一三『熊取六人組——反原発を貫く研究者たち』岩波書店。

本田宏、二〇〇五『脱原子力の運動と政治——日本のエネルギー政策の転換は可能か』北海道大学図書刊行会。

本田宏、二〇一二「ドイツの原子力政策の展開と隘路」、若尾祐司・本田宏編『反核から脱原発へ——ドイツとヨーロッパ諸国の選択』昭和堂：五六—一〇四。

本田宏、二〇一四a「政治の構造」、本田宏・堀江孝司編著『脱原発の比較政治学』法政大学出版局：七一—八九。

本田宏、二〇一四b「対立と対話——ドイツ」、本田宏・堀江孝司編著『脱原発の比較政治学』法政大学出版局：一三一—一四九。

本間龍、二〇一二『電通と原発報道——巨大広告主と大手広告代理店によるメディア支配のしくみ』亜紀書房。

本間龍、二〇一三『原発広告』亜紀書房。

前田幸男、一九九五「連合政権構想と知事選挙——革新自治体から総与党化へ」『国家学会雑誌』一〇八—一一・一二：一二一—一八二。

桝潟俊子、二〇〇八『有機農業運動と〈提携〉のネットワーク』新曜社。

町村敬志・佐藤圭一編、二〇一六『脱原発をめざす市民活動——三・一一社会運動の社会学』新曜社。

松下竜一、二〇一二『暗闇の思想を／明神の小さな海岸にて』影書房。

松谷清、一九九八「地方議員・地方政府・ローカルパーティ」、地方議員政策研究会『地方から政治を変える』コモンズ：一九七—二一〇。

丸楠恭一、二〇一〇『「日本の役割」の論じ方——「トリックとしての国際貢献」をめぐって』彩流社。

丸浜江里子、二〇一一『原水禁署名運動の誕生』凱風社。

水田ふう、一九七八「大阪・反原子力'78週間をふりかえって――それは女からはじまった」『Wri News Letter』七三：一―三。

宮嶋信夫編著、一九九六『原発大国へ向かうアジア――地球環境とアジアの未来』平原社。

宮本憲一、一九七三『地域開発はこれでよいか』岩波新書。

宮本なおみ、二〇〇八『革新無所属』オーロラ自由アトリエ。

三輪妙子編著、一九八九『わいわいがやがや 女たちの反原発』労働教育センター。

武藤類子、一九九一「「核燃とめたい女たちのキャンプ」から」『うつぎ』一一：四―五。

武藤類子、二〇一二『福島からあなたへ』大月書店。

村上昌俊、一九九五「プラスネットの対若年層活動」『日本原子力学会誌』三七―五：一一一―一一三。

森薫樹、一九八二『原発の町から――東海大地震帯上の浜岡原発』田畑書店。

柳下信宏、二〇一〇「「個人の時代」の組織づくり試論（その2）さがみ生活クラブ、生活クラブ神奈川の実践をもとに」『社会運動』三六六：一八―三一。

野草社：八〇年代編集部編、一九八五『もうひとつの日本地図』野草社。

柳田真、二〇一一「反原発運動は大衆化しだした、次をどうする――「たんぽぽ舎」の歴史と現在」『運動〈経験〉』三四：六一―七七。

矢作弘、二〇〇五『大型店とまちづくり――規制進むアメリカ、模索する日本』岩波新書。

山口俊明、一九八八「原発ＰＲ大作戦」『世界』五一九：二二九―二三三。

山口俊明、一九八九「常軌を逸した原発「推進」広報」『法学セミナー』四一七：五六―五七。

山村清二、一九八九「ノリは軽いがココロは重く！」『これでいいのかニュース』一〇二：一八―二一。

山本昭宏、二〇一二ａ「一九八〇年代の雑誌『宝島』と核の「語り易さ」」『原爆文学研究』一一：三四―四六。

山本昭宏、二〇一二ｂ『核エネルギー言説の戦後史 一九四五―一九六〇「被爆の記憶」と「原子力の夢」』人文書院。

山本昭宏、二〇一五『核と日本人――ヒロシマ・ゴジラ・フクシマ』中公新書。

山本敦久、二〇一二「武藤類子ワークショップ「踊る・話す・聴く・留まる・黙る」」『未知の駅』三：一九―三一。

鑓水恭史、一九九三「原子力ＰＡ活動の視点――反省を込めて」『原子力工業』三九―一：三八、四四。

有紀恵美、一九八八『サヨナラ原発ガイドブック――まだ、まにあうから』青弓社。

横田克巳、一九八九『オルタナティブ市民社会宣言――もうひとつの「社会」主義』現代の理論社。

吉岡斉、一九九九ａ『原子力の社会史――その日本的展開』朝日新聞社。

吉岡斉、一九九九ｂ「原子力安全論争の展開」、中山茂・後藤邦夫・吉岡斉責任編集『[通史]日本の科学技術 第五巻1』学陽書房：二九二―三一五。

吉岡斉、二〇一一『新版 原子力の社会史――その日本的展開』朝日新聞出版。

吉川勇一ほか、一九八二『反核の論理――欧米・第三世界・日本』柘植書房。

吉田正裕、一九八二「三・二一広島行動が示すもの」『技術と人間』一一―五：二八―三一。

吉見俊哉、二〇一二『夢の原子力――Atoms for Dream』ちくま新書。

渡辺博明、二〇一四「政党主導――スウェーデン」、本田宏・堀江孝司編著『脱原発の比較政治学』法政大学出版局：一七一―一八九。

渡辺美紀子、二〇〇七「チェルノブイリの放射能と向かい合った市民の活動」、今中哲二研究代表『チェルノブイリ原発事故の実相解明への多角的アプローチ――二〇年を機会とする事故被害のまとめ トヨタ財団助成研究 研究報告書』(http://www.rri.kyoto-u.ac.jp/NSRG/tyt2004/watanabe.pdf)。

ONE LOVE Jamming, 一九九〇『NO NUKES ONE LOVE――いのちの祭り'88 Jamming Book』プラサード書店。


【外国語文献】

Anderson, Benedict, 2005, *Under Three Flags: Anarchism and the Anti-colonial Imagination*, London: Verso. =2012, 山本信人訳『三つの旗のもとに――アナーキズムと反植民地主義的想像力』ＮＴＴ出版。

Barber, Benjamin R., 1984, *Strong Democracy: Participatory Politics for a New Age*, Berkeley: University of California Press. =2009, 竹井隆人訳『ストロング・デモクラシー——新時代のための参加政治』日本経済評論社。

Barrett, Brendan F. D. (ed.), 2005, *Ecological Modernization and Japan*, London; New York: Routledge.

Beck, Ulrich, 1986, *Risikogesellschaft: auf dem Weg in eine andere Moderne*, Frankfurt am Main: Suhrkamp. =1998, 東廉・伊藤美登里訳『危険社会——新しい近代への道』法政大学出版局。

Bickford, Susan, 1996, *The Dissonance of Democracy: Listening, Conflict, and Citizenship*, New York: Cornell University Press.

Broadbent, Jeffrey, 1998, *Environmental Politics in Japan: Networks of Power and Protest*, Cambridge: Cambridge University Press.

Clark, Susan and Woden Teachout, 2012, *Slow Democracy: Rediscovering Community, Bringing Decision Making Back Home*, White River Junction: Chelsea Green Publishing.

Cook, Alice and Gwyn Kirk, 1983, *Greenham Women Are Everywhere: Dreams, Ideas and Actions from the Women's Peace Movement*, Boston: South End Press. =1984, 近藤和子訳『グリーナムの女たち——核のない世界をめざして』八月書館。

Curtis, Gerald L., 1971, *Election Campaigning Japanese Style*, New York: Columbia University Press. =2009, 山岡清二・大野一訳『代議士の誕生』日経ＢＰ社。

Dahl, Robert A., 1971, *Polyarchy: Participation and Opposition*, New Haven: Yale University Press. =2014, 高畠通敏・前田脩訳『ポリアーキー』岩波文庫。

Dahl, Robert A., 1989, *Democracy and its Critics*, New Haven: Yale University Press.

della Porta, Donatella and Mario Diani, 1999, *Social Movements: An Introduction*, Oxford; Malden: Blackwell.

della Porta, Donatella, 2013, *Can Democracy be Saved?: Participation, Deliberation and Social Movements*, Cambridge: Polity.

Dobson, Andrew, 2014, *Listening for Democracy: Recognition, Representation, Reconciliation*, Oxford: Oxford University Press.

Downs, Anthony, 1957, *An Economic Theory of Democracy*, New York: Harper & Row. =1980, 古田精司監訳『民主主義の経済理論』成文堂。

Dryzek, John S., 2002, *Deliberative Democracy and Beyond: Liberals, Critics, Contestations*, Oxford: Oxford University Press.

Ehrenberg, John, 1999, *Civil Society: The Critical History of an Idea*, New York; London: New York University Press.

Fang, Archon and Erik Olin Wright, 2003, *Deepening Democracy: Institutional Innovations in Empowered Participatory Governance*, London; New York: Verso.

Fraser, Nancy, 2013, "Struggle Over Needs: Outline of a Socialist-Feminist Critical Theory of Late-Capitalist Political Culture" in Nancy Fraser, *Fortunes of Feminism: From State-Managed Capitalism to Neoliberal Crisis*, London; New York: Verso: 53-82.

Habermas, Jürgen, 1992, *Faktizität und Geltung: Beiträge zur Diskurstheorie des Rechts und des demokratischen Rechtsstaats*, Frankfurt am Main: Suhrkamp. =2002-2003, 河上倫逸・耳野健二訳『事実性と妥当性——法と民主的法治国家の討議理論にかんする研究(上・下)』未来社。

Held, Virginia, 2006, *The Ethics of Care: Personal, Political, and Global*, Oxford; New York: Oxford University Press.

Jasper, James M., 1990, *Nuclear Politics: Energy and the State in the United States, Sweden, and France*, Princeton, New Jersey: Princeton University Press.

Jones, Trevor and Tim Newburn, 2006, "Understanding Plural Policing" in Trevor Jones and Tim Newburn (eds.), *Plural Policing: A Comparative Perspective*, London; New York: Routledge: 1-11.

Kimura, Aya Hirata, 2016, *Radiation Brain Moms and Citizen Scientists: The Gender Politics of Food Contamination after Fukushima*, Durham: Duke University Press.

Kitschelt, Herbert P., 1988, "Left-Libertarian Parties: Explaining Innovation in Competitive Party Systems" in *World Politics*, 40(2): 194-234.

Kuchinskaya, Olga, 2014, *The Politics of Invisibility: Public Knowledge about Radiation Health Effects after Chernobyl*, Cambridge; Massachusetts: The MIT Press.

LeBlanc, Robin M., 1999, *Bicycle Citizens: The Political World of the Japanese Housewife*, Berkeley: University of California Press. =2012, 尾内隆之訳『バイシクル・シティズン』勁草書房。

Mansbridge, Jane, 1996, "Using Power/Fighting Power: The Polity" in Seyla Benhabib (ed.), *Democracy and Difference: Contesting the Boundaries of the Political*, New Jersey: Princeton University Press: 46-66.

McAdam, Doug, John D. McCarthy and Mayer N. Zald, (eds.), 1996, *Comparative Perspectives on Social Movements: Political Opportunities, Mobilizing Structures, and Cultural Framings*, Cambridge: Cambridge University Press.

Melucci, Alberto, 1989, *Nomads of the Present: Social Movements and Individual Needs in Contemporary Society*, Philadelphia: Temple University Press. =1997, 山之内靖・貴堂嘉之・宮崎かすみ訳『現在に生きる遊牧民(ノマド)――新しい公共空間の創出に向けて』岩波書店。

Melucci, Alberto, 1994, "A Strange Kind of Newness: What's 'New' in New Social Movements?" in Enrique Laraña, Hank Johnston, and Joseph R. Gusfield (eds.), *New Social Movements: from Ideology to Identity*, Philadelphia: Temple University Press: 101-130.

Micheletti, Michele, 2003, *Political Virtue and Shopping: Individuals, Consumerism, and Collective Action*, New York; Basingstoke: Palgrave Macmillan.

Mies, Maria and Vandana Shiva, 1993, "Introduction: Why We Wrote This Book Together" in Maria Mies and Vandana Shiva, *Ecofeminism*, Nova Scotia; London: Zed Books: 1-21.

Mill, John Stuart, 1865, *Considerations on Representative Government*, London: Longman, Green. =1997, 水田洋訳『代議制統治論』岩波文庫。

Morris-Suzuki, Tessa, 2014, "Touching the Grass: Science, Uncertainty and Everyday Life from Chernobyl to Fukushima", in *Science, Technology & Society*, 19-3: 331-362.

Norris, Pippa, 2011, *Democratic Deficit: Critical Citizens Revisited*, Cambridge; New York: Cambridge University Press.

Offe, Claus, 1985, "New Social Movements: Challenging the Boundaries of Institutional Politics", in *Social Research*, 52-4: 817-868.

Pateman, Carole, 1970, *Participation and Democratic Theory*, Cambridge: Cambridge University Press. =1977, 寄本勝美訳『参加と民主主義理論』早稲田大学出版部。

Pateman, Carole, 1989, *The Disorder of Women: Democracy, Feminism, and Political Theory*, Stanford: Stanford University Press. =2014, 山田竜作訳『秩序を乱す女たち?——政治理論とフェミニズム』法政大学出版局。

Pekkanen, Robert, 2006, *Japan's Dual Civil Society: Members without Advocates*, Stanford: Stanford University Press.

Phillips, Anne, 1991, *Engendering Democracy*, Cambridge: Polity.

Polletta, Francesca, 2004, *Freedom is an Endless Meeting: Democracy in American Social Movements*, Chicago: University of Chicago Press.

Polanyi, Karl, 1944, *The Great Transformation: The Political and Economic Origins of Our Time*, Boston: Beacon. =2009, 野口建彦・栖原学訳『[新訳]大転換——市場社会の形成と崩壊』東洋経済新報社。

Rootes, Chris, 1995, "Environmental Consciousness, Institutional Structures and Political Competition in the Formation and Development of Green Parties" in Dick Richardson and Chris Rootes (eds.), *The Green Challenge: The Development of Green Parties in Europe*, London; New York: Routledge: 232-252.

Rousseau, Jean-Jacques, 1915, *The Political Writings of Jean Jacques Rousseau*, Cambridge: Cambridge University Press. =1954, 桑原武夫・前川貞次郎訳『ルソー 社会契約論』岩波文庫。

Schmitt, Carl, 1926, *Die geistesgeschichtliche Lage des heutigen Parlamentarismus*, München: Duncker & Humblot. =2000, 稲葉素之訳『現代議会主義の精神史的地位』みすず書房。

Schreurs, Miranda A, 2002, *Environmental Politics in Japan, Germany, and the United States*, Cambridge; New York: Cambridge University Press.

Schumacher, Ernts Friedrich, 1973, *Small is Beautiful: A Study of Economics as if People Mattered*, London: Blond and Briggs. =1986, 小島慶三・酒井懋訳『スモール・イズ・ビューティフル——人間中心の経済学』講談社学術文庫。

Schumpeter, Joseph A., 1950, *Capitalism, Socialism, and Democracy*, 3rd. ed., New York: Harper & Brothers, =1995, 中山伊知郎・東畑精一訳『資本主義・社会主義・民主主義』東洋経済新報社。

Scott, James C., 1998, *Seeing Like a State: How Certain Schemes to Improve the Human Condition Have Failed*, New Haven: Yale University Press.

Shiva, Vandana, 1993, "Women's Indigenous Knowledge and Biodiversity Conservation" in Maria Mies and Vandana Shiva, *Ecofeminism*, Nova Scotia; London: Zed Books: 164–173.

Shuman, Michael H. 2000, *Going Local: Creating Self-reliant Communities in a Global Age*, New York: Routledge.

Smith, Graham, 2009, *Democratic Innovations: Designing Institutions for Citizen Participation*, Cambridge; New York: Cambridge University Press.

Touraine, Alain, 1978, *La voix et le regard*, Paris: Seuil, =1983, 梶田孝道訳『声とまなざし——社会運動の社会学』新泉社。

Touraine, Alain, 1980a, *L'après socialisme*, Paris: B. Grasset. =1982, 平田清明・清水耕一訳『ポスト社会主義』新泉社。

Touraine, Alain, 1980b, *La prophétie anti-nucléaire*, Paris: Seuil. =1984, 伊藤るり訳『反原子力運動の社会学——未来を予言する人々』新泉社。

Tronto, Joan Claire., 1996, "Care as a Political Concept" in Nancy J. Hirschmann and Christine Di Stefano (eds.), *Revisioning the Political: Feminist Reconstructions of Traditional Concepts in Western Political Theory*, Boulder: Westview Press: 139–156.

Tronto, Joan Claire, 2013, *Caring Democracy: Markets, Equality, and Justice*, New York: New York University Press.

Weber, Max, 1956, *Wirtschaft und Gesellschaft: Grundriss der verstehenden Soziologie: mit einem Anhang, Die ratio-*

nalen und soziologischen Grundlagen der Musik, Tübingen: Mohr. =1970, 世良晃志郎訳『支配の諸類型』創文社。

Young, Iris Marion, 1995, "Polity and Group Difference: A Critique of the Ideal of Universal Citizenship" in Ronald Beiner (ed.), *Theorizing Citizenship*, Albany: State University of New York Press, 175-207. =1996, 施光恒訳「政治体と集団の差異——普遍的シティズンシップの理念に対する批判」『思想』八六七：九七—一二八。

Young, Iris Marion, 2000, *Inclusion and Democracy*, Oxford: Oxford University Press.

Young, Iris Marion, 2001, "Activist Challenges to Deliberative Democracy" in *Political Theory*, 29 (5), 670-690.

Young, Iris Marion, 2011, *Responsibility for Justice*, New York: Oxford University Press. =2014, 岡野八代・池田直子訳『正義への責任』岩波書店。

【本文中で使用したインタビュー】

阿木幸男さん、二〇一七年一〇月一八日。

荒井潤さん、二〇一四年六月一八日。

池田幸機さん、二〇一〇年一一月一九日。

大河原さきさん、二〇一四年七月二日。

小木曽茂子さん、二〇一〇年八月八日、二〇一一年一〇月六日、二〇一五年二月二三、二四日。

折戸進彦さん、二〇一三年一一月一三日。

漢人明子さん、二〇一七年一一月二四日。

菊川慶子さん、二〇一三年六月二一、二二日。

北村みどりさん、二〇一四年九月一五日、二〇一八年三月三日。

木村結さん、二〇一四年五月二八日。

香田頼子さん、二〇一七年一〇月四日。

桜井薫さん、二〇一〇年九月三日、二〇一八年二月一四日。

島田恵さん、二〇一三年一〇月四日。
杉本皓子さん、二〇一三年三月五日。
鈴木真知子さん、二〇一三年一一月二九日。
外川洋子さん、二〇一三年一二月一三日。
谷百合子さん、二〇一二年一二月一七日。
中嶋直子さん、二〇一七年一〇月四日。
西川榮郎さん、二〇一四年二月二二日。
伴英幸さん、二〇一七年一〇月一八日。
伏屋弓子さん、二〇一七年一〇月一〇日。
武藤類子さん、二〇一三年三月一四日。

あとがき

一九八六年四月二六日、私は九歳で、千葉県の郊外の住宅地で暮らしていました。チェルノブイリ原発事故のことと言えば、所属していた少年野球チームの練習中に雨が降って、コーチや親たちが「(放射能汚染で危ないから)帽子をかぶりなさい」と話していたのを思い出すぐらいです。その時代に生きてはいましたが、「超ウルトラ原発子ども」(伊藤書佳)ではもちろんなく、本書の執筆の過程で資料を読んだり、取材で聞いたりした話は、知らないことばかりでした。

本書では、チェルノブイリ原発事故後の脱原発運動に関わった方々の人生、運動、政治の交錯を描いてきました。これだけ他人様のことを書かせていただいたのだから、最後に少しだけ自分のことも書かなくてはならないと意気込んでみたものの、なかなか筆が進みません。本書を研究、執筆していた期間中、漠然と生きていたのではないかと振り返る時があります。特にここ数年、うんざりさせられる政治的、社会的な事件が多く、忙しさにかまけて見て見ぬふりをしていたのではないかと思うこともあります。子どもが生まれてからは、(他の子育て中の親と同じで何も特別ではないのですが)基本的に職場、家、保育園を行き来する生活に変わりました。日常の暮らしは何とかこなしていますが、それ以外の社会的な活動に出かけることがめっきり少なくなりました。「はじめに」の言葉を使うならば、「日々の事柄で手一杯になって」いて、「公的な場に出て行けずにいる」のは、他ならぬ私自身のことです。

こんな状況の中でも、本書を最後まで書き上げる気力を持ち続けられたのは、何より取材にご協力いただいたみなさんのおかげです。きっとチェルノブイリ原発事故後のことを聞きたいという私からの突然の手紙やメールに驚かれた方も多かったのではないかと思います。とりわけ福島第一原発事故後には、脱原発やその他の活動で多忙を極める中でのお願いになってしまいました。それにもかかわらず、見ず知らずの訪問者である私に対してご自身の経験を話してくださり、それだけでなく、資料を(貸して)くださったり、ご友人を紹介していただいたり、お食事を出していただいたり、泊めていただいたり、帰りの電車で食べる手作りのお弁当を持たせていただいたりしたこともありました。

重苦しい話題になることも少なくなかったのですが、それでも取材の後はいつも晴れやかで、勇気づけられるような気持ちになれました。一人ひとりの真摯な生き方に触れ、それが自分の研究や生き方のヒントになったからだと思います。そんな話を自分だけのものにしておくのではなく、たくさんの方に伝えたいという思いが、執筆の力になりました。本書にお名前を掲載させていただいた方、直接にはお話を使うことのできなかった方、紹介の労をとってくださった方、すべての方に感謝いたします。本書中には資料や取材の中の言葉を使わせていただきましたが、研究者としての私がそれを読み解くという作業を伴っていますので、当然のことですがその作業の妥当性に関する責任は私にあります。

また、研究を進める過程では、私自身が研究者としてではなく、一人の市民や生活者として「脱原発の暮らし」をどうするのかということを考えさせられました。どうやら自分もアクティヴィストのみなさんから呼びかけられてしまったようです。そんなこともあって（というのか）、都内で畑仕事をすることになりました。二〇一二年に始めて以来、その間に何度か引っ越しをして四カ所目の農地ですが、自分で小さなスペースを借りて何とか続いています。知識も技術も大して改善していないので、今のところ大きな声で自慢できるほどのものではありません。それでも本書で強調したように、食べ物の自給は「脱原発の暮らし」の基盤でした。今後も当面は都市という場になりますが、チェルノブイリ原発事故後の脱原発運動からの呼びかけにどう応えられるのかを私なりに考えていきます。

取材の関係者以外にも、多くの方に助けていただきました。一人ひとりのお名前を挙げることはしませんが、民主主義の勉強会に触れておきます。この勉強会では、政治理論と政治思想の専門家の友人と最新の文献と古典を一緒に読み、たくさんのことを教えられました。民主主義という観点から脱原発運動を読み解くという本書の着想は、この学びの過程を通して得られたものです。何より日々のルーティンに埋没しがちな時に、定期的に勉強会があるというのは研究のことを忘れずにいる貴重な機会であり、本当にありがたかったです。

研究を本にする過程では、岩波書店編集部の藤田紀子さんにお世話になっています。藤田さんに草稿を読んで企画にしていただいたことで、私の研究が読者のみなさんのもとに届く形になりました。本書の表紙の写真は、写真家、映像作家の島田恵さんの作品です。本文中にも何度かお名前が出てきていますが、島田さんは、長く六ヶ所村に滞在、訪問しながら写真を撮ってきました。島田さんの写真を通して、ポストチェルノブイリの脱原発運動の雰囲気を、私の文章とは違う形でお伝えできているのではないかと思います。

本づくりに際しては、校正、デザイン、営業など、私の目に見えないところでも多くの方の力をお借りしています。また、本書には武蔵大学から出版助成を、調査の過程（二〇一三年九月―一五年三月）では科学研究費の助成（課題番号25885075）を受けました。こうして振り返っていくと、一冊の本ができるまでにはたくさんの方の支えを受けてきたことに気づかされます。

最後に、当時を懐かしく思う方はもちろんですが、生きていたけれどもよく知らなかったり、私のようにまだ小さかったり、そもそも生まれていなかったという方にも、「脱原発運動の宝箱」を開き、何かを感じたり、読み取っていただけたりすることを祈って、本書を終わりにします。

安藤丈将

二〇一九年二月

安藤丈将

1976年生まれ．武蔵大学社会学部教員．専門は政治社会学．オーストラリア国立大学アジア太平洋研究学院修了(Ph. D. アジア太平洋研究)．著書に，『ニューレフト運動と市民社会——「六〇年代」の思想のゆくえ』(世界思想社，2013年)，*Japan's New Left Movements: Legacies for Civil Society*(Routledge, 2013)などがある．

脱原発の運動史
—チェルノブイリ，福島，そしてこれから

2019年4月18日　第1刷発行

著　者　安藤丈将(あんどうたけまさ)

発行者　岡本　厚

発行所　株式会社　岩波書店
〒101-8002 東京都千代田区一ツ橋2-5-5
電話案内 03-5210-4000
https://www.iwanami.co.jp/

印刷・精興社　製本・牧製本

ISBN 978-4-00-061335-4　Printed in Japan